输电系统概率规划

Probabilistic Transmission System Planning

〔加〕李文沅 著

吴青华 王晓茹 栾文鹏 余 娟 赵 霞 译

科学出版社

北 京

图字：01-2013-7341

内 容 简 介

本书译自 IEEE Fellow、加拿大工程院院士（CAE Fellow）和加拿大工程研究院院士（EIC Fellow）李文沅教授的专著 Probabilistic Transmission System Planning。基于深厚专业知识和长期工程实践，面对电力系统中输电系统概率规划的诸多方面，作者在书中提出了若干新的模型和概念，尤其是大量工程应用，为读者展示了别开生面的思路和解决方法。

本书分为 12 章和 3 个附录。除第 1 章外，内容可分为如下四个部分：第 2~7 章全面系统地介绍输电系统概率规划中所涉及的主要概念、模型、方法和数据；第 8 章主要介绍在输电系统概率规划中使用模糊技术来处理数据的不确定性；第 9~12 章介绍输电系统概率规划中四个重要内容的具体方法及其实际应用（网架加强概率规划、网络元件退役概率规划、变电站概率规划和单回路送电系统概率规划）；附录介绍概率、统计、模糊数学和可靠性评估的相关数学基础知识。

本书理论分析透彻，所举实例均来自工程实际项目，可供电力工程技术人员、管理干部和科研工作者参考，也可作为高等院校教师、研究生、高年级学生以及有关各类研讨班的参考教材。

图书在版编目 (CIP) 数据

输电系统概率规划 /（加）李文沅著；吴青华等译. —北京：科学出版社，2015.10
书名原文：Probabilistic Transmission System Planning
ISBN 978-7-03-045391-4

Ⅰ. ①输… Ⅱ. ①李… ②吴… Ⅲ. ①电力系统规划 Ⅳ. ①TM715

中国版本图书馆 CIP 数据核字 (2015) 第 193557 号

责任编辑：王 哲 邢宝钦 / 责任校对：郭瑞芝
责任印制：张 倩 / 封面设计：迷底书装

科 学 出 版 社 出版
北京东黄城根北街 16 号
邮政编码：100717
http://www.sciencep.com

源海印刷有限公司 印刷

科学出版社发行 各地新华书店经销
*
2015 年 10 月第 一 版 开本：720×1 000 1/16
2015 年 10 月第一次印刷 印张：19 1/4
字数：366 000
定价：98.00 元
（如有印装质量问题，我社负责调换）

作者简介

李文沅（Wenyuan Li）博士是重庆大学教授、IEEE Fellow、加拿大工程院院士和加拿大工程研究院院士，现任 IEEE PES Roy Billinton 电力系统可靠性奖评审委员会主席。

李教授在电力系统可靠性风险评估和概率规划领域做出了创造性贡献，曾获得 9 项国际奖项，包括国际 PMAPS 成就奖、加拿大 IEEE 杰出工程师奖、加拿大 IEEE 电力勋章奖等。他提出了电力元件和系统可靠性风险评估的多种原创性模型，以及一整套电力系统概率规划的理论和方法，并实现了在实际电力工程中的大量应用，开发的软件包和数据库在国际上享有盛名。他发表了大量的技术论文，完成技术报告百余个，并已出版 4 本英文专著，其中 *Risk Assessment of Power Systems* 被翻译成 4 种语言出版发行。

中 文 版 序

我非常高兴地得知,科学出版社将把我的这本由 IEEE 和 Wiley 于 2011 年联合出版的英文专著,以中文版的形式出版。我的另一本英文专著《电力系统风险评估》于 2005 年翻译成中文后,陆续被译成其他几种语言在全世界发行,承蒙广大读者的认可和欢迎,IEEE 和 Wiley 于去年发行了第二版。这两本书是姊妹篇。一方面,电力系统风险评估是电力系统概率规划的核心内容之一;另一方面,系统概率规划还包含其他更为广泛的内容。前一本书讲述包括发、输、变、配和新能源(第二版)在内的电力系统各个层面的风险评估,而本书着重于输电系统的概率规划。读者可以将两本书互相参照阅读。

输电系统概率规划是一个较为新的领域。虽然已有一些相关的文章发表,但是在这方面一直还没有一本系统的专著,在世界范围内电力公司的实践中使用概率规划方法也极其有限。本书中规划的范畴不限于常规的网络规划,也涵盖如设备退役、设备备用等资产管理的规划内容。我在加拿大 BC Hydro 工作的 20 多年,在概率规划的数学模型、计算方法、计算机软件、数据库和规划准则诸方面进行了成功的探索,开发了一整套计算工具,建立了实施规程,同时针对各种实际项目进行了大量的实施,并取得了显著的经济和技术效益。本书中的部分内容,特别是实际例子,正是这些研究和实践工作的小结。我希望能够通过本书中文版,与国内电力专业的教授、研究人员、高年级本科生和研究生、电力部门的规划和资产管理决策者、工程师和其他同行分享这些经验。

十分感谢吴青华、王晓茹、栾文鹏、余娟和赵霞诸位教授、博士百忙中把本书翻译成中文,由于他们的辛勤劳作,本书中文版才得以面世。我也借此机会对科学出版社专门向 IEEE 和 Wiley 购买本书的中文出版权表示由衷的谢意。

李文沅

2015 年 4 月于重庆大学新华楼

中文版前言

近 30 年来，电力解除管制（power utility deregulation）和可再生能源的发展引起世界各国的电力系统发生较大变化，电力系统的规划与运行面对更多的不确定性、可靠性、可观察性和可控性等复杂问题。用传统的电力系统分析、计算方法来研究这些问题显然乏力。多年来，电力领域的专家、教授和电力公用事业从业人员，在系统规划、运行和运营等方面，一直在探索新的方法和技术。在众多的研究成果中，李文沅教授基于概率分析的评估方法独树一帜。

2005 年，李文沅教授的 *Risk Assessment of Power Systems* 由 IEEE and Wiley-Interscience 出版，业界耳目一新，已由周家启教授等译为中文《电力系统风险评估》，于 2005 年由科学出版社出版发行。今年，我们翻译了李文沅教授在该领域的另一本英文专著 *Probabilistic Transmission System Planning*，原著于 2011 年由 IEEE 和 Wiley 联合出版。本书包含了输电系统概率规划的基本概念、负荷建模方法、系统分析技术、概率可靠性评估、经济分析方法和系统规划中的多项实际应用实例。本书不仅总结了近十几年输电系统概率规划研究之精华，而且提出的思想、方法和技术还可以推广应用于我们现在正面对的新一代能源网的科学研究。本书易阅读、易理解、易跟随，既有理论又结合实际，是一本不可多得的专著。

本书译者包括西南交通大学王晓茹教授、中国电力科学研究院首席专家栾文鹏教授、重庆大学余娟教授、赵霞副教授和我。我负责翻译本书的前言和第 1 章；王晓茹教授翻译第 2~4 章；栾文鹏教授翻译第 5~7 章；余娟教授翻译目录、第 11~12 章、附录 A、B、C 和检索表；赵霞副教授翻译第 8~10 章。全书的翻译校正由我负责。在这里需要指出，我们使用了许多传统中文专用名词，而这些中文专用名词与原英文专用名词可能有歧义。这些中英文之间的异义经常是由于专用名词的经典翻译和长期延续使用所产生的。若感到某些地方需要进一步准确理解句子间和句中词与词之间的逻辑关系，则建议读者参照英文原著。

本书原作者李文沅教授是美国电气电子工程师学会会士（IEEE Fellow）、加拿大工程院院士、重庆大学教授。他对该领域的虔诚和长期投入，以及其研究成果的建树、得到的普遍认可和广泛应用，促使我们将本书译为中文，向中国业界推出。本书在输电系统概率规划领域既处于学术前沿又通俗易懂。我们很高兴将本书推荐给从事电力系统研究和应用的科研人员、工程师、大学教授和研究生。希望本书对大家的工作有所助益。

吴青华

国家千人计划特聘教授

2015 年 5 月 5 日于广州大学城

英文版前言

输电系统规划是电力工业中最基本的活动之一，通过这一活动，每年都有数十亿美元的资金被投入电力公用事业中。无论过去还是现在，确定性准则和方法主导着输电系统规划，然而输电系统中存在大量不确定因素，因此采用概率规划方法能使规划结果更接近实际。目前，只有少量应用概率统计方法进行输电规划的论文发表，更没有系统地讨论这一问题的专著出版。本书的写作目的是填补这项空白。值得一提的是，将概率模型与技术引入输电规划的目的不是替换现有的确定性准则，而是使它们得到更好的应用。

本书源自作者对这个领域的浓厚兴趣和多年的从业经验。本书的主体来自作者曾撰写的科技报告和论文。为论述的系统性起见，本书也涵盖输电规划领域所涉及的全部基础知识，包括负荷预测和负荷建模、传统和特殊的系统分析技术、可靠性分析、经济评估、数据准备及其不确定性，以及各种实际规划问题。概率统计概念是本书的一条主线，在各章均有涉及。需要强调的是，尽管可靠性分析是输电系统概率规划最重要的步骤之一，但是输电系统概率规划远超出可靠性分析所包含的内容。本书的结构遵循如下原则：详细介绍与本书主题相关的新内容，而对于那些可以在其他地方找到的内容也进行概略介绍，以使本书可以独立使用。

本书所采用的材料既包括理论又包括实际应用，应用实例均基于已实施的实际工程项目。作者相信本书能够满足电力系统专业执业工程师、科研人员、教师和研究生的需要。

作者对许多朋友和同事表示感谢。尤其感激 Roy Billinton、Paul Choudhury、Ebrahim Vaahedi 和 Wijarn Wangdee，他们为作者的日常工作提供了不懈的支持与鼓励，本书的部分内容是与他们合作的成果，某些实例的数据和结果基于 Wijarn Wangdee 的报告。

Roy Billinton、Lalit Goel、Murty Bhavaraju 和 Wenpeng Luan 对本书进行了审阅并提出了许多有用的建议。本书末尾列出了参考文献，作者也在此对所有文献作者表示感谢。

作者还要感谢 IEEE 出版社和 John Wiley & Sons 出版社的支持与合作，尤其是 Mary Mann 和 Melissa Yanuzzi 两位的热忱工作。

最后，作者要感谢妻子孙军在本书较长的写作过程中给予的奉献与耐心。

李文沅

2011 年 2 月于加拿大温哥华

目　　录

第1章 绪 论

1.1 输电系统规划概述

1.1.1 输电规划的基本任务

输电规划的最根本目的是尽可能经济地发展电网并保证电网的可靠性水平。电网的发展主要涉及选择加强方案及其实施时间。制定老化设备退役和更换的决策也是输电规划的一个重要任务。

促使输电系统发展的主要因素如下：

(1) 负荷增长；

(2) 新电源；

(3) 设备老化；

(4) 商业机会；

(5) 与邻近电网间的电力输出和输入的变化；

(6) 用户供电可靠性需求的变化；

(7) 新负荷和独立发电商(independent power producer，IPP)的接入；

(8) 新的过网服务要求。

大多数输电发展项目的动因是前三个因素，即负荷增长、新电源和设备老化。传统电力公司是垂直结构的，发电、输电和配电由同一公司所有，因此也由单一的公司进行规划。自 20 世纪 90 年代解除对电力行业的管制以来，大多数国家将发电与输电分开，发电与输电资产也分属不同的公司，它们的运营、规划和管理也由这些公司分别负责。本书着重于输电系统的概率规划，假定关于电源的信息是已知的。

据规划时段不同，输电规划可以分为以下三个阶段：

(1) 长期规划；

(2) 中期规划；

(3) 短期规划。

长期规划的规划期为 20～30 年，主要从系统发展的高层面角度考虑问题。长期规划所讨论的问题是初步的，在随后的规划阶段中可能被大幅度修改甚至重新定义，因为在这一阶段数据和信息非常不确定。中期规划的规划期为 10～20 年，在这一阶段将根据过去数年的实际信息对长期规划中提出的初步考虑进行修正，并将研究结果用于指导短期规划项目。短期规划处理的是必须在 10 年内要解决的问题，需要对具体规划方案进行深入研究和比较，这一阶段的规划研究应该为规划项目提供资金预算计划。

输电规划包括如下任务：

(1) 确定电压等级；

(2) 网络加强；

(3) 变电站主接线结构；

(4) 无功源规划；

(5) 负荷或独立发电商接入规划；

(6) 设备规划(备用、退役、更换)；

(7) 新技术选择(轻型高压直流(high-voltage direct current，HVDC)技术、柔性交流输电(flexible AC transmission system，FACTS)技术、超导技术、基于广域测量系统(wide-area measurement system，WAMS)的技术；

(8) 网络加强方案和特殊保护系统的比较。

一个输电规划项目可能涉及上述一个或多个任务，每个任务都需要进行技术、经济、环境、社会和政策上的评估。仅技术评估就包括空间和时间多方面的考量，需要进行大量的研究，研究范围涵盖负荷预测、潮流计算、预想故障分析、最优潮流计算、电压和暂态稳定分析、短路分析、可靠性评估。从本质上说，这些研究是对多年后的情况进行仿真模拟，其目的是对各规划方案进行比较并做出选择，因此需要确定将来哪些情况可能出现，以及在各种情况下输电系统将以何种方式运行。各系统状态和运行方式的组合量几乎是庞大无限的，因此无法对全部情况进行仿真模拟，这显然需要简化系统建模并对系统状态进行筛选。

输电规划是极其复杂的问题，在系统建模时通常分为几个子问题考虑，因此需要在子问题间进行协调。在此过程中，系统规划工程师的判断和预选的可行方案在协调中起到非常重要的作用。人们提出了很多输电规划最优化模型的方法，其实这些方法只是解决一个或多个特定子问题的技术。我们必须认识到：仅基于一个最优化模型来做系统加强方案是不现实的，事实上许多环境、社会、政策上的约束和考虑因素都不可能被定量地建模。

在对系统状态进行筛选时，必须考虑负荷水平、电网拓扑结构、发电模式、系统元件的可用度、设备在不同季节下的额定参数、可能的开关切换、保护与控制措施等因素。通常用两种方法进行筛选：确定法和概率法。传统的确定法已沿用了很多年，该方法对系统状态的筛选依赖于规划工程师的判断，而规划决策仅取决于选择系统状态所导致的后果。概率法相对较新，虽然已有将概率法应用于输电规划的研究和工作，但目前尚未在实践中得到广泛应用。概率法的基本思想是根据各系统状态的出现概率对其进行随机选择，把所模拟系统状态的概率和各状态下的后果相结合做出规划决策。

1.1.2　传统规划准则

为确保系统发展的可靠性和经济性，传统的输电规划准则分为国家级、区域级和公司级。著名的北美电力可靠性管理机构 (North American Electric Reliability Corporation，NERC) 可靠性准则[1]就是一个很好的例子，其包括以下部分：

(1) 电源与负荷需求平衡；

(2) 关键基础设施保护；

(3) 通信；

(4) 应急准备和运行；

(5) 装置设计、连接和维护；

(6) 互联调度和协调；

(7) 联网可靠性运行和协调；

(8) 建模、数据和分析；

(9) 核能；

(10) 员工绩效、培训和资格；

(11) 保护与控制；

(12) 输电运行；

(13) 输电规划；

(14) 电压与无功。

可以看出，这一准则涵盖了广泛的领域，远超出输电规划的范畴。应该认识到：输电规划的准则并不局限于输电规划本身，而应与上述各方面准则联系起来，这一原则非常重要。

传统输电规划准则至少包括但不局限于如下几方面[1-3]：

1) 确定的安全原则

这一原则基本上归诸于 N-1 原则。N-1 原则是指输电系统必须含有足够多的元件，以保证在任何系统条件下，当某一元件发生故障或停运后，不会对系统造成任何系统问题，包括过载、低电压或过电压、其他元件失效、非计划的负荷削减、暂态不稳定和电压不稳定。NERC 准则还包括在规划中对两个或两个以上元件停运的情况下的系统运行要求。然而，由于多元件停运的组合数目太大，实际中仅能对少数重要的多元件停运状态进行评估。

2) 电压等级

电压等级通常选为现有系统中已有的一个等级来提供所需的电力传输容量，同时又不会引起不合理的经济损失。当现有电压等级无法以合理的成本为系统提供所需容量时，就需要通过技术和经济上的分析建立新的电压等级。

3) 设备的额定值

设备的额定值 (包括正常和紧急情况下的额定值) 是输电规划的重要输入参数，

通常由设备制造商或按行业标准决定。输电设备包括传输线、地下或海底电缆、电力变压器、测量变压器、并联和串联电容器、并联和串联电抗器、断路器、开关、静态无功补偿装置(static VAR compensator，SVC)、静态同步补偿器(static synchronous compensator，STATCOM)、高压直流输电设备、母线和继电保护装置。

4)系统运行限值

除了设备额定值，系统运行限值也是输电系统的重要输入参数，主要包括电压、频率、热容量、暂态稳定性、电压稳定性和小信号稳定性的限值。这些限值分为事故前与事故后两类，其度量单位多种多样，如兆瓦(megawatt，MW)、兆乏(megavolt-amperes reactive，Mvar)、安培、赫兹、伏特、百分比等。若系统超限运行，则可能会引起不稳定、系统解列、连锁断电等后果。

5)传输能力

传输能力是指在一定系统条件下，两个区域间能够通过区域界面传输的电力容量。区域界面通常包括一组传输线。传输能力涉及两个术语：总传输能力(total transfer capability，TTC)和可用传输能力(available transfer capability，ATC)[4]。可用传输能力可由下式得到，即

$$ATC = TTC - TRM - CBM - ETC$$

式中，输电可靠性裕度(transmission reliability margin，TRM)是在各系统条件下、在不确定因素的合理范围内，确保系统安全所需的电力传输裕度；容量效益裕度(capacity benefit margin，CBM)是为了能够从其他互联系统中获得电力来满足发电可靠性要求而预留的传输容量裕度；已占用的输电能力(existing transmission commitment，ETC)指输电服务中已经安排的传输容量。

显然，总传输能力和可用传输能力的确定不仅与热限值有关，还与稳定性限值有关。

6)联网要求

随着对电力行业管制的解除，输电系统的开放方式接入成为现实，接入输电系统的各类互联设备大量增加，包括发电设备、传输设备和终端用户设备。发电设备不仅包括发电机，还包括独立发电商和可再生能源。互联项目需要进行大量的可行性、系统影响和设备研究，这自然也成为输电规划的一部分。互联需求不仅与技术问题相关，还与监管政策和商业模式密切相关。

7)保护和控制

某些输电规划项目中，合理的保护与控制方案能够保证系统安全，同时避免增加一次设备，大大减少了资本投入。除了传统的保护与控制方案，特殊保护系统(special protection system，SPS)和广域测量系统在系统安全中扮演重要角色。特殊保护系统有时也称为校正控制方案(remedial action scheme，RAS)，包括低压减载、低频减载、自动无功控制、切除发电、线路跳闸、暂态过电压控制等不同的方案[5]。

所有特殊保护系统都必须符合可靠性标准和设计原则。广域测量系统也可称为广域控制系统，其功能已不仅局限于测量，近年来得到了快速的发展和应用。然而，目前广域测量系统的可靠性标准尚未建立。

8) 数据和模型

所有关于规划的研究都需要用充分而准确的数据和模型，包括用于静态和动态仿真的内部与外部模型。获得负荷、电源、用户联网的数据和模型需要输电公司与用户之间的协调。这些数据的有效管理包括数据有效性、数据库和历史数据分析，对输电规划十分重要。

9) 经济分析准则

一般而言，有不止一个规划方案能够满足输电规划的技术要求，因此需要进行经济分析以确定哪个方案总成本最低。总成本包括资本投入和运行成本。在传统的输电规划中，经济分析不考虑不可靠性成本。成本分析需要在长达多年的规划期内进行。由于无法准确预测未来的经济参数，通常需要进行敏感度研究以考察这些参数变化带来的影响。

1.2 输电系统概率规划的必要性

概率规划的目的是在现有输电规划过程中增加概率方面的考虑，而非取代在1.1.2 节中列出的那些传统的规划准则。大多数传统规划准则在概率规划中仍然适用，不同的是概率规划要涉及如下方面：

(1) N-1 原则不再是唯一的安全准则，除了单一元件故障，还需考虑多元件同时断电的情况。

(2) 不仅要仿真断电事故的后果，还要模拟断电事故发生的概率。

(3) 需要用概率模型或模糊模型为电网结构、负荷预测、发电模式和其他参数的不确定性建模。

(4) 除了传统研究(潮流、最优潮流、预想故障分析、稳定性评估)，还需进行概率方法的研究(概率潮流、概率的预想故障分析、概率的稳定性评估)，特别是概率的系统可靠性评估，其已成为输电概率规划的关键步骤。

(5) 不可靠性成本评估是全局经济分析的关键，在规划决策中起到重要作用。不可靠性成本取决于多种概率因素，它的引入使得经济分析具有概率特征，还可以考虑经济参数中的不确定因素。

需要实施输电系统概率规划的原因如下[6-8]：

(1) 确定性准则的主要缺陷在于它无法考虑断电数据和系统参数的随机特征。例如，如果一宗断电事故发生的概率小到可以忽略不计，那么即使这是一宗恶性事故，其后果也可忽略不计。如果规划方案基于这种事故，则会引入过度投资。相反，如果一宗断电事故虽然不严重，但却时常发生，那么不考虑这类事故的影响的规划方案仍然会引起高风险的后果。概率规划不仅能够识别事故的严重程度，还能识别其发生的可能性。

(2)确定性准则基于"最坏的情况"，而最坏的情况可能被遗漏。例如，处于系统峰值负荷的状态通常被认为是一种最坏的情况，然而一些严重的系统问题并不一定会发生在系统峰值负荷时刻。另外，即使系统能承受"最坏的情况"，它也不是零风险的。因此确定与 N-1 原则有关的风险水平是十分必要的。这也是输电概率规划的任务之一。

(3)实际中大多数主要断电事故通常与多个系统元件故障有关，或与连锁断电有关，这说明 N-1 原则不足以保证高水平的系统可靠性。另外，让输电规划满足断电事故的 N-2 或 N-3 原则几乎是不可能的。因此，更好的方案是在规划中引入风险管理，将系统风险控制在一个可接受的水平。

确定性规划与概率规划并无矛盾之处。完整的规划过程包括社会、环境、技术和经济上的评估，而概率经济评估和可靠性评估是整个过程中的一部分。图 1.1 给出一个概念上的例子。起初共有 7 个规划方案，其中 2 个出于环境、社会或政策的原因被否决。对剩余 5 个方案采用确定性技术准则(包括 N-1 原则)评估，其中 2 个由于无法满足确定性技术准则而被淘汰。接下来应用概率可靠性评估和概率经济分析选取最佳方案。这样得到的方案同时满足 N-1 原则和概率可靠性准则。此外，也可以在确定性准则的范围内将各种概率方法应用于系统分析。

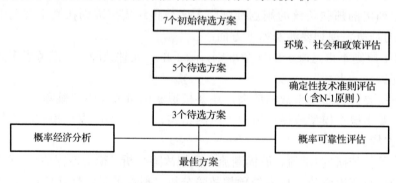

图 1.1　系统规划过程

尽管大多数传统准则在概率规划中仍然有效，但概率相关的概念(特别是不可靠性成本的概念)的引入将极大地改变规划过程和决策思路。输电概率规划考虑了传统规划中未曾研究的因素，使得输电决策在权衡可靠性与经济性上更为合理。

1.3　本书架构

本书共分为四部分。第一部分包括第 2～7 章，讨论输电概率规划中用到的概念、模型、方法和数据。第二部分是第 8 章，讨论一个特殊问题——如何采用模糊技术处理概率规划中数据的不确定性。第三部分包括第 9～12 章，以实际系统为例讨论输电概率规划中的四个核心问题。第四部分包括 3 个附录，介绍概率规划中用到的数学知识。

第 2 章给出输电概率规划的基本概念，详细介绍规划准则和一般步骤。

第 3 章分别从时间和空间角度讨论负荷建模。负荷增长是输电规划的主要动因，该章讨论多种实际的负荷预测模型，涉及的其他方面包括负荷聚类、母线负荷的不确定性和相关性，以及负荷的电压和频率特性。

第 4 章主要介绍系统分析技术。输电概率规划仍要用到传统的分析方法，该章对这些方法进行简单归纳，包括潮流、最优潮流、故障分析、电压和暂态稳定性分析。该章介绍的新的分析方法包括概率潮流、概率最优化技术、基于风险指标的故障排序。

第 5 章讲述输电可靠性评估，这是输电概率规划的关键步骤。该章介绍可靠性指标和可靠性价值评估，从充裕性角度讨论发输电组合系统和变电站主接线结构的可靠性评估方法，从安全性角度提出两种新技术——概率电压稳定性分析和概率暂态稳定性分析。该章仅给出可靠性评估的概要，更多资料详见电气和电子工程师协会 (Institute of Electrical and Electronic Engineers，IEEE) 电气工程系列丛书中作者李文沅教授的另一部专著 *Risk Assessment of Power Systems*。

第 6 章讨论经济分析方法，这是输电概率规划的另一个关键。该章概述规划项目中的三个成本构成因素，在介绍资金的时间价值和折旧方法的基本概念之后，详细介绍项目投资和设备更换中用到的经济评估方法，并提出用来处理经济参数不确定性的概率方法。与工程经济学著作相比，该章的主要特点在于所提出的方法考虑了不可靠性成本。

第 7 章专注于输电概率规划中的数据问题。系统分析所用数据包括设备参数、额定值、系统运行限制和负荷同时系数。准备可靠性数据是概率规划的重要步骤。该章以典型统计结果为例，讨论设备故障停运指标和供电点指标，二者均基于断电事故统计数据，同时也对输电规划中的其他所需数据进行简要叙述。

第 8 章提出一种采用模糊技术和概率技术相结合的方法解决输电概率规划中数据不确定性问题。数据的不确定性包括负荷和停运参数的随机性和模糊性，尤其是与天气条件相关的数据。该章给出两个例子说明如何将该方法应用于可靠性评估。同样的思想可推广至其他数据的不确定性或其他系统分析中。

第 9～12 章详述在通常的输电规划中的几个实际应用问题。针对每个问题，提出其特定的概念、方法和步骤，并提供实际电力公司输电系统中的规划实例。特别要指出的是，这些应用结果已在电力公司的实际决策中实施。

第 9 章讨论输电网加强规划，这是输电规划者要处理的日常任务。该章给出概率规划方法的两个应用：一个是大型送电系统的加强；另一个是比较某区域输电网的各种规划方案。

第 10 章讨论系统元件退役的规划问题。当系统逐渐老化时，系统元件退役时间是规划者所面临的挑战之一。该章提出概率规划方法在该问题上的两个应用：一个是交流电缆退役问题；另一个是直流电缆的更换策略。

第 11 章讨论变电站规划。变电站规划主要考虑两类问题：一是如何选择变电站主接线结构；二是如何确定变电站间共用备用设备的数量和投入时间。该章分别提出这两类问题的概率方法，并给出实际电力公司的应用案例。

第 12 章讨论辐射型单回路输电系统的概率规划方法。这一挑战问题是无法用传统的 N-1 原则解决的。该章方法是基于历史的停运指标和包含可靠性评估的概率经济分析来建立的。该章也将提供电力公司的实例。

本书共有 3 个附录。附录 A 介绍概率论与统计学中的一些基本概念，附录 B 对模糊数学进行简要介绍，附录 C 介绍可靠性评估基础，包括非模糊型和模糊型可靠性评估方法。

输电规划涉及的问题非常广泛，本书并不打算包含这一领域内全部已知的和可用的材料，而是更专注于输电概率规划中的基本方面及其最重要的应用。

第2章　概率规划的基本概念

2.1　引　　言

输电系统概率规划最显著的特点是其规划步骤结合了概率可靠性评估与经济性分析。在传统的确定性规划中，系统可靠性是通过一些简单的规则(如 N-1 原则)来考虑。在概率规划中，系统可靠性是用一个或多个反映系统风险的指标来定量评估和表示。概率规划有两个基本的任务：①通过可靠性指标建立概率规划准则；②结合可靠性定量评估和概率经济性分析形成基本的概率规划步骤。引入概率规划的目的是加强传统规划而不是取代传统规划，认识到这一点是重要的。确定性准则和概率性准则在新的步骤设计中必须相互协调融为一体。

除了概率可靠性评估和经济性分析方法，概率规划也需要用到其他的电力系统分析和评估方法，包括负荷预测和负荷建模的概率方法、潮流和概率潮流、传统的和概率的预想故障分析、最优潮流和基于概率搜索的优化方法，以及传统的和概率的电压稳定与暂态稳定评估方法。另一个重要任务是进行概率规划需要的各种数据准备和管理，以及对数据不确定性的处理。第3~8章将逐一讨论这些内容。

本章着重讲述输电系统概率规划的基本概念。2.2 节给出概率规划准则；2.3 节阐释概率规划的一般步骤；其他相关方面将在 2.4 节简述。

2.2　概率规划准则

概率规划准则尽管不像确定性 N-1 原则那样直截了当，但可以通过不同方法来建立[7-9]。本章将给出四种方法。选择哪一种方法取决于电力公司的运营模式和准则所应用的具体项目，例如，大型网络和区域系统会采取不同的方法，新增输电线路与加强变电站采用的方法也有所不同。

2.2.1　概率费用准则

可靠性是输电系统概率规划需要考虑的因素之一。系统的不可靠性可以用不可靠性费用来表示。这样系统可靠性和经济效益可以在统一的费用价值基础上进行评估。有两种计及不可靠性费用的方法：总成本法和效益/成本比率法。

1)总成本法

总成本法的基本概念是系统规划中的最好方案应达到总成本最低。

总成本 = 投资费用+运行费用+不可靠性费用

输电规划中投资费用计算是常规的经济性分析工作。运行费用包括运行、维修和管理(operation，maintenance and administration，OMA)费用、网损、财务费用和其他日常运营费用。不可靠性费用用期望缺供电量(expected energy not supplied，EENS，兆瓦时/年)指标乘以单位停电损失费用(unit interruption cost，UIC，元/千瓦时)得到。这将在第5章中进行进一步讨论。

2)效益/成本比率法

一项规划方案的资本投入是其成本，而在运行和不可靠性费用上的降低是其效益。该方法计算所有待选方案的效益/成本比率并进行比较。换句话说，根据效益/成本比率对待选方案进行排序。一个规划方案可能涉及多个投资阶段，而且必须考虑规划年限(如5～20年)。首先估计每年的所有三个费用以建立其逐年的资金流，然后应用现值法计算效益/成本比率。详细的讨论将在第6章进行。

2.2.2　指定的可靠性指标判据

许多电力公司采用可靠性指标来量度系统性能，并据此进行投资决策。可以指定一个或多个可靠性指标作为可靠性水平的判据。例如，在容许偏差范围内的输电系统平均停电持续时间指标(system average interruption duration index(for transmission systems)，T-SAIDI)可作为停运持续时间指标的判据，或者在容许偏差范围内的输电系统平均停电频率指标(system average interruption frequency index(for transmission systems)，T-SAIFI)可作为停运频率指标的判据。如果评估结果超过指定范围，则系统需要加强。输电系统可靠性指标定义和基于历史性能的指标将在第5章和第7章分别阐述。

该方法本质上是用可靠性指标作为判据。例如，众所周知，发电规划中平均十年一天的缺电时间期望(loss of load expectation，LOLE)指标作为判据指标已经有许多年了。遗憾的是，确定一个合适的输电系统可靠性指标判据并不容易。历史数据统计分析有助于指标判据的确定。另外，采用历史数据统计方法时，应该谨慎对待历史数据中固有的不确定性和不准确性。

2.2.3　相对比较

大多数情况下,输电规划的目的在于比较不同的待选方案(包括什么也不做的方案)。可以使用一个或多个主要指标(如EENS指标，概率、频率和时间指标等)进行比较。

进行相对比较通常优于采用绝对的指标判据，具体原因如下：

(1)不仅能进行可靠性指标比较，还能进行经济性和其他方面的比较；

(2)用于概率可靠性评估的历史数据统计和输入数据总是存在不确定性；

(3)基于系统历史性能的指标判据可能不能完全反映一个规划项目将来要达到的性能；

(4)建模和计算方法中存在误差，相对比较中这些误差能够相互抵消。

2.2.4　可靠性增量指标

某些情况下，如果采用不可靠性费用有难度，则可以采用可靠性增量指标（incremental reliability index，IRI）。IRI 定义为每一百万元投资产生的可靠性增益，可表示为

$$IRI = \frac{RI_B - RI_A}{cost}$$

式中，"cost"表示加强方案所需的投资和运行总费用（单位：百万元）；RI_B 和 RI_A 分别表示加强方案实施前和实施后的可靠性指标。理论上可以采用任何合适的可靠性指标（如 EENS 指标，概率、频率和时间指标等）。大多数情况下，如果能够计算 EENS 指标，则建议采用 EENS 指标，因为它结合了停运的频率、持续时间和严重性，比其他任何单一指标涵盖更多的信息。

2.3　概率规划步骤

进行输电系统概率规划有多种方式[7-9]。计及上述规划准则的输电系统概率规划总体流程如图 2.1 所示，包括如何进行确定性 N-1 原则和概率准则的结合。

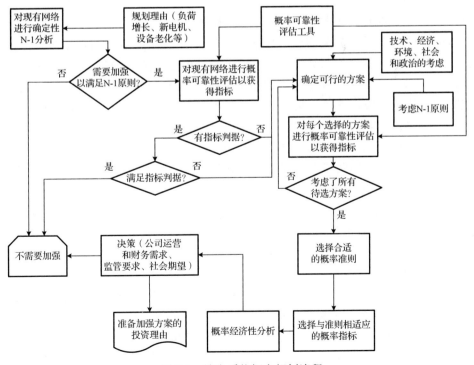

图 2.1　输电系统概率规划流程

輸電系統概率規劃流程包括以下四個基本步驟:

(1)如果單一預想故障準則(即 N-1 原則)是必須滿足的,那麼選擇滿足 N-1 原則的規劃方案。如果 N-1 原則不是必須滿足的,那麼選擇所有可行的方案。無論哪種情況,都要用到傳統的電力系統分析方法(潮流、最優潮流、預想故障分析和穩定性分析)。第 4 章將對這些方法進行概述。

(2)應用輸電系統可靠性評估方法,對選取的方案在規劃年限(如 5～20 年)內進行概率可靠性評估和不可靠性費用評估。

(3)對選取的方案計算出在規劃年限內的投資、運行和不可靠性費用的資金流和現值。

(4)從 2.2 節闡述的準則中,選擇一個合適的準則,進行綜合概率經濟性分析。

概率可靠性評估和經濟性分析是兩個關鍵步驟,將在下面進行簡短討論,並在第 5 章和第 6 章詳細闡述。

2.3.1　概率可靠性評估

輸電系統概率可靠性評估[6, 10, 11]有兩種基本方法:蒙特卡羅模擬法和狀態枚舉法。儘管這兩種方法在如何選擇系統狀態上是不同的,但它們在評估已選定的故障狀態後果的系統分析上是相同的。採用蒙特卡羅模擬法進行發輸電系統概率可靠性評估的步驟如下:

(1)建立一個多水平負荷模型。該模型不考慮時間順序,利用一年內每小時負荷記錄進行負荷狀態聚合。如果需要,則每一個負荷水平的不確定性可以用概率分布來描述。首先用單一負荷水平來計算並表示成年度化指標。然後通過考慮所有的負荷水平,將每一個單一負荷水平下的年度化指標用概率進行加權求和,得到年度指標。

(2)用蒙特卡羅模擬法選擇某一特定負荷水平下的系統狀態,具體步驟如下:

① 一般來說,發電機組狀態用多狀態隨機變量進行建模。如果發電機組對輸電規劃方案的選擇沒有影響,那麼發電機組可視為 100%可靠。

② 輸電元件狀態用兩狀態(正常運行和停運狀態)隨機變量進行建模。對於直流輸電線等一些特殊的輸電元件也可採用多狀態隨機變量進行建模。與天氣相關的輸電線路強迫停運的頻率和修復時間可用識別區域天氣影響的方法來確定。共因停運狀態可用單獨分開的隨機數來模擬。

③ 節點負荷的不確定性和相關性用相關正態分布隨機向量進行建模。採用正態分布向量的相關抽樣技術進行節點負荷的狀態選擇。

(3)針對每一個選定的系統狀態進行系統分析。很多情況下,需要進行潮流和預想故障分析來找出系統可能存在的問題,有時也需要進行暫態穩定和電壓穩定分析。

(4)最優潮流模型用來重新調度發電和其他無功電源、消除越限(線路過載或者節點電壓越限),儘可能避免削減負荷,或者如果削減負荷不可避免,則使總負荷削減量最小或因削減負荷引起的費用損失最小。

(5)基于所有抽样系统状态的概率和后果进行可靠性指标计算。

如果采用状态枚举法,则除了步骤(2)以外的其他步骤都基本相同。变电站主接线结构的可靠性评估步骤较为简单,不需要基于潮流的模型,这是因为其本质只涉及电源点和负荷点之间的连通性问题。有关概率可靠性评估的详细讨论将在第 5 章进行。

2.3.2　概率经济性分析

概率经济性分析中包括三个费用[6, 10]:投资费用、运行费用和不可靠性费用。

投资分析是规划过程中经济性评估的基本组成部分。可以采用资本回收系数(capital return factor,CRF)法和实际投资资本的估计建立年度投资的资金流。与资本投资经济性分析相关的参量(如项目投资的可用寿命、折现率和资本估计值等)通常都是以确定性的数字出现的。但是,也可以用概率方法来处理参数的不确定性。例如,从历史数据统计中可获得折现率的离散概率分布并在概率模型中加以考虑。经济性分析的概念和方法将在第 6 章中进行阐述。

运行成本和不可靠性费用的资金流可通过逐年评估进行计算。除了固定成本,输电系统运行成本还与网损评估、系统生产费用模拟,以及电力市场上电价估计相关。这些都涉及大量的不确定因素,如负荷预测、发电模式、维修计划和电力市场行为等。另外,在某些情况下,选定的规划方案也可能只涉及网络结构的少量修改,运行费用可能不变或变化不大。在这种情况下,运行成本可以不包括在用于相对比较为目的的总费用里面。具体情况需要具体分析。

如前所述,不可靠性费用是 EENS 和单位停电损失费用的乘积。显然,该费用是一个随机数,取决于输电系统中的多个概率因素,特别是随机停运事件。EENS可以通过概率可靠性评估方法来计算,而单位停电损失费用可以用以下四种方法之一来估计:第一种方法基于用户问卷调查得到的用户损失函数(customer damage function,CDF)。CDF 曲线描述平均单位停电损失费用和停电时间之间的关系。第二种方法是将国内生产总值(gross domestic product,GDP)除以总的电能量消耗,得到一个反映每千瓦时电能损失导致的经济损失值(元/千瓦时)。第三种方法基于项目投资和系统 EENS 指标之间的关系。第四种方法基于电力公司因电力中断而损失的收入。最后这种方法代表了最低水平的单位停电损失费用。电力公司需要根据其商业运营目标来选择其中一个方法。不可靠性费用评估的详细内容将在第 5 章给出。

2.4　概率规划的其他方面

概率规划包含了很多方面的内容,如传统的确定性分析和新的概率评估方法。虽然引入了新的概率评估方法,但输电规划的传统分析方法,包括潮流、预想故障分析、最优潮流、暂态稳定和电压稳定分析,仍然是重要的。

负荷预测和发电状况是输电规划的两个重要前提。即使在传统的规划实践中,负荷预测也一直是用概率方法来进行的，这是因为负荷预测具有固有的不确定性。尽管如此，应用新的方法(如神经网络算法和模糊聚类)能够提高长期负荷预测的精度。负荷预测和其他负荷建模问题将在第 3 章中讨论。发电状况包含未来新发电机的类型、位置、容量和可用度指标等，是发电规划的结果。发电规划本身就是一项复杂的任务，不在本书讨论的范围之内。某些情况下，有必要将发电规划和输电规划联合进行。

　　显然，概率方法并不局限于可靠性评估和经济性分析。概率潮流和概率预想故障分析也经常是概率输电规划研究中的有用工具。在系统规划的优化分析中，一些特殊问题的求解要用到概率搜索优化算法。概率的暂态稳定和电压稳定分析也应该在概率规划中加以考虑。本质上讲，这些分析是传统暂态稳定和电压稳定分析的扩展，以包含各种不确定因素的概率模型。基本步骤包含三个主要方面：①利用概率方法选择动态系统状态的随机因素；②利用稳定性分析方法对随机选择的系统状态进行稳定性仿真；③建立概率指标或其分布来表达系统的不稳定风险。一般来说，概率稳定性评估能够更为深刻和广泛地刻画系统动态行为和不稳定性风险。上述概率方法将在第 4 章和第 5 章中叙述。

　　数据准备也是输电系统概率规划中的重要方面。其不仅包含传统系统分析中要用到的常规数据，还包含概率评估所需要的数据。概率规划所需要的数据将在第 7 章详细讨论。可靠性数据来源于历史统计记录，而且需要一个计算机数据库来收集、存储和管理停运数据。保证高品质的数据是概率规划成功的关键之一。

　　输入数据和建模上有两种类型的不确定性：随机性和模糊性。随机性由概率来描述，而模糊性由模糊变量来描述。概率规划中对这两种不确定性的处理是很重要的问题。这将在第 8 章进行阐述。

2.5　结　　论

　　本章阐述了输电系统概率规划的基本概念。概率规划的第一步是建立并且理解其准则和步骤。本章共讨论了四项概率规划的准则。实际应用中，电力公司可根据其运营需求选择一项或多项准则。本章给出了概率规划流程图以阐明规划过程的细节，以及如何在概率性准则和确定性 N-1 原则之间进行协调。

　　概率规划最重要的任务在于实施定量的概率可靠性评估和经济性分析。本章讨论了这两项任务的基本目标。此外，根据规划中的具体情况和问题，也需要其他方面的概率分析和方法，包括概率负荷预测和负荷建模、概率潮流和预想故障分析，以及概率的暂态稳定和电压稳定评估等。重要的是认识到必须运用确定性 N-1 原则选出概率规划的待选方案，因而传统的系统分析方法，包括潮流、预想故障分析、最优潮流和稳定性仿真仍然是规划过程中的重要手段。概率规划方法是传统输电规划的补充和加强。

　　本章只是针对输电系统概率规划的高度概括，详细讨论将在后续章节中进行。

第3章 负荷建模

3.1 引 言

电力系统负荷有两个基本特性：时空特性和电压/频率特性。对这两个特性进行建模是输电系统概率规划的首要任务。负荷的时空特性不仅指其随时间和空间变化的特性，而且包含变化的不确定性和相关性。电力负荷的时空特性可以用随机变量或模糊变量进行建模。负荷的电压/频率特性是指节点负荷会随着该节点电压和频率变化而变化，在确定时刻和确定节点位置，负荷对电压/频率的这种依赖关系是确定的。另外，由于电压和频率也会随着时间和空间的变化而变化，所以负荷的这两种特性也是相互关联的。

负荷预测的目的是预测将来某个时间点的负荷值或将来包括多个时间点的负荷曲线。负荷预测本质上是在时域对负荷特性进行建模。负荷增长是需要加强系统结构的主要原因之一，因而准确的负荷预测是输电规划的重要前提。3.2 节将讨论几种实用的负荷预测方法。

输电系统包含很多节点(变电站)，而每个节点的负荷曲线又包含大量的时间点。通常需要在时间和空间上对节点负荷或者负荷曲线进行聚类，以简化在电力系统分析中负荷的表达。3.3 节将阐述两种聚类方法。

在传统的电力系统分析(如潮流、电压稳定和暂态稳定计算)时，节点负荷都被视为确定性变量。在概率的电力系统分析时，则应模拟负荷的不确定性和相关性，相应内容将在第 4 章和第 5 章中进行讨论。人们已经认识到可以通过灵敏度分析或者概率分布来考虑负荷的不确定性，但对于多节点负荷的相关性建模仍然是一个挑战。3.4 节将给出一种能同时对负荷的不确定性和相关性进行建模的方法。

在输电规划的系统分析中，负荷的电压和频率特性也是非常重要的一个方面，3.5 节将对此进行简要的总结。

3.2 负 荷 预 测

已经有许多数学方法被用于概率负荷预测[12-19]。本节着重讨论负荷预测中最常用的两种方法：回归方法和时间序列方法，同时也对神经网络方法进行介绍。在讨论这些方法之前有必要强调以下几点：

(1)负荷预测可以是对单个峰值的预测，也可以是对某给定时间段内的电能量的预测，或者是对由多个时间点组成的负荷曲线的预测，可以预测整个系统、某个区域、某个变电站(节点)或者单个用户的负荷。回归方法通常用于预测有功功率的一个或多个值及其一段时间内的能量，而时间序列方法被用于预测某时间段内的负荷曲线。

(2)像其他任何对未来的预测一样，负荷预测的误差是不可避免的。鉴于此，负荷预测的置信区间很重要。置信区间不仅反映了预测精度，而且在输电规划中，置信区间对灵敏度或概率分析也极其有用。

(3)影响负荷的一些不确定性因素也许不遵从任何已知的概率统计规律。因此，除了进行数学建模，对客户的走访调查也是必要的。从客户处得到的信息也可被用于改进概率负荷预测模型或者建立模糊负荷预测模型。

3.2.1　多元线性回归

1. 回归方程

电力系统负荷受到经济、政策和环境(包括天气)等多方面因素的影响。这些因素可以用不同的量化变量表示，包括国内生产总值、财政预算、人口、每个区域的用户数、区域内主要产品产量、温度和风速等。与某个变电站的负荷预测相比，整个系统或某个区域的负荷预测通常需要更多的变量。某些情况下(如配电馈线上的负荷)，如果没有更多的信息可用，则用单一变量进行预测也是可以接受的。

负荷与影响负荷的变量之间的关系可表示为以下的线性表达式[12]：

$$y_i = a_0 + a_1 x_{i1} + a_2 x_{i2} + \cdots + a_m x_{im} + e_i, \quad i = 1, 2, \cdots, n \tag{3.1}$$

式中，y_i是负荷观测值；$x_{i1}, x_{i2}, \cdots, x_{im}$是$m$个影响负荷的变量的第$i$组历史观测值(通常是在过去的第$i$年)；$a_0, a_1, \cdots, a_m$称为回归系数；$e_i$是剩余误差；$n$是观测值的总组数。

式(3.1)可写成以下矩阵形式：

$$Y = XA + E \tag{3.2}$$

式中

$$Y = \begin{bmatrix} y_1 \\ y_2 \\ \vdots \\ y_n \end{bmatrix}, \quad X = \begin{bmatrix} 1 & x_{11} & \cdots & x_{1m} \\ 1 & x_{21} & \cdots & x_{2m} \\ \vdots & \vdots & & \vdots \\ 1 & x_{n1} & \cdots & x_{nm} \end{bmatrix}, \quad A = \begin{bmatrix} a_0 \\ a_1 \\ \vdots \\ a_m \end{bmatrix}, \quad E = \begin{bmatrix} e_1 \\ e_2 \\ \vdots \\ e_n \end{bmatrix}$$

采用最小二乘法将式(3.2)中剩余误差的平方和最小化，可以得到回归系数的估计值，即

$$E^{\mathrm{T}} E = (Y - XA)^{\mathrm{T}} (Y - XA) \tag{3.3}$$

令式 (3.3) 对系数 A 的导数为 $\mathbf{0}$, 即

$$\frac{\partial \boldsymbol{E}^{\mathrm{T}} \boldsymbol{E}}{\partial \boldsymbol{A}} = -2\boldsymbol{X}^{\mathrm{T}}\boldsymbol{Y} + 2\boldsymbol{X}^{\mathrm{T}}\boldsymbol{X}\boldsymbol{A} = \mathbf{0} \tag{3.4}$$

由式 (3.4) 可得到 A 的估计值为

$$\boldsymbol{A} = (\boldsymbol{X}^{\mathrm{T}}\boldsymbol{X})^{-1}\boldsymbol{X}^{\mathrm{T}}\boldsymbol{Y} \tag{3.5}$$

2. 回归模型的统计检验

数学上, 该模型必须满足以下假设:

(1) 负荷 y_i 和相关变量 $x_{ik}(k=1, 2, \cdots, m)$ 满足式 (3.1) 给出的线性关系。

(2) 任意两个变量 x_{ik} 和 $x_{il}(k, l=1, 2, \cdots, m$ 和 $k \neq l)$ 是线性无关的。

(3) 剩余误差 e_i 遵从正态分布, 并满足以下条件: ①其均值为零; ②对应于任意两组观测值的剩余误差 e_i 和 e_j 的协方差不等于 0。

在确定影响电力负荷的变量之前, 工程师应对所选变量与负荷的相关性进行判断。但是, 人的判断不能确保满足以上假设, 所以在用于负荷预测以前, 有必要对所建立的回归模型进行以下两种统计检验[13]。

1) 回归系数的 t-检验

该检验的目的是保证负荷 y_i 和相关变量 $x_{ik}(k=1, 2, \cdots, m)$ 之间存在显著的线性关系。构建回归系数 $a_k(k=1, 2, \cdots, m)$ 的 t 统计量:

$$t_{a_k} = \frac{a_k}{S_{a_k}} \tag{3.6}$$

式中, S_{a_k} 是 a_k 的样本标准差, 可通过式 (3.7) 进行估计:

$$S_{a_k} = \sqrt{S_{\mathrm{e}}^2 C_{kk}} \tag{3.7}$$

式中, C_{kk} 是矩阵 $(\boldsymbol{X}^{\mathrm{T}}\boldsymbol{X})^{-1}$ 的第 k 个对角线元素; S_{e}^2 是式 (3.1) 中剩余误差 e_i 的样本方差, 其值可估计为

$$S_{\mathrm{e}}^2 = \frac{1}{n-m-1} \sum_{i=1}^{n} (y_i - \hat{y}_i)^2 \tag{3.8}$$

式中, y_i 是过去第 i 年负荷的观测值; $\hat{y}_i$ 是利用第 i 年之前的历史数据和回归模型得到的负荷估计值。

如果 $\left| t_{a_k} \right| > t_{\alpha/2}(n-m-1)$, 其中 $t_{\alpha/2}(n-m-1)$ 是这样的值, 对于给定的显著性水平 α, 使得具有 $(n-m-1)$ 个自由度的 t 分布从 $t_{\alpha/2}(n-m-1)$ 到 ∞ 的积分等于 $\alpha/2$, 则表明 $a_k \neq 0$ 成立。换言之, 负荷 y_i 和变量 x_{ik} 之间的线性关系是可以接受的, 应在回归方程中保留该变量; 反之, $\left| t_{a_k} \right| \leq t_{\alpha/2}(n-m-1)$ 表明回归系数 a_k 非常接近于 0, 应从

回归方程中剔除变量 x_{ik}。系数检验失败有两种可能性：①该变量事实上对所预测负荷没有什么影响；②所选变量之间存在线性关系。对于后者，有必要对所选变量间的相关性进行量化分析。具有线性相关关系的多个变量只能保留其中的一个在回归方程中。当一个或多个变量从模型中剔除后，需要重新估计回归系数。尽管在数学上可通过逐次回归方法将无效变量自动滤掉[12]，但该方法不一定比上述方法更好。

2) 自回归模型的 F-检验

除了对单个回归变量进行 t-检验，还需要对回归模型整体进行 F-检验。若模型未通过 F-检验，则表明要么某些对负荷有显著影响的变量没有包含在模型中，要么负荷和相关变量之间的关系是非线性的。F 统计构建如下：

$$F = \frac{\sum_{i=1}^{n}(\hat{y}_i - \overline{y})^2 / m}{\sum_{i=1}^{n}(y_i - \hat{y}_i)^2 / (n-m-1)} \tag{3.9}$$

式中，y_i 和 $\hat{y}_i$ 同式 (3.8) 的定义；$\overline{y}$ 是 $y_i(i=1, 2, \cdots, n)$ 的样本均值，即 $\overline{y} = \sum_{i=1}^{n} y_i / n$。

如果 $F > F_\alpha(m, n-m-1)$，其中 $F_\alpha(m, n-m-1)$ 是 F 分布的值，对应于在给定显著性水平 α 时，第一个参数值具有 m 个自由度、第二个参数值具有 $(n-m-1)$ 个自由度的情况，则表明回归模型通过测试，并且是有效的；反之则表明所构造的回归模型不能用。在这种情形下，有必要研究采用非线性回归和其他预测方法的可能性。

3. 回归预测

一旦估计出回归系数且模型通过两个统计检验，则可按式 (3.10)，由选定影响负荷的变量的将来值预测负荷的值，即

$$\hat{y}_j = a_0 + a_1 x_{j1} + a_2 x_{j2} + \cdots + a_m x_{jm} \tag{3.10}$$

式中，下标 j 表示将来的第 j 年。

式 (3.10) 可表示为以下矩阵形式：

$$\hat{y}_j = \boldsymbol{X}_j \boldsymbol{A} \tag{3.11}$$

式中，$\boldsymbol{X}_j = [1, x_{j1}, x_{j2}, \cdots, x_{jm}]$ 表示所选定对负荷有影响的变量在第 j 年的取值。

可以证明，预测的第 j 年负荷的样本方差可估计为[12]

$$S_{y_j}^2 = S_e^2 \left[1 + \frac{1}{n} + \sum_{k=1}^{m}\sum_{l=1}^{m}(x_{jk} - \overline{x}_k)(x_{jl} - \overline{x}_l)C_{kl} \right] \tag{3.12}$$

式中，S_e^2 是式 (3.8) 中剩余误差的样本方差；$\overline{x}_k$ 是第 k 个变量观测值的样本均值，即

$$\overline{x}_k = \sum_{i=1}^{n} x_{ik}/n \; ; \quad x_{jk} \text{ 是将来第} j \text{ 年第 } k \text{ 个变量的取值；} C_{kl} \text{ 是矩阵 } (\boldsymbol{X}^{\mathrm{T}}\boldsymbol{X})^{-1} \text{ 中的元素。}$$

显然，当样本数相对较大并且每个相关变量的取值离其均值不太远时，预测负荷的
样本方差接近于剩余误差的样本方差。

预测的将来第 j 年负荷的上下限可估计为

$$[\hat{y}_{j\min}, \hat{y}_{j\max}] = \begin{cases} \hat{y}_j \pm t_{\alpha/2}(n-m-1) \cdot S_{yj}, & n < 30 \\ \hat{y}_j \pm z_{\alpha/2} \cdot S_{yj}, & n \geqslant 30 \end{cases} \tag{3.13}$$

式中，α 是给定的显著性水平（如 0.05）；$t_{\alpha/2}(n-m-1)$ 是这样的一个值，使得具有
$(n-m-1)$ 个自由度的 t 分布从 $t_{\alpha/2}(n-m-1)$ 到 ∞ 的积分等于 $\alpha/2$；$z_{\alpha/2}$ 是使标准正态
密度函数从 $z_{\alpha/2}$ 到 ∞ 的积分等于 $\alpha/2$ 的值。

3.2.2 非线性回归

许多情况下，负荷与相关变量之间的关系不是线性的，此时，可采用非线性回
归方程。非线性回归包括以下三个基本步骤：

(1) 确定合适的非线性方程来表示负荷和相关变量之间的关系。

(2) 将非线性关系转化为线性关系，采用线性回归方法估计非线性回归模型的参数。

(3) 利用非线性回归模型进行负荷预测。

1. 非线性回归模型

以下的非线性函数可用于电力负荷和相关变量关系的建模：

(1) 多项式模型可表示为

$$y = \sum_{i=1}^{m} a_i x^i + e \tag{3.14}$$

(2) 指数模型可表示为

$$y = b \cdot \exp(ax) \cdot \exp(e) \tag{3.15}$$

(3) 幂模型可表示为

$$y = b \cdot x^a \cdot \exp(e) \tag{3.16}$$

(4) 修正的指数模型可表示为

$$y = K - b \cdot \exp(-ax) \tag{3.17}$$

(5) Gompertz 模型可表示为

$$y = K \cdot \exp[-b \cdot \exp(-ax)] \tag{3.18}$$

(6) Logistic 模型可表示为

$$y = \frac{K}{1 + b \cdot \exp(-ax)} \tag{3.19}$$

　　当采用非线性函数作为回归预测模型时，a_i、a、b 和 K 为待估计的参数。一般来说，预测时负荷 y 通常会随着变量 x 的增大而增大，因此所有的参数都是正的。式(3.14)中，e 为误差，表示负荷实际值和预测值之间的偏差，而式(3.15)和式(3.16)中，$\exp(e)$ 表示负荷实际值与预测值之间的偏差的指数形式。式(3.17)~式(3.19)没有直接给出误差项，根据不同的参数估计方式，误差项可表示为不同的形式。值得指出的是，上述式(3.15)~式(3.19)都只包含了一个变量 x，但在同样的函数形式下引入更多的变量是不难的。

　　2. 模型参数估计

　　有两种非线性回归模型参数估计方法。
　　1) 变换为线性表达式
　　令 $x_1 = x, x_2 = x^2, \cdots, x_m = x^m$，多项式模型(式(3.14))可直接变换为以下多元线性回归模型：

$$y = a_1 x_1 + a_2 x_2 + \cdots + a_m x_m + e \tag{3.20}$$

　　参数 a_i 可采用 3.2.1 节的第 1 部分中的方法估计得到。对式(3.15)两边取对数，并令 $y' = \ln y$，$b' = \ln b$，则指数模型变换为以下线性回归模型：

$$y' = b' + ax + e \tag{3.21}$$

　　参数 a 和 b' 可采用 3.2.1 节的第 1 部分中的方法估计得到，而参数 b 由 $b = \exp(b')$ 得到。对式(3.16)两边取对数，并令 $y' = \ln y$，$x' = \ln x$，$b' = \ln b$，则幂模型变换为以下线性回归模型：

$$y' = b' + ax' + e \tag{3.22}$$

　　同样，参数 a 和 b' 可采用 3.2.1 节的第 1 部分中的方法估计得到，而参数 b 由 $b = \exp(b')$ 得到。

　　在修正的指数模型、Gompertz 模型或 Logistic 模型中，K 表示负荷增长曲线上的上限值，通常是已知的。在这种情形下，通过类似的变换方法可以得到这三种模型中的参数 a 和 b。以修正的指数模型为例，在式(3.17)中增加一误差项得

$$y = K - b \cdot \exp(-ax) \cdot \exp(e) \tag{3.23}$$

　　将式(3.23)中的 K 移到等式左边，等式两边同时乘以 –1，取对数，并令 $y' = \ln(K - y)$，$b' = \ln b$，则修正的指数模型变换为以下线性回归模型：

$$y' = b' - ax + e \tag{3.24}$$

　　我们也可用类似的方法估计 Gompertz 模型或 Logistic 模型的参数。
　　2) 通过泰勒展开进行逐次线性估计
　　如果式(3.17)~式(3.19)三个模型中 K 值是未知的并且也需要估计，此时，泰勒级数展开提供了一种通用方法。设以下非线性回归模型为

$$y = f(x_1, x_2, \cdots, x_m, a_1, a_2, \cdots, a_k) + e \tag{3.25}$$

式中，$x_i(i=1, 2, \cdots, m)$ 表示预测中影响负荷 y 预测的变量；$a_i (i=1, 2, \cdots, k)$ 是待估计的参数。选择参数的一组初值。式 (3.25) 在选定的初值附近可展开成如下一阶泰勒级数：

$$y = \sum_{i=1}^{k} \frac{\partial f}{\partial a_i} \cdot (a_i - a_i^{(0)}) + e \tag{3.26}$$

式中，$a_i^{(0)}$ 是参数估计初值；$\dfrac{\partial f}{\partial a_i}$ 是一阶导数，可用变量 x_i 的观测值和参数估计初值计算得到。对式 (3.26) 的线性回归模型进行参数估计。一旦得到新的参数估计值，更新式 (3.26) 进行新一轮的参数估计，如此反复直到满足以下收敛判据：

$$\min_i \left| \frac{a_i^{(j)} - a_i^{(j-1)}}{a_i^{(j-1)}} \right| < \varepsilon \tag{3.27}$$

式中，上标 j 表示迭代次数。

3.2.3 概率时间序列

历史负荷记录按照时间顺序形成一个序列，因此时间序列方法[12,14]可用于预测将来的负荷曲线。与回归方法依赖于其他影响到电力负荷的变量不同，时间序列方法只采用负荷的历史数据。根据负荷预测目的的不同，时间序列可以是每小时、每天、每周，甚至是每月的峰值数据。

在确定性时间序列方法中，通过历史多点负荷值的加权平均得到当前点负荷值。指数平滑方法是常用的确定性负荷预测方法，该方法中，离当前点比较近的负荷的权值要远大于那些离当前点比较远的负荷的权值。概率时间序列方法将负荷时间序列视为一随机过程，具有较高的预测精度。概率时间序列负荷预测方法包含以下方面：

(1) 通过差分运算滤除原始负荷时间序列当中的趋势分量和周期性分量，将原始负荷时间序列转变为平稳时间序列；

(2) 选取合适的预测模型进行平稳时间序列的预测；

(3) 采用逆差分运算，计算将来负荷曲线上的负荷。

1. 时间序列平稳化

假设原始负荷时间序列为

$$\{y_t\} = \{y_1, y_2, \cdots, y_n\} \tag{3.28}$$

由于负荷当中包含线性趋势分量，以及一个或多个周期性分量(天、周或季节性周期)，通常情况下负荷时间序列不是平稳时间序列。通过以下差分运算，可滤除负荷时间序列中的线性分量和周期性分量，得到平稳时间序列 $\{w_t\}$：

$$w_t = \nabla_1^d \nabla_s^D y_t = (1-B)^d (1-B^s)^D y_t \tag{3.29}$$

式中，下标 1 或 s 表示差分步长；上标 d 或 D 表示差分阶数；B 和 B^s 是向后差分算子，即

$$By_t = y_{t-1} \tag{3.30}$$

$$B^s y_t = y_{t-s} \tag{3.31}$$

应该注意，为了使表达式更简洁，式(3.29)中只包含一个周期性差分算子 ∇_s^D，而负荷时间序列也许同时包含以天、周和季度为周期的周期性分量。编程时不难将多个类似的周期性差分算子加入式(3.29)。

差分后的时间序列 $\{w_t\}$ 通常是平稳的。如果需要，则可用以下方法检验其平稳性。将时间序列分割为几个子序列，每个子序列包含 M 个点。对每个子序列计算以下的统计量：

(1) 子序列均值可表示为

$$\bar{w} = \frac{1}{M} \sum_{i=1}^{M} w_i \tag{3.32}$$

(2) 子序列方差可表示为

$$C_0 = \frac{1}{M} \sum_{i=1}^{M} (w_i - \bar{w})^2 \tag{3.33}$$

(3) 自相关函数可表示为

$$r_k = \frac{1}{C_0 M} \sum_{i=1}^{M-k} (w_i - \bar{w})(w_{i+k} - \bar{w}), \quad k = 1, 2, \cdots, m; \quad m \approx (0.1 \sim 0.2)M \tag{3.34}$$

如果所有子序列的统计量(特别是自相关函数)之间没有明显的区别，则表明时间序列 $\{w_t\}$ 是平稳的。

2. 模型辨识

三种概率时间序列模型为：自回归(autoregression，AR)、滑动平均(moving average，MA)和自回归滑动平均(autoregression moving average，ARMA)模型。

自回归 AR(p) 模型可表示为

$$w_t = \phi_1 w_{t-1} + \phi_2 w_{t-2} + \cdots + \phi_p w_{t-p} + e_t \tag{3.35}$$

式中，$\phi_k (k = 1, 2, \cdots, p)$ 称为自回归系数。该模型表明时间序列中第 t 点的值可表示为其前面 p 个点的值的线性组合再加上一个随机剩余噪声 e_t。

滑动平均 MA(q) 模型可表示为

$$w_t = e_t - \theta_1 e_{t-1} - \theta_2 e_{t-2} - \cdots - \theta_q e_{t-q} \tag{3.36}$$

式中，$\theta_k(k=1, 2, \cdots, q)$ 称为滑动平均系数。该模型表明时间序列中第 t 点的值可表示为其前面 q 个白噪声与剩余噪声 e_t 的线性组合。

自回归滑动平均 ARMA(p, q) 模型是自回归 AR(p) 模型和滑动平均 MA(q) 模型的组合，即

$$w_t = \phi_1 w_{t-1} + \phi_2 w_{t-2} + \cdots + \phi_p w_{t-p} + e_t - \theta_1 e_{t-1} - \theta_2 e_{t-2} - \cdots - \theta_q e_{t-q} \tag{3.37}$$

模型辨识的目的是选择合适的符合时间序列历史数据的预测模型，以及选择参数 p 或者 q（或 p 和 q）。选择原则如下：如果时间序列 $\{w_t\}$ 符合 AR(p) 模型的条件，则首选 AR(p) 模型。否则，测试一下 MA(q) 模型是否合适。如果 AR(p) 模型和 MA(q) 模型都不合适，则最后考虑 ARMA(p, q) 模型。

采用与式(3.34)类似的方法计算整个时间序列 $\{w_t\}$ 自相关函数系数 r_k，然后代入下面的递归公式计算偏相关系数 ϕ_{mm} 和 ϕ_{mi}，即

$$\phi_{mm} = \begin{cases} r_1, & m=1 \\ \dfrac{r_m - \sum\limits_{i=1}^{m-1} \phi_{m-1,i} r_{m-i}}{1 - \sum\limits_{i=1}^{m-1} \phi_{m-1,i} r_i}, & m=2, 3, \cdots \end{cases} \tag{3.38}$$

$$\phi_{mi} = \phi_{m-1,i} - \phi_{mm} \cdot \phi_{m-1,m-i}, \quad i=1, 2, \cdots, m-1 \tag{3.39}$$

根据以下判据辨识合适的模型：

(1) 对于给定的 p，当 $m>p$ 时，$\phi_{mm} \approx 0$，则 AR(p) 是合适的模型。$\phi_{mm} \approx 0$ 成立的条件可近似判断如下：设 n 为时间序列 $\{w_t\}$ 中的负荷点数，N 为对 $\sqrt{n}$ 取整数后的数值，计算 $m>p$ 后面的 N 个 ϕ_{mm} 的值，如果 N 个值中有约 68% 满足 $|\phi_{mm}| \leqslant 1/\sqrt{n}$，则 $\phi_{mm} \approx 0$ 成立。

(2) 对于给定的 q，当 $m>q$ 时，$r_m \approx 0$，则 MA(p) 是合适的模型。$r_m \approx 0$ 的成立条件可近似判断如下：计算 $m>q$ 后面的 N 个 r_m 的值，如果 N 个值中约有 68% 满足 $|r_m| \leqslant \sqrt{\left(1 + 2\sum\limits_{i=1}^{q} r_i^2\right)\Big/ n}$，则 $r_m \approx 0$ 成立。

(3) 只有当 $\phi_{mm} \approx 0$ 和 $r_m \approx 0$ 都不成立时，才选用 ARMA(p, q) 模型。首先使用多组 p 和 q 值进行预测，然后通过剩余误差的后验检验（参见 3.2.3 节的第 5 部分）来确定最合适的 p 和 q 值。

实际负荷预测中，p 和 q 取值通常小于 3。

3. 模型系数估计

对于 AR(p) 模型，式(3.38)和式(3.39)计算得到的偏相关函数系数 $[\phi_{p1}, \phi_{p2}, \cdots, \phi_{pp}]$，即为自回归系数 $[\phi_1, \phi_2, \cdots, \phi_p]$。

对于 $\mathrm{MA}(q)$ 模型，自相关函数系数 r_k 和滑动平均系数 $\theta_k (k=1, 2,\cdots, q)$ 之间存在以下关系：

$$r_k = \frac{-\theta_k + \theta_1\theta_{k+1} + \cdots + \theta_{q-k}\theta_q}{1+\theta_1^2 + \theta_2^2 + \cdots + \theta_q^2}, \quad k=1, 2,\cdots, q \tag{3.40}$$

这是一组非线性方程，可通过迭代方法求解得到 $\theta_k(k=1, 2,\cdots, q)$。

对于 $\mathrm{ARMA}(p,q)$ 模型，模型误差的平方和可以表示为时间序列观测值 $w_{t-i}(i=1, 2,\cdots, p)$ 和系数 $\phi_i(i=1, 2,\cdots, p)$ 与 $\theta_k(k=1, 2,\cdots, q)$ 的非线性函数，即

$$Q(\boldsymbol{w},\boldsymbol{\phi},\boldsymbol{\theta}) = \sum_t e_i(\boldsymbol{w},\boldsymbol{\phi},\boldsymbol{\theta})^2 \tag{3.41}$$

为求得 Q 的最小值，系数 $\phi_i(i=1, 2,\cdots, p)$ 和 $\theta_k(k=1, 2,\cdots, q)$ 应满足

$$\frac{\partial Q}{\partial \boldsymbol{\phi}} = \boldsymbol{0}$$
$$\frac{\partial Q}{\partial \boldsymbol{\theta}} = \boldsymbol{0} \tag{3.42}$$

系数 $\phi_i(i=1, 2,\cdots, p)$ 和 $\theta_k(k=1, 2,\cdots, q)$ 可通过求解非线性方程 (3.42) 或采用 3.2.2 节的第 2 部分所描述的逐次线性估计方法估计得到。该估计是一个迭代过程，需要系数 $\phi_i(i=1, 2,\cdots, p)$ 和 $\theta_k(k=1, 2,\cdots, q)$ 的初值。误差项 $e_k(k=t-1, t-2,\cdots, t-q)$ 可用与下面描述的式 (3.44) 类似的方法估计得到。

4. 负荷预测方程

差分后时间序列 $\{w_t\}$ 在将来时间点 $l(l=1, 2,\cdots, L)$ 的负荷值预测方程为

$$\hat{w}_{n+l} = \phi_1\tilde{w}_{n+l-1} + \cdots + \phi_p\tilde{w}_{n+l-p} - \theta_1 e_{n+l-1} - \cdots - \theta_q e_{n+l-q} \tag{3.43}$$

(1) 如果选用 $\mathrm{AR}(p)$ 模型，则系数 $\theta_k = 0$ $(k=1, 2,\cdots, q)$；如果选用 $\mathrm{MA}(q)$ 模型，则系数 $\phi_i = 0(i=1, 2,\cdots, p)$。

(2) 下标 n 表示当前时间点，下标 l 表示将来时间点。对式 (3.43) 进行递推操作。首先预测负荷 $\hat{w}_{n+1}$，然后将该预测值作为已知值来预测 $\hat{w}_{n+2}$，以此类推。这意味着，如果 $j\leqslant 0$，则式 (3.43) 右边任意的 $\tilde{w}_{n+j}$ 都是观测值；如果 $j > 0$，则式 (3.43) 右边任意的 $\tilde{w}_{n+j}$ 都是递归过程中前一步或前几步的预测值。注意 ^ 下面的 w 表示待估计的值，而 ~ 下面的 w 表示该值要么是观测值，要么是前面递推中得到的预测值。

(3) 所有的误差项 e_{n+j} 都采用以下递推估计方程估计得到，即

$$e_i = \tilde{w}_i - \phi_1\tilde{w}_{i-1} - \cdots - \phi_p\tilde{w}_{i-p} + \theta_1 e_{i-1} + \cdots + \theta_q e_{i-q} \tag{3.44}$$

由式 (3.43) 可知，为了在当前时间点 n 来预测将来的负荷值，必须首先已经知道在当前点 n 之前的 q 个误差项 $(e_{n-1}, e_{n-2},\cdots, e_{n-q})$ 的取值。这些值可以通过式 (3.44)

和时间序列中时间点$(n-q)$之前的历史数据进行估计。递推估计过程的第一步中，可以假设初始误差项为 0（即当 $k \ll n-q$ 时，$e_k = 0$）。如果估计误差项的递推过程是从历史数据中远在时间点$(n-q)$之前的某一时间点开始，则该假设造成的误差影响可以忽略。递推过程也可用来估计当前点之后的误差项的值。

差分后负荷时间序列$\{w_t\}$的估计值的上下限可估计为

$$[\hat{w}_{n+l,\min}, \hat{w}_{n+l,\max}] = \hat{w}_{n+l} \pm z_{\alpha/2} \sqrt{1 + \sum_{j=1}^{l-1} \pi_j^2} \cdot S_a \qquad (3.45)$$

式中，$z_{\alpha/2}$ 是这样的值，对于给定的显著性水平 α，使得标准正态密度函数从 $z_{\alpha/2}$ 到 ∞ 的积分等于 $\alpha/2$；π_j 和 S_a 可分别通过式(3.46)和式(3.47)计算得到，即

$$\pi_j = \phi_1 \pi_{j-1} + \phi_2 \pi_{j-2} + \cdots + \phi_{p+q} \pi_{j-p-q} - \theta_j \quad , \quad j = 1, 2, \cdots, l-1 \qquad (3.46)$$

式(3.46)为一递归公式,应用时,$\pi_0 = 1$,若 $j - i < 0$,则 $\pi_{j-i} = 0$;若 $j > q$,则 $\theta_j = 0$。

$$S_a = \sqrt{\frac{\sum_{t=k}^{n+l} e_t^2}{n-p-q-1}} \qquad (3.47)$$

式中，分子表示时间点$(n+l)$之前所有误差项的平方和；k 表示误差项估计过程的起始点。

值得注意的是，需要进行逆差分运算以将差分后时间序列$\{w_t\}$预测值变换为原始负荷时间序列$\{y_t\}$的负荷预测值。以一阶逆向差分为例，假设 $d=1$，$D=1$ 并令 $z_t = (1-B^s)y_t$，则式(3.29)变为

$$z_t = y_t - y_{t-s} \qquad (3.48)$$

$$w_t = z_t - z_{t-1} \qquad (3.49)$$

原始负荷时间序列$\{y_t\} = \{y_1, y_2, \cdots, y_n\}$ 是已知的，而包含将来预测值的差分后负荷时间序列$\{w_t\} = \{w_1, w_2, \cdots, w_n, \hat{w}_{n+1}, \hat{w}_{n+2}, \cdots, \hat{w}_{n+l}\}$ 也已得到。利用式(3.48)和式(3.49)，从 $t = n+1$ 到 $t = n+l$ 进行递推便可得到预测的负荷值$\{\hat{y}_{n+1}, \hat{y}_{n+2}, \cdots, \hat{y}_{n+l}\}$。对于 $d > 1$ 或 $D > 1$ 的情形，逆向差分运算过程与上述过程相似，不同点在于这些运算将依据 d 和 D 的阶数重复进行。

5. 负荷预测精度的后验检验

后验检验用于检验负荷预测的精度，包含以下步骤：

(1)假设已知负荷时间序列$\{y_t\}$($t = 1, 2, \cdots, n+L$)，其中 n 个数值，即$\{y_t\}$($t = 1, 2, \cdots, n$)被用于历史数据来预测后 L 个时间点上的负荷 $\{\hat{y}_t\}$($t = n+1, n+2, \cdots, n+L$)。

(2)根据式(3.29)，由$\{y_t\}$($t = 1, 2, \cdots, n+L$)计算出差分后负荷时间序列 $\{w_t\}$ ($t = 1, 2, \cdots, n+L$)。同理，由$\{\hat{y}_t\}$($t = n+1, n+2, \cdots, n+L$)计算出$\{\hat{w}_t\}$($t = n+1, n+2, \cdots, n+L$)。

(3) 构造误差时间序列 $\{\delta_l = w_{n+l} - \hat{w}_{n+l}\}(l=1, 2,\cdots, K)$ ，其中 $K \leqslant L$ ， $w_{n+l}(l=1, 2, \cdots, K)$ 表示 K 个差分后实际负荷值， $\hat{w}_{n+l}(l=1, 2,\cdots, K)$ 表示 K 个对应于 $\{\hat{y}_t\}(t=n+1, n+2,\cdots, n+K)$ 的差分后预测负荷值。

(4) $\{\delta_l\}(l=1, 2,\cdots, K)$ 的样本均值和标准差计算为

$$\bar{\delta} = \frac{1}{K}\sum_{l=1}^{K}\delta_l \tag{3.50}$$

$$\sigma_1 = \sqrt{\frac{1}{K}\sum_{l=1}^{K}(\delta_l - \bar{\delta})^2} \tag{3.51}$$

(5) $\{w_t\}(t=1, 2,\cdots, n+K)$ 的样本均值和标准差计算为

$$\bar{w} = \frac{1}{n+K}\sum_{t=1}^{n+K}w_t \tag{3.52}$$

$$\sigma_2 = \sqrt{\frac{1}{n+K}\sum_{t=1}^{n+K}(w_t - \bar{w})^2} \tag{3.53}$$

如果 σ_1 和 σ_2 足够接近，则说明负荷预测有足够的精度。否则，需要重新考虑预测模型及其参数(p 或/和 q)。

3.2.4　神经网络预测

回归预测需要指定负荷和相关变量之间的解析关系。有时这种关系可能不能用任何显式的线性或非线性函数表示，此时，神经网络预测方法成为一个好的选择。神经网络可以基于历史数据，通过学习建立多个输入和输出变量之间复杂的非线性映射关系。

1. 前馈反向传播神经网络

前馈反向传播神经网络(feedforward backpropagation neural network，FFBPNN)[15]包含一系列被称为神经元的节点。这些节点位于不同的层：一个输入层、一个输出层和多个隐含层。具有以下特性的一个简单的 FFBPNN 便足以用来进行负荷预测：

(1) 输出层有一个神经元，表示负荷；
(2) 一个隐含层，该层有数个神经元(少于 10 个)；
(3) 输入层有数个神经元，表示影响负荷的变量。

如图 3.1 所示，某一层的所有神经元都与下一层的所有神经元连接。神经元之间的每个连接上都有一个独立的权重因子。信号进入输入层神经元，接着通过隐含层神经元传播到输出层。每个神经元从前一层的神经元接收信号，进行修改后传输给下一层的神经元。对于输入层的每一个神经元，它的输入和输出是相同的。对于隐含层和输出层中的每一个神经元，如图 3.2 所示，它的输入是上一层神经元输出

的加权和，它的输出是通过 sigmoid 函数赋予[0,1]的非线性归一化值。数学上，隐含层和输出层上的神经元 j 的输入 I_j 和输出 O_j 可表示为

$$I_j = \sum_i W_{ji} \cdot O_i \tag{3.54}$$

$$O_j = \frac{1}{1 + \mathrm{e}^{-(I_j + S_j)}} \tag{3.55}$$

式中，O_i 表示前一层中神经元 i 的输出；W_{ji} 表示神经元 j 和神经元 i 之间的权重因子；S_j 表示神经元 j 输入的阀值。

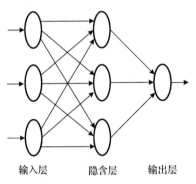

图 3.1 FFBPNN

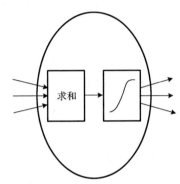

图 3.2 隐含层或输出层神经元的输入和输出

2. 前馈反向传播神经网络的学习过程

可以采用一组历史数据来训练 FFBPNN。输入是对负荷有影响的变量的值，输出为负荷值。学习过程的目的是确定神经网络中所有权重因子的值和阈值，这些值用于表示变量与负荷之间的非线性关系。

学习过程包含以下几个步骤：

(1)任意给定权重因子 W_{ji} 和阈值 S_j 的初值。

(2)对于每一组历史数据，以影响变量作为 FFBPNN 的输入，FFBPNN 的计算输出为负荷。FFBPNN 计算得到的负荷与实际负荷之间总的差异为误差指标，可表示为

$$E = \frac{1}{n} \sum_{k=1}^{n} (L_k - O_{lk})^2 \tag{3.56}$$

式中，n 是历史数据的组数；L_k 和 O_{lk} 分别为第 k 组数据对应的实际负荷和输出层(用下标 l 表示)计算得到的负荷。需要强调的是，由于 FFBPNN 必须是小于 1 的数值，所以实际负荷 L_k 应该是归一化后的数值，该数值由所记录的负荷实际值除以一个等于或大于所记录的负荷最大值而得到。

(3)为减小误差指标 E，对权重因子 W_{ji} 和阈值 S_j 从输出层到输入层反向进行更

新。W_{ji} 和 S_j 的修正量可表示为

$$\Delta W_{ji}^{(p)} = \sum_{k=1}^{n} \alpha \cdot \delta_{jk}^{(p)} O_{ik}^{(p)} + \beta \cdot \Delta W_{ji}^{(p-1)} \tag{3.57}$$

$$\Delta S_j^{(p)} = \sum_{k=1}^{n} \alpha \cdot \delta_{jk}^{(p)} + \beta \cdot \Delta S_j^{(p-1)} \tag{3.58}$$

式中，下标 j 和 i 分别表示当前层和上一层，j 是输出层或者隐含层；下标 k 对应于第 k 组数据；上标 p 表示学习过程中的迭代次数；$\Delta W_{ji}^{(p-1)}$ 和 $\Delta S_j^{(p-1)}$ 是 W_{ji} 和 S_j 在上次迭代中的修正量；O_{ik} 是上一层某个神经元的输出；α 和 β 分别被称为学习率和动量系数，其值选择为 $0\sim1$；若 j 为输出层神经元，则误差项 δ_{jk} 可表示为

$$\delta_{jk} = \delta_{lk} = (L_k - O_{lk}) \cdot O_{lk} \cdot (1 - O_{lk}) \tag{3.59}$$

式中，下标 l 表示输出层。如果 j 为隐含层神经元，则 δ_{jk} 可表示为

$$\delta_{jk} = \delta_{hk} = \delta_{lk} \cdot W_{lh} \cdot O_{hk} \cdot (1 - O_{hk}) \tag{3.60}$$

式中，下标 h 表示隐含层；当考虑输出层神经元 l 时，δ_{lk} 已经由式(3.59)计算得到；W_{lh} 为输出层神经元 l 和隐含层神经元 h 之间连接的权重因子。

如果采用 FFBPNN 同时预测两个或两个以上有相关性的负荷，则可在输出层指定多个神经元。此时，总的误差指标为所有输出负荷的误差指标之和，式(3.60)中的 $\delta_{lk} \cdot W_{lh}$ 项应修改为 $\sum_l \delta_{lk} \cdot W_{lh}$。

(4)一旦获得 $\Delta W_{ji}^{(p)}$ 和 $\Delta S_j^{(p)}$，权重系数 W_{ji} 和阈值 S_j 将分别加上 $\Delta W_{ji}^{(p)}$ 和 $\Delta S_j^{(p)}$ 以进行修正，然后重新计算输出负荷和误差指标，重复迭代直至满足收敛判据 $\left| E^{(p)} - E^{(p-1)} \right| \leq \varepsilon$，其中 ε 为给定的允许误差。

3. 基于前馈反向传播神经网络的负荷预测

FFBPNN 训练后，便可直接用于负荷预测。一组影响负荷的变量的将来值被输入 FFBPNN，FFBPNN 的输出是负荷的预测值。当有了新的数据后，应进行更新学习，即更新加权权重因子 W_{ji} 和阈值 S_j。神经网络预测的精度可以通过后验检验来进行评估。后验检验中需要对负荷的预测值和实际值的差值进行方差分析。

3.3 负荷聚类

实际负荷曲线是随时间变化的时序曲线，如图 3.3 所示。它可以转换为如图 3.4 所示的标幺值(针对峰值进行归一化得到的小于 1 的数值)负荷持续曲线。图 3.4 中时序被消去了。根据建模方法和研究目的的不同，时序和持续的负荷曲线都可用于

系统分析和可靠性评估。有两种负荷聚类方法：第一种方法是将一条或多条负荷曲线上的负荷点聚类为几个负荷水平组，在建立多级负荷模型时需要这种聚类方法，如图 3.4 所示；第二种方法是将不同的负荷曲线聚类为几个负荷曲线组，而每个曲线组中的负荷曲线有相似的曲线形状或相似的负荷随时间变化模式。

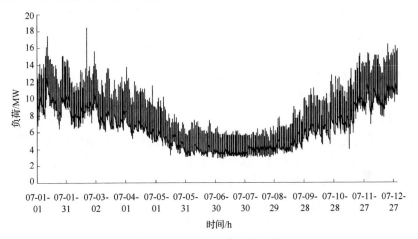

图 3.3　某时序年度负荷曲线

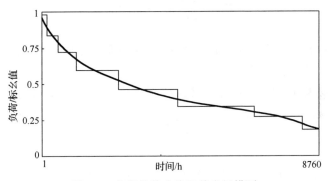

图 3.4　负荷持续曲线及其多级模型

3.3.1　多级负荷模型

K-均值聚类方法[10, 20, 21]能被用于建立多级负荷模型。假设负荷持续曲线被分为 NL 个负荷水平，则对应于曲线上的负荷点聚类为 NL 类。每个负荷水平是相应类中负荷点的均值。负荷聚类步骤如下：

(1) 选取每一类的初始均值 M_i，其中 i 表示第 i 类($i=1, 2, \cdots, NL$)。

(2) 计算每个负荷点 L_k($k=1, 2, \cdots, NP$)(NP 为负荷曲线上总的负荷点数)离第 i 个类均值 M_i 的距离 D_{ki}，即

$$D_{ki} = \left| M_i - L_k \right| \tag{3.61}$$

(3)基于 D_{ki}，将负荷分配给离它们最近的类，并按照式(3.62)计算新的类均值：

$$M_i = \frac{\sum\limits_{k \in IC_i} L_k}{NS_i} \tag{3.62}$$

式中，NS_i 是第 i 个类中的负荷点数目；IC_i 表示第 i 类中负荷点的集合。

(4)重复步骤(2)和步骤(3)，直到所有的类均值在连续两次迭代中保持值不变(小于给定的误差)。

求得的 M_i 和 NS_i 分别为多级负荷模型第 i 级的负荷水平和负荷点数。NS_i 同时也反映了第 i 级负荷水平的长度。多级负荷模型很容易表示为标幺值形式或者转化为有名值(MW)。

K-均值聚类方法可被扩展应用到多负荷曲线的情形，每条曲线表示某节点或一个区域中节点群的一条负荷曲线。这种情况下，负荷聚类步骤如下：

(1)选择类均值 M_{ij} 的初值，其中 i 表示第 i 类($i=1, 2, \cdots, NL$)，j 表示第 j 条曲线($j=1, 2, \cdots, NC, NC$ 为负荷曲线数目)。

(2)计算每个负荷点到每个类均值的欧氏距离为

$$D_{ki} = \left[\sum_{j=1}^{NC} (M_{ij} - L_{kj})^2 \right]^{1/2} \tag{3.63}$$

式中，D_{ki} 表示第 k 个负荷点到第 i 个类均值的欧氏距离；$L_{kj}(k=1, 2, \cdots, NP, j=1, 2, \cdots, NC)$ 表示第 j 条曲线上的第 k 个负荷点。

(3)根据所计算的 D_{ki}，将负荷分配给离它们最近的类，并计算新的类均值为

$$M_{ij} = \frac{\sum\limits_{k \in IC_i} L_{kj}}{NS_i}, \quad j=1, 2, \cdots, NC \tag{3.64}$$

式(3.64)与式(3.62)相似，不同的是：式(3.64)计算的是 NC 条负荷曲线中每条曲线的类均值。

(4)重复步骤(2)和步骤(3)，直到计算的类均值在连续两次迭代中保持值不变。

每条负荷曲线的每一个类中，类均值为该类的负荷水平。每个负荷水平从均值的意义上代表相应类的 NS_i 个负荷点。可以看到，负荷聚类方法能够捕捉到负荷曲线上每类中各曲线相应的负荷水平(类均值)之间的相关性。

3.3.2　负荷曲线聚类

系统分析和可靠性评估时，有时需要根据负荷曲线形状或负荷随时间变化模式对负荷曲线进行聚类。可利用统计-模糊方法进行。以下以小时记录的负荷曲线为例描述该方法。

用户或者变电站的每条负荷曲线由按小时记录的负荷点构成。其长度可以是一天、一个月、几个月或一年，取决于负荷记录的目的，以及记录的数据能否获得。统计-模糊方法[22]包含以下步骤：

(1)用户的用电行为是随时间变化的，这种行为的变化模式由负荷曲线的形状，而不是其绝对值大小来表示。例如，两条日负荷曲线，即使它们的功率值不同，如果它们形状一致，则它们也被视为具有相同的模式(即相同的负荷系数)。为得到负荷曲线的形状，所有用于聚类的负荷曲线都基于它们的峰值进行归一化，从而得到以峰值为基准的标幺值表示的负荷曲线。

(2)两条负荷曲线模式的相似性由它们的接近度来描述。数学上，一条负荷曲线可被视为一个向量，该向量的元素为按小时记录的负荷点。可以用两条负荷曲线向量夹角的余弦值来表示曲线的接近程度[23]，被称为接近程度系数。考虑用标幺值表示的两条负荷曲线：$\{X_{i1}, X_{i2}, \cdots, X_{in}\}$ 和 $\{X_{k1}, X_{k2}, \cdots, X_{kn}\}$，其中 X_{il} 或 $X_{kl}(l=1, 2, \cdots, n)$ 为第 l 小时记录的负荷。两条负荷曲线的接近程度系数可表示为

$$R_{ik} = \frac{\sum\limits_{l=1}^{n} X_{il}X_{kl}}{\sqrt{\left(\sum\limits_{l=1}^{n} X_{il}^2\right) \cdot \left(\sum\limits_{l=1}^{n} X_{kl}^2\right)}} \tag{3.65}$$

式中，R_{ik} 的值位于[0,1]，R_{ik} 的值越接近 1，两条负荷曲线越接近。可计算所有负荷曲线之间的接近程度系数。遗憾的是，这些系数不能直接用于负荷曲线的聚类，因为它们不具有传递性。A 接近 B，B 接近 C，C 接近 D，且 D 接近 E，并不能保证 A 接近 E，尤其是在有很多负荷曲线的情况下更是如此。

(3)两条负荷曲线接近实际上是模糊的。因此所有负荷曲线的接近程度关系可以形成一个模糊关系矩阵。矩阵中的每一个元素表示两条负荷曲线间的关系的隶属函数。从概念上讲，R_{ik} 可被用于隶属函数，因为它表示了两条负荷曲线的接近程度。这里，隶属函数矩阵并不是主观假设的，而是通过负荷的历史统计数据得到的。显然，它是一相似模糊矩阵，并具有以下特征：

① 它是对称矩阵，因为 $R_{ik} = R_{ki}$(对称性)；

② 它的对角线元素 $R_{ii} = 1.0$(自反性)。

(4)通过相似模糊矩阵的连续自乘可得到一个等值的具有传递性的模糊矩阵[24]。令 R 表示第(3)步中得到的模糊矩阵，它的自乘定义为

$$R_m = \underbrace{R \circ R \circ R \circ \cdots \circ R}_{\text{自乘}} \tag{3.66}$$

$$(R \circ R)_{ij} = \max_l \ \min \ \{R_{il}, R_{lj}\} \tag{3.67}$$

式(3.67)表明模糊矩阵($R \circ R$)中的每一个元素都可以用类似清晰(非模糊)矩阵

相乘的规则求得，不同的是，在这里两个元素的乘积被替换为取两个元素中的最小值，两个乘积的相加被替换为取两个乘积的最大值。模糊数学中已经证明，当 m 为一等于或小于负荷曲线数的正整数时，R 经过 $m-1$ 次自乘后得（见附录 B.4.2）

$$R_{m-1} = R_m = R_{m+1} = R_{m+2} = \cdots \tag{3.68}$$

即在 R_{m-1} 时传递性得到满足。

(5) R_{m-1} 每一列的元素称为传递接近系数。它们反映了负荷曲线之间直接和间接的接近关系。R_{m-1} 中的一个非对角线元素被选为阈值，用于检查矩阵中对应于两条负荷曲线之间关系的系数。注意：矩阵中所有列需要被逐一检查。如果传递接近系数等于或大于阈值，则相应的负荷曲线被分为一类。检查后，若某条负荷曲线不能根据该原则进行分类，则该曲线单独为一个类。

采用 5 条负荷曲线(标幺值)来展示如何应用上述方法。这五条负荷曲线的时间长度为 24 小时，每小时一个点。它们是电力系统中典型的变电站负荷曲线，如图 3.5 所示，其形状一目了然。负荷曲线的传递接近系数矩阵可通过模糊方法得到，即

$$\begin{bmatrix} 1.000 & 0.999 & 0.983 & 0.983 & 0.997 \\ 0.999 & 1.000 & 0.983 & 0.983 & 0.997 \\ 0.983 & 0.983 & 1.000 & 0.998 & 0.983 \\ 0.983 & 0.983 & 0.998 & 1.000 & 0.983 \\ 0.997 & 0.997 & 0.983 & 0.983 & 1.000 \end{bmatrix}$$

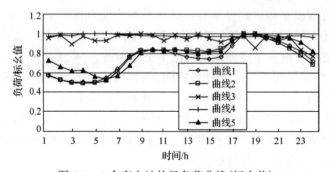

图 3.5　5 个变电站的日负荷曲线(标幺值)

若取 0.997 为阈值，由传递接近矩阵可知负荷曲线 1、2 和 5 为一类，负荷曲线 3 和 4 为另一类。这显然与图 3.5 所观察到的结果一致。若取 0.998 为阈值，则负荷曲线被分为三类：(1, 2)、(3, 4)和(5)。阈值越大，分类数目越多，每类中的负荷曲线也越接近。阈值的选择取决于用户对各类中负荷曲线接近程度的选择以及负荷曲线的数据量。应注意到，聚类时只用到传递接近系数的相对值，系数间的微小差异仍能区分不同的类，因为模糊矩阵的自乘仅是一个取最小值或最大值的过程，不涉及数值计算，所以利用相似模糊矩阵构造传递接近系数的过程不会引入计算误差。

　　显然，对于时间长度很长的负荷曲线(如年度负荷曲线包含 8760 个小时点)，仅通过肉眼观察是不可能将它们进行聚类的。统计-模糊方法为负荷曲线聚类提供了系统的解决方法。

3.4　节点负荷的不确定性和相关性

　　节点负荷的不确定性和相关性总是存在的[25]。节点负荷的不确定性可以用具有均值和标准差两个参数的正态分布来建模。均值既可以是高峰期(或任意时间段)负荷的预测值，又可以是负荷曲线中某给定时间段内负荷的平均值。标准差可以利用3.2 节讨论的负荷预测方法得到。

　　如果不同节点负荷按比例增加或减少，则这些节点的负荷是完全相关的。很多电力公司在进行潮流计算时都采用负荷完全相关的假设。然而，该假设实际上是不成立的，将导致过高估计输电系统线路潮流。另一个极端假设就是系统中所有节点负荷完全不相关。在第二种假设下，每个节点负荷都可以用一个独立的正态分布来表示。这实际上也是不成立的，将导致对线路上潮流的低估。实际上，节点负荷在某种程度上是相关的，可以用相关正态分布负荷向量来表示节点负荷的不确定性和相关性。

　　节点负荷的相关性可以用相关矩阵来表示。假设在某个时间段内(如一个月、一个季度或一年)所有节点的负荷曲线已知。节点 i 和 j 上负荷之间的相关系数(相关矩阵中的一个元素)可表示为

$$\rho_{ij} = \frac{\dfrac{1}{n}\sum_{k=1}^{n}(L_{ki} \cdot L_{kj}) - (M_i \cdot M_j)}{\dfrac{1}{n}\left[\sum_{k=1}^{n}(L_{ki} - M_i)^2 \cdot \sum_{k=1}^{n}(L_{kj} - M_j)^2\right]^{1/2}} \tag{3.69}$$

式中，L_{ki} 和 L_{kj} 分别是负荷持续曲线 i 和 j 上第 k 个负荷点的值；n 是负荷点数；$M_i = (1/n)\sum_{k=1}^{n}L_{ki}$；$M_j = (1/n)\sum_{k=1}^{n}L_{kj}$。

　　若采用 3.3.1 节中的多级负荷模型，则第 m 个类中各负荷均值间的相关系数可表示为

$$\rho_{ij} = \frac{(1/NS_m)\sum_{k \in IC_m}(L_{ki} \cdot L_{kj}) - (M_{mi} \cdot M_{mj})}{(1/NS_m)\left[\sum_{k \in IC_m}(L_{ki} - M_{mi})^2 \cdot \sum_{k \in IC_m}(L_{kj} - M_{mj})^2\right]^{1/2}} \tag{3.70}$$

式中，L_{ki} 和 L_{kj} 分别为负荷持续曲线 i 和 j 上第 k 个负荷点的值；NS_m 为第 m 个类中

的负荷点数；IC_m 为第 m 个类中负荷点的集合；M_{mi} 和 M_{mj} 分别为第 m 个类中负荷持续曲线 i 和 j 的类均值。应注意到，多级负荷模型不存在时序，因此，式(3.70)给出的相关关系仅是每一类中负荷持续曲线类均值间的相关性。

节点负荷的相关矩阵 $\boldsymbol{\rho}$ 是一个 $N \times N$ 的矩阵，其中 N 为所考虑的节点数。$\boldsymbol{\rho}$ 中元素可用式(3.69)或式(3.70)进行估计。节点负荷的协方差矩阵 $\boldsymbol{C}$ 可表示为

$$C = \begin{bmatrix} S_1^2 \rho_{11} & S_1 S_2 \rho_{12} & \cdots & S_1 S_N \rho_{1N} \\ \vdots & \vdots & & \vdots \\ S_N S_1 \rho_{N1} & S_N S_2 \rho_{N2} & \cdots & S_N^2 \rho_{NN} \end{bmatrix} \tag{3.71}$$

式中，S_i 是第 i 个节点负荷的样本标准差，可由负荷预测获得；ρ_{ij} 是相关矩阵 $\boldsymbol{\rho}$ 的第 i 行第 j 列元素。

用于表示节点负荷不确定性和相关性的相关正态分布负荷向量可由独立相关正态分布向量推导而来。令 $\boldsymbol{H}$ 表示相关正态分布负荷向量，其负荷均值向量为 $\boldsymbol{B}$，协方差矩阵为 $\boldsymbol{C}$，其中 $\boldsymbol{B}$ 可由负荷预测或类均值获得，$\boldsymbol{C}$ 可由式(3.71)求得。令 $\boldsymbol{G}$ 为一独立的标准正态分布向量，其元素相互间不相关，且每个元素均值为 0、方差为 1。正态分布的线性组合仍为正态分布[26]。因此，存在矩阵 $\boldsymbol{A}$ 使 $\boldsymbol{H}$ 和 $\boldsymbol{G}$ 满足如下变换关系：

$$\boldsymbol{H} = \boldsymbol{A}\boldsymbol{G} + \boldsymbol{B} \tag{3.72}$$

$\boldsymbol{H}$ 的均值向量和协方差矩阵可用式(3.72)表示为

$$\mathrm{E}(\boldsymbol{H}) = \boldsymbol{A} \cdot \mathrm{E}(\boldsymbol{G}) + \boldsymbol{B} = \boldsymbol{A} \cdot \boldsymbol{0} + \boldsymbol{B} = \boldsymbol{B} \tag{3.73}$$

$$\mathrm{E}[(\boldsymbol{H} - \boldsymbol{B})(\boldsymbol{H} - \boldsymbol{B})^{\mathrm{T}}] = \mathrm{E}(\boldsymbol{A}\boldsymbol{G}\boldsymbol{G}^{\mathrm{T}}\boldsymbol{A}^{\mathrm{T}}) = \boldsymbol{A}\boldsymbol{A}^{\mathrm{T}} = \boldsymbol{C} \tag{3.74}$$

式(3.74)给出了矩阵 $\boldsymbol{A}$ 和 $\boldsymbol{C}$ 之间的关系。协方差矩阵 $\boldsymbol{C}$ 为一非负正定对称矩阵，可以三角化为唯一的一个下三角矩阵乘以其转置的形式。从而，由关系式 $\boldsymbol{A}\boldsymbol{A}^{\mathrm{T}} = \boldsymbol{C}$ 可推导以下由 $\boldsymbol{C}$ 计算 $\boldsymbol{A}$ 的递归公式：

$$A_{i1} = \frac{C_{i1}}{\sqrt{C_{11}}}, \quad i = 1, 2, \cdots, N \tag{3.75}$$

$$A_{ii} = \sqrt{C_{ii} - \sum_{k=1}^{i-1} A_{ik}^2}, \quad i = 2, 3, \cdots, N \tag{3.76}$$

$$A_{ij} = \frac{C_{ij} - \sum_{k=1}^{j-1} A_{ik} A_{jk}}{A_{jj}}, \quad j = 2, 3, \cdots, N-1; \ i = j+1, j+2, \cdots, N \tag{3.77}$$

有了矩阵 $\boldsymbol{A}$、$\boldsymbol{G}$ 和 $\boldsymbol{B}$，利用式(3.72)便可求得相关正态负荷向量 $\boldsymbol{H}$。由矩阵 $\boldsymbol{H}$ 定义的节点负荷的负荷均值向量为 $\boldsymbol{B}$，其不确定性和相关性由式(3.71)的协方差矩阵 $\boldsymbol{C}$ 定义。

3.5 节点负荷的电压特性和频率特性

输电系统中的某个节点负荷通常指由某个输电系统供电点(变电站)看下去的集总负荷。因此，节点负荷不仅包含与该节点相连的消耗有功的负荷装置，还包含供电点以下的馈线、变压器、无功功率设备，甚至包含该输电系统供电点以外的某个等值子系统。静态节点负荷随电压和频率的变化而变化，可表示为以下的通用形式：

$$P = P_0 \cdot \sum_j \alpha_j \left(\frac{V}{V_0}\right)^{a_j} \cdot [1 + \beta_j(f - f_0)] \tag{3.78}$$

$$Q = Q_0 \cdot \sum_j \eta_j \left(\frac{V}{V_0}\right)^{b_j} \cdot [1 + \theta_j(f - f_0)] \tag{3.79}$$

式中，P 和 Q 是节点有功和无功功率；V 和 f 是节点电压和频率；V_0 和 f_0 为额定或初始电压和频率；P_0 和 Q_0 是额定或初始电压和频率下消耗的有功和无功功率。为使表达式简洁，省略了节点下标。模型参数包括系数 α_j、η_j、β_j、θ_j 与幂指数 a_j 和 b_j。模型中节点功率有两部分：一部分与频率无关；另一部分与频率有关。两部分都与电压有关。实际应用中，根据系统分析目的的不同常使用不同的简化表达式。

3.5.1 稳态分析的节点负荷模型

系统稳态分析时，例如，潮流计算、预想故障分析和静态电压稳定性分析时，系统状态的时域暂态过程不予考虑。有两种常用的稳态分析节点负荷模型。

1. 多项式节点负荷模型

$$P = P_0 \left[\alpha_1 \left(\frac{V}{V_0}\right)^2 + \alpha_2 \frac{V}{V_0} + \alpha_3\right] \cdot [1 + \beta(f - f_0)] \tag{3.80}$$

$$Q = Q_0 \left[\eta_1 \left(\frac{V}{V_0}\right)^2 + \eta_2 \frac{V}{V_0} + \eta_3\right] \cdot [1 + \theta(f - f_0)] \tag{3.81}$$

该模型由式(3.78)和式(3.79)的通用模型表达式得到，即在式(3.78)和式(3.79)中，当 $j=1$ 时，$a_1=b_1=2$；当 $j=2$ 时，$a_2=b_2=1$；当 $j=3$ 时，$a_3=b_3=0$；$\beta_1=\beta_2=\beta_3=\beta$；$\theta_1=\theta_2=\theta_3=\theta$。

在统计分析的大多数情形下，频率特性的部分一般不予考虑，即令 $\beta=0$、$\theta=0$。这时，负荷模型只与电压有关，通常称为 ZIP(impedance, current and power)模型，因为它由恒阻抗(Z)、恒电流(I)和恒功率(P)三种类型负荷组成。系数 α_1、α_2 和 α_3(或 η_1、η_2 和 η_3)表示这三种类型负荷所占比例，因此，$\alpha_1+\alpha_2+\alpha_3=1$、$\eta_1+\eta_2+\eta_3=1$。这些系数可根据用户构成确定。

2. 指数型节点负荷模型

$$P = P_0\left\{\alpha_1\left(\frac{V}{V_0}\right)^{a_1}[1+\beta_1(f-f_0)]+(1-\alpha_1)\left(\frac{V}{V_0}\right)^{a_2}\right\} \tag{3.82}$$

$$Q = Q_0\left\{\eta_1\left(\frac{V}{V_0}\right)^{b_1}[1+\theta_1(f-f_0)]+(1-\eta_1)\left(\frac{V}{V_0}\right)^{b_2}[1+\theta_2(f-f_0)]\right\} \tag{3.83}$$

该模型只考虑式(3.78)和式(3.79)中通用模型表达式的前两项,并假定第二项中有功功率的频率系数为 0。式(3.82)和式(3.83)与 LOADSYN 程序中采用的静态负荷模型类似,该程序由美国电力科学研究院(Electric Power Research Institute,EPRI)开发[27,28]。

3.5.2　动态分析的节点负荷模型

严格来讲,在动态电力系统分析时,例如,暂态稳定性和动态电压稳定性仿真时,发电机和负荷都应采用微分方程进行建模。然而,在电力公司的实践中也经常使用静态的但更为复杂的负荷模型进行动态仿真分析[29,30]。例如,在美国电力科学研究院开发的扩展暂态和中期稳定程序(extended transient midterm stability program,ETMSP)中就采用以下负荷模型:

$$P = F_{\mathrm{p}}\cdot P_0\left\{\alpha_1\left(\frac{V}{V_0}\right)^2+\alpha_2\frac{V}{V_0}+\alpha_3+\sum_{j=4}^{5}\alpha_j\left(\frac{V}{V_0}\right)^{a_j}\cdot[1+\beta_j(f-f_0)]\right\} \tag{3.84}$$

$$Q = F_{\mathrm{q}}\cdot Q_0\left\{\eta_1\left(\frac{V}{V_0}\right)^2+\eta_2\frac{V}{V_0}+\eta_3+\sum_{j=4}^{5}\eta_j\left(\frac{V}{V_0}\right)^{b_j}\cdot[1+\theta_j(f-f_0)]\right\} \tag{3.85}$$

式中,$\sum_{j=1}^{5}\alpha_j=1$;$\sum_{j=1}^{5}\eta_j=1$;F_{p} 和 F_{q} 表示用静态负荷模型表达动态性能的负荷比例。

显然,该模型是 3.5.1 节中给出的多项式模型和指数型模型的组合。该模型中,前三项给出了集总负荷的表达式,第四项和第五项能够用来对两种类型的电机建模或对一个电机和一个放电照明负荷建模。

值得指出的是,式(3.78)~式(3.85)给出的静态负荷模型在低电压情形下可能不能代表真实情况,因而导致发散的问题。通常的做法是当节点电压低于某个阈值时,将全部负荷模型切换为恒阻抗模型。在静态负荷模型无法表示实际的情形时,可以考虑采用动态负荷模型来表达。这些情形包括但不局限于以下几方面:

(1)如果系统中动态感应电动机负荷所占比例很大(如60%),则有必要对电动机或电动机群单独建模。

(2) 对于以商业用户为主的变电站负荷，如果放电负荷占有相当大的比例（如25%），则应对放电负荷在电压标幺值为 0.7 时的熄弧特性进行建模。

(3) 如果大型变压器也被视为负荷的一部分，则应考虑其饱和特性。

3.6 结 论

本章讨论了输电系统概率规划中负荷建模的几个基本方面，包括负荷预测方法、负荷聚类、节点负荷的不确定性和相关性，以及负荷的电压/频率特性模型。前三个方面与电力负荷的时空特性相关，而最后一个方面是电力负荷的技术属性。

同时，讨论了三种主要的负荷预测方法：回归方法、概率时间序列方法和神经网络方法。回归方法包括线性回归和非线性回归。回归方法的本质是利用历史数据建立负荷与影响负荷的相关变量之间的解析关系表达式，并假定这种关系式可应用于将来。影响负荷的变量可以是经济、环境和社会因素。概率时间序列方法包括 AR 模型、MA 模型和 ARMA 模型。概率时间序列方法的本质是将负荷曲线视为一个随机过程，并假定历史数据中的负荷特性延续到将来。该方法不需要任何其他变量的信息。神经网络方法可以建立负荷和其影响变量之间复杂的和隐含的关系，这些关系用回归方法一般不可能捕获得到。从这个意义来讲，神经网络方法在某些情形下可能提高负荷预测的精度。应该指出：任何对将来的预测总是伴随着误差。好在本章给出的预测方法不仅能预测出负荷值，还能给出它的标准差或置信区间，因而可用于负荷不确定性分析或灵敏度分析。

对系统进行概率分析时，节点负荷的不确定性和相关性建模是关键的一步。本章所给出的方法优于其他方法之处在于其能够同时表达节点负荷的不确定性和相关性。传统输电规划分析中，对节点负荷的相关性没有给予足够的重视。

输电规划中不可能也没有必要考虑负荷曲线上所有的小时点。通常会采用分级模型。除此之外，也经常需要对负荷曲线进行聚类，以建立一个分类的模型来表示具有相似模式的节点负荷曲线组。负荷聚类方法提供了简化负荷曲线建模的手段。

在输电系统规划中进行稳态和动态分析时，采用随电压和频率变化的集总负荷模型通常是可以接受的。然而，也不要忘记在某些情形下，有必要考虑更精确的反映负荷动态特性的模型。

本章阐述的负荷建模体现了负荷的概率特性，这是下面将要阐述的概率系统分析和可靠性评估的前提。

第4章　系统分析方法

4.1　引　　言

电力系统分析包括潮流、最优潮流、预想故障分析、电压稳定、暂态稳定和其他分析，其是输电系统规划中的关键技术之一。

传统电力系统分析方法基于确定性假设。虽然人们早就认识到电力系统的行为是随机的，但是确定性分析方法在输电系统概率规划中仍然十分重要。这不仅因为传统分析方法仍然是必要的分析工具，而且因为概率分析方法是通过传统分析方法结合概率特性推导而来的。

本章阐述传统电力系统分析方法，并提出概率建模和方法的基本概念。概率可靠性评估方法，包括概率电压稳定性和概率暂态稳定性评估方法，将在第5章阐述。有许多传统分析方法的商用软件可用，这里只概述其基本原理。4.2 节阐述潮流方程；4.3 节阐述概率潮流；最优潮流和内点法在 4.4 节阐述；4.5 节介绍两种概率搜索优化算法；4.6 节阐述预想故障分析与排序；电压稳定性评估与暂态稳定性分析分别在 4.7 节和 4.8 节简述。

4.2　潮　　流

潮流分析是输电规划最基本的分析。目前已有商用的潮流分析软件。本节给出潮流分析概述。

极坐标下潮流方程为

$$P_i = V_i \sum_{j=1}^{N} V_j (G_{ij}\cos\delta_{ij} + B_{ij}\sin\delta_{ij}), \quad i = 1, 2, \cdots, N \tag{4.1}$$

$$Q_i = V_i \sum_{j=1}^{N} V_j (G_{ij}\sin\delta_{ij} - B_{ij}\cos\delta_{ij}), \quad i = 1, 2, \cdots, N \tag{4.2}$$

式中，P_i 和 Q_i 分别是节点 i 的注入有功功率和无功功率；V_i 和 δ_i 分别是节点 i 的电压幅值和相角；$\delta_{ij} = \delta_i - \delta_j$；$G_{ij}$ 和 B_{ij} 分别是节点导纳矩阵元素的实部和虚部；N 是系统总节点数。

每个节点有四个变量（P_i、Q_i、V_i 和 δ_i）。为了求解式（4.1）和式（4.2）给出的 $2N$ 个

方程，每个节点必须先给定四个变量中的两个。一般地，负荷节点的 P_i 和 Q_i 已知，被称为 PQ 节点。发电机节点的 P_i 和 V_i 给定，被称为 PV 节点。系统中必须有一个节点给定 V_i 和 δ_i 以平衡系统的功率，该节点被称为平衡节点。

4.2.1　牛顿-拉夫逊法

牛顿-拉夫逊法是求解非线性方程组的常用方法。将式(4.1)和式(4.2)线性化后得到如下矩阵方程：

$$\begin{bmatrix} \Delta P \\ \Delta Q \end{bmatrix} = \begin{bmatrix} J_{P\delta} & J_{PV} \\ J_{Q\delta} & J_{QV} \end{bmatrix} \begin{bmatrix} \Delta \delta \\ \Delta V / V \end{bmatrix} \tag{4.3}$$

雅可比矩阵是 $(N+ND-1)$ 维方阵，N 和 ND 分别是系统总节点数和负荷节点数。$\Delta V / V$ 是一个向量，其中的元素是 $\Delta V_i/V_i$。雅可比矩阵元素按下列公式计算：

$$(J_{P\delta})_{ij} = \frac{\partial P_i}{\partial \delta_j} = V_i V_j (G_{ij} \sin \delta_{ij} - B_{ij} \cos \delta_{ij}) \tag{4.4}$$

$$(J_{P\delta})_{ii} = \frac{\partial P_i}{\partial \delta_i} = -Q_i - B_{ii} V_i^2 \tag{4.5}$$

$$(J_{PV})_{ij} = \frac{\partial P_i}{\partial V_j} V_j = V_i V_j (G_{ij} \cos \delta_{ij} + B_{ij} \sin \delta_{ij}) \tag{4.6}$$

$$(J_{PV})_{ii} = \frac{\partial P_i}{\partial V_i} V_i = P_i + G_{ii} V_i^2 \tag{4.7}$$

$$(J_{Q\delta})_{ij} = \frac{\partial Q_i}{\partial \delta_j} = -(J_{PV})_{ij} \tag{4.8}$$

$$(J_{Q\delta})_{ii} = \frac{\partial Q_i}{\partial \delta_i} = P_i - G_{ij} V_i^2 \tag{4.9}$$

$$(J_{QV})_{ij} = \frac{\partial Q_i}{\partial V_j} V_j = (J_{P\delta})_{ij} \tag{4.10}$$

$$(J_{QV})_{ii} = \frac{\partial Q_i}{\partial V_i} V_i = Q_i - B_{ii} V_i^2 \tag{4.11}$$

牛顿-拉夫逊法求解是一个迭代过程。给定节点电压幅值 V_i 和相角 δ_i 的初始值，形成雅可比矩阵，解方程(4.3)得 $\Delta \delta_i$ 和 ΔV_i，修正节点电压 V_i 和 δ_i。重复该过程直到所有节点的不匹配功率小于某给定值。

4.2.2　快速解耦法

高压输电系统中，支路电抗通常比电阻大很多，且首末端节点间的电压相角差很小，致使矩阵子块 J_{PV} 和 $J_{Q\delta}$ 中的元素值远小于 $J_{P\delta}$ 和 J_{QV} 中的元素值。假定 $J_{PV} = 0$

且 $\boldsymbol{J}_{Q\delta}=\mathbf{0}$，则方程(4.3)能被解耦。考虑到 $|G_{ij}\sin\delta_{ij}|<<|B_{ij}\cos\delta_{ij}|$ 且 $|Q_i|<<|B_{ii}V_i^2|$，则解耦后的方程可进一步简化为

$$\left[\frac{\Delta \boldsymbol{P}}{\boldsymbol{V}}\right]=[\boldsymbol{B}']\;[\boldsymbol{V}\Delta\boldsymbol{\delta}]\tag{4.12}$$

$$\left[\frac{\Delta \boldsymbol{Q}}{\boldsymbol{V}}\right]=[\boldsymbol{B}'']\;[\Delta\boldsymbol{V}]\tag{4.13}$$

式中，$[\Delta P/V]$ 和 $[\Delta Q/V]$ 是单个向量，其元素分别为 $\Delta P_i/V_i$ 和 $\Delta Q_i/V_i$。常数矩阵 $[\boldsymbol{B}']$ 和 $[\boldsymbol{B}'']$ 可表示为

$$B'_{ij}=\frac{-1}{x_{ij}}\tag{4.14}$$

$$B'_{ii}=-\sum_{j\in R_i}B'_{ij}\tag{4.15}$$

$$B''_{ij}=\frac{-x_{ij}}{r_{ij}^2+x_{ij}^2}\tag{4.16}$$

$$B''_{ii}=-2b_{i0}-\sum_{j\in R_i}B''_{ij}\tag{4.17}$$

式中，r_{ij} 和 x_{ij} 分别是支路电阻和电抗；b_{i0} 是节点 i 与地之间的电纳；R_i 是与节点 i 直接相连的节点集合。

4.2.3　直流潮流法

除非特别定义，本节中的符号与以前定义的相同。直流潮流方程基于以下四个假设：

(1)支路电阻比其电抗小很多，因此支路电纳可近似计算如下：

$$b_{ij}\approx\frac{-1}{x_{ij}}\tag{4.18}$$

(2)支路两端的电压相角差很小，则

$$\begin{aligned}\sin\delta_{ij}&\approx\delta_i-\delta_j\\\cos\delta_{ij}&\approx1.0\end{aligned}\tag{4.19}$$

(3)节点与地之间的导纳可忽略，即

$$b_{i0}=b_{j0}\approx0\tag{4.20}$$

(4)所有节点电压幅值标幺值假设为 1.0。

基于以上四个假设，流过支路的有功功率可按式(4.21)计算：

$$P_{ij} = \frac{\delta_i - \delta_j}{x_{ij}} \tag{4.21}$$

注入节点的有功功率为

$$P_i = \sum_{j \in R_i} P_{ij} = B'_{ii}\delta_i + \sum_{j \in R_i} B'_{ij}\delta_j, \quad i = 1, 2, \cdots, N \tag{4.22}$$

式中，B'_{ij} 和 B'_{ii} 是已知的，分别由式(4.14)和式(4.15)计算得到。

采用矩阵形式，方程(4.22)能够表达为

$$[P] = [B'][\delta] \tag{4.23}$$

显然，这是一组简单线性代数方程，它的求解不需要迭代。设节点 n 是平衡节点，置 $\delta_n = 0$，则 $[B']$ 是 $(N-1)$ 维方阵，与式(4.12)中的 $[B']$ 完全相同。

将式(4.21)代入方程(4.23)，可得节点注入有功功率与支路有功潮流的线性关系：

$$[T_p] = [A][P] \tag{4.24}$$

式中，T_p 是支路潮流向量，其元素是支路潮流 P_{ij}；$[A]$ 是节点注入有功功率与支路有功潮流的关系矩阵，维数为 $L \times (N-1)$，L 是支路数，N 是节点数。

矩阵 $[A]$ 可以直接从 $[B']$ 计算得到。假设支路 k 的两端分别连接 i 和 j 节点，对于 $k=1, 2, \cdots, L$，$[A]$ 矩阵的第 k 行是下列线性方程组的解：

$$[B'][X] = [C] \tag{4.25}$$

式中

$$C = \left[0, \cdots, 0, \underset{\underset{\text{第}i\text{个元素}}{\uparrow}}{\frac{1}{x_{ij}}}, 0, \cdots, 0, \underset{\underset{\text{第}j\text{个元素}}{\uparrow}}{-\frac{1}{x_{ij}}}, 0, \cdots, 0 \right]^{\mathrm{T}}$$

4.3 概 率 潮 流

潮流计算的输入量(节点负荷、发电模式和网络结构)具有不确定性，能够用概率分布表示。因此，潮流计算的输出是服从概率分布的随机变量。潮流计算的输出包括节点电压等状态变量和线路潮流等网络变量。计及输入和输出量概率特性的潮流计算称为概率潮流。

概率潮流方法分为解析法和蒙特卡罗法两类，各有优缺点。解析法的计算量较小，但必须进行近似处理。相反，蒙特卡罗法能够处理各种复杂情况而无须简化，但计算量较大。输电规划是离线的过程，计算时间可以不是主要关注点。

　　概率潮流解析法也有多种，如线性化模型法、累积量法和点估计法等[31,32]。本节阐述点估计法和蒙特卡罗法。

4.3.1　点估计法

　　对于有 N 个随机自变量的函数 F，点估计法基于下面的概念[33]。对每个输入变量取其概率分布上 K 个不同的值而其他输入变量取均值时，函数 F 被估计 K 次。总计需要估计 $K×N$ 次。输出函数 F 作为随机变量，其原点矩可以用 F 的 $K×N$ 个值计算求得。$K=3$ 的点估计法被证明具有最好的性能[32]，其描述如下。

　　用概率分布表示的随机输入变量 p_i 可以是节点负荷、发电机功率或系统元件参数(如线路电抗)等。p_i 的三个值可求得，即

$$p_{ik} = \mu_{p_i} + \xi_{ik}\sigma_{p_i}, \quad i = 1, 2, \cdots, N; \quad k = 1, 2, 3 \tag{4.26}$$

式中，μ_{p_i} 和 σ_{p_i} 是 p_i 的均值和标准差；ξ_{ik} 是表示概率分布上第 k 个位置的系数。

　　对每个随机输入变量，ξ_{ik} 的三个值和三个权重因子 w_{ik} 可表示为

$$\xi_{i1}, \xi_{i2} = \frac{\lambda_{i3}}{2} \pm \sqrt{\lambda_{i4} - \frac{3}{4}\lambda_{i3}^2}, \quad \xi_{i3} = 0 \tag{4.27}$$

$$w_{i1} = \frac{1}{\xi_{i1}^2 - \xi_{i1}\xi_{i2}}, \quad w_{i2} = \frac{1}{\xi_{i2}^2 - \xi_{i1}\xi_{i2}}, \quad w_{i3} = \frac{1}{N} - \frac{1}{\lambda_{i4} - \lambda_{i3}^2} \tag{4.28}$$

式中，λ_{i3} 和 λ_{i4} 是随机输入变量 p_i 的偏度和峰度，可表示为

$$\lambda_{i3} = \frac{\int_{-\infty}^{\infty}(p_i - \mu_{p_i})^3 f_{p_i}\mathrm{d}p_i}{\sigma_{p_i}^3}, \quad \lambda_{i4} = \frac{\int_{-\infty}^{\infty}(p_i - \mu_{p_i})^4 f_{p_i}\mathrm{d}p_i}{\sigma_{p_i}^4} \tag{4.29}$$

式中，f_{p_i} 是 p_i 的概率密度函数。权重因子 w_{ik} 将在式(4.30)中用到。

　　数学上已证明 $\lambda_{i4} \geq \lambda_{i3}^2 + 1$ [34]。因此，由式(4.27)计算得到的位置系数 ξ_{i1} 和 ξ_{i2} 一定是实数，因而式(4.28)给出的权重因子 w_{ik} 总能得到。

　　对每个随机输入变量 p_i，一旦求得 ξ_{ik} 的三个值，便可计算出每个值相应的潮流，此时其他随机输入量取均值。对所有输入变量重复进行该计算。由于 $\xi_{i3} = 0$，由式(4.26)可得 p_i 的第三个值是其均值。因为 $\xi_{i3} = 0$ 对所有随机输入变量成立，所以每个输入变量取第三个值时的潮流相同，为所有输入变量取均值时的潮流。换句话说，只需要进行 $2N+1$ (而不是 $3N$) 个潮流计算，因此该方法也被称为 $2N+1$ 点估计法。

　　随机输出变量 F(如节点电压或线路功率)的第 j 阶原点矩可估计为

$$\mathrm{E}[F^{(j)}] = \sum_{i=1}^{N}\sum_{k=1}^{3} w_{ik} \cdot (F_{ik})^j \tag{4.30}$$

式中，$\mathrm{E}[F^{(j)}]$ 表示随机输出变量 F 的第 j 阶原点矩；F_{ik} 是对应的潮流计算中得到

的 F 的值。利用各阶原点矩可计算出随机输出变量的各阶中心矩和半不变量。一阶原点矩和二阶中心矩分别是随机输出变量均值和标准差的估计。这些估计给出了考虑随机输入变量概率分布的输出潮流变量的均值和标准差，其中标准差能用来表示其置信区间。此外，通过使用半不变量和 Edgeworth 级数方法或者中心矩和 Gram-Charlier 级数方法，可以估计出任一潮流随机输出变量的近似概率分布函数[31]。

上述点估计法的缺点如下：

(1)它不能直接对网络结构的不确定性(输电元件的随机故障)进行建模。因为元件故障与网络拓扑的随机变化有关，而网络拓扑的随机变化不能用一个输入变量的均值和标准差来描述。

(2)它不能处理输入变量(如节点负荷)之间的相关性，因为该方法基于所有输入变量独立的假设。有一些点估计法能够从数学的角度进行相关性建模，不过，它们或者在求解潮流问题时计算性能较差，或者不能处理非对称分布变量[①]。

4.3.2　蒙特卡罗法

蒙特卡罗法更灵活、准确和直接。它能克服点估计法的上述两个缺点。但是，就像前面提到过的，蒙特卡罗模拟的不足是耗时长。在输电规划的离线计算中，这或许是可以接受的。

蒙特卡罗法概率潮流计算步骤可以归纳如下：

(1)产生节点负荷的随机样本，包括下面步骤：

① 根据式(3.71)建立节点负荷协方差矩阵 C。

② 利用式(3.75)～式(3.77)，计算 A 矩阵。

③ 采用正态分布抽样法(参见附录 A.5.4 的第 2 部分)建立 N 维正态分布随机向量 G，其元素相互间不相关，且每个元素均值为 0、方差为 1。

④ 利用式(3.72)计算 N 维相关正态分布随机向量 H，其中，均值向量 B 中的每个元素是节点负荷的均值，节点负荷的不确定性和相关性由矩阵 C 定义。

(2)通过对系统元件(发电机、线路、电缆、变压器、电抗器、电容器等)不可用概率的抽样，产生系统元件状态样本[6,10]。I_i 表示第 i 个元件的状态，U_i 表示第 i 个元件不可用概率。对第 i 个元件随机抽取在[0, 1]区间的均匀分布随机数 R_i(参见附录 A.5.2)，有

$$I_i = \begin{cases} 0 & (\text{运行状态}), \quad R_i \geqslant U_i \\ 1 & (\text{失效状态}), \quad 0 \leqslant R_i < U_i \end{cases} \tag{4.31}$$

如果系统中所有元件均处于运行状态，则系统处于正常状态。如果系统中任一

---

① 译者注：原作者和他的博士生于 2014 年提出一个可以考虑输入变量相关性且输入变量可以服从任意分布的点估计概率潮流和最优潮流方法，发表在 *IEEE Transactions on Power Systems* 上。

元件处于失效状态，则系统处于故障状态。应该认识到，虽然元件停运引起的节点电压和线路功率的变化可能会比节点负荷的随机性引起的变化大，但是元件停运对概率潮流结果总的影响一般来说是远小于节点负荷随机变化的影响，这是因为元件停运的不可用概率是非常小的。正常系统状态中负荷随机变化起了主导作用。

(3)产生发电机出力的样本，有如下两种方法：

① 发电模式完全随机。发电机出力能够处理为负的负荷，因此能采用类似于负荷随机抽样的方法产生发电机出力的随机样本。利用 3.4 节的方法和发电机出力曲线和负荷曲线的历史数据，能够建立发电机节点发电出力和负荷节点负荷的联合协方差矩阵 C。然后，用步骤(1)中的类似方法随机产生发电机节点出力和负荷节点负荷的样本。

② 发电模式不完全随机。实际运行中，调度员经常根据给定的负荷水平确定发电出力。电力公司根据其实践经验应用一个或更多的发电调度规则。例如，他们能够根据节点负荷均值和从步骤(2)得到的系统元件状态，应用经济调度[35]或最优潮流(见 4.4 节)方法，计算每个发电机节点的发电机出力。这样计算得到的值是发电机出力的均值。对那些出力已达到其限值的发电机，发电出力可以指定在其限值。对于其他发电机，可将发电出力的标准方差应用到每台发电机，该标准方差能够由历史的每小时发电曲线获得。有了这些均值和标准方差，利用独立的正态分布对每台发电机出力进行随机抽样。

(4)一旦发电出力、负荷和系统元件状态的样本得到后，就可进行潮流计算。值得注意的是，可以用分散平衡功率的概念，即所有参与调度的机组都具有部分平衡节点的作用，以满足潮流计算时的功率平衡。记录所有输出变量的结果。

(5)重复步骤(1)～步骤(4)，直到满足蒙特卡罗模拟的收敛条件。计及潮流输入变量不确定性的每个输出变量的平均值估计为

$$\bar{X} = \frac{1}{M} \sum_{i=1}^{M} X_i \tag{4.32}$$

式中，$\bar{X}$ 表示任意输出变量(如节点电压或支路潮流)的平均值；X_i 是第 i 个潮流样本所得到的输出变量的样本值；M 是蒙特卡罗模拟中潮流样本的数目。

输出变量的标准方差估计为

$$S(\bar{X}) = \sqrt{\frac{1}{M(M-1)} \sum_{i=1}^{M} (X_i - \bar{X})^2} \tag{4.33}$$

需要注意的是，$S(\bar{X})$ 不是样本标准差，而是估计的输出变量的标准差，它代表了输出变量的置信范围。

(6)能够用蒙特卡罗模拟记录的样本值信息估计出输出变量(节点电压或支路潮流)的经验概率分布。

4.4　最 优 潮 流

输电规划中有大量的优化问题。最优潮流(optimal power flow，OPF)是最常见的，包括优化运行模拟、网损最小化、最大传输能力计算等。其他的优化问题还包括无功控制设备位置选点优化、网络结构优化和投资费用最小化计算等。

对于输电规划中的最优潮流或其他优化问题，有不同的求解方法。可分类为确定性和概率性的方法。确定性的方法包括牛顿法、传统的非线性规划方法和内点法(interior point method，IPM)[36-38]。一般来说，对于大规模的最优潮流问题，内点法比其他的确定性方法更有效。本节阐述标准的最优潮流模型及其内点法。4.5 节将讨论两个概率搜索优化方法。

值得指出的是，4.3 节给出的概率潮流点估计法和蒙特卡罗法也能以类似的方式用于概率最优潮流。相关的细节留给读者思考，在此不再赘述。

4.4.1　最优潮流模型

潮流模型中，发电机节点的有功功率和电压是已知的。最优潮流模型本质的不同在于发电机节点的有功功率和电压是用带有目标函数和约束条件的最优化模型计算出来的。发电机的有功功率和/或电压经常是需要进行优化的控制变量。最优潮流模型也能包括其他的控制变量，如无功控制设备的无功功率和变压器变比等。一般来说，负荷节点的电压幅值和相角是状态变量。标准的最优潮流模型表示为

$$\min f(\boldsymbol{P}_{\mathrm{G}}, \boldsymbol{V}_{\mathrm{G}}, \boldsymbol{Q}_{\mathrm{C}}, \boldsymbol{K}) \tag{4.34}$$

s.t.

$$P_{\mathrm{G}i} - P_{\mathrm{D}i} = V_i \sum_{j=1}^{N} V_j (G_{ij}\cos\delta_{ij} + B_{ij}\sin\delta_{ij}), \quad i = 1, 2, \cdots, N \tag{4.35}$$

$$Q_{\mathrm{G}i} + Q_{\mathrm{C}i} - Q_{\mathrm{D}i} = V_i \sum_{j=1}^{N} V_j (G_{ij}\sin\delta_{ij} - B_{ij}\cos\delta_{ij}), \quad i = 1, 2, \cdots, N \tag{4.36}$$

$$P_{\mathrm{G}i}^{\min} \leqslant P_{\mathrm{G}i} \leqslant P_{\mathrm{G}i}^{\max}, \quad i = 1, 2, \cdots, NG \tag{4.37}$$

$$Q_{\mathrm{G}i}^{\min} \leqslant Q_{\mathrm{G}i} \leqslant Q_{\mathrm{G}i}^{\max}, \quad i = 1, 2, \cdots, NG \tag{4.38}$$

$$Q_{\mathrm{C}i}^{\min} \leqslant Q_{\mathrm{C}i} \leqslant Q_{\mathrm{C}i}^{\max}, \quad i = 1, 2, \cdots, NC \tag{4.39}$$

$$K_t^{\min} \leqslant K_t \leqslant K_t^{\max}, \quad t = 1, 2, \cdots, NT \tag{4.40}$$

$$V_i^{\min} \leqslant V_i \leqslant V_i^{\max}, \quad i = 1, 2, \cdots, N \tag{4.41}$$

$$-T_l^{\max} \leqslant T_l \leqslant T_l^{\max}, \quad l = 1, 2, \cdots, NB \tag{4.42}$$

式中，V_i、δ_{ij}、G_{ij} 和 B_{ij} 与 4.2 节中定义的相同；$P_{\mathrm{G}i}$ 和 $Q_{\mathrm{G}i}$ 分别是节点 i 的发电有功

功率和无功功率变量；P_{Di} 和 Q_{Di} 分别是节点 i 的负荷有功功率和无功功率；Q_{Ci} 是节点 i 的无功电源设备的无功功率变量；K_t 是变压器 t 的变比变量；T_l 是支路 l 上的 MVA (mega volt ampere) 功率；式 (4.37) ～ 式 (4.42) 是相应变量的上下限约束；$T_l^{\max}$ 是支路 l 的额定容量极限值；N、NG、NC、NT 和 NB 分别是系统中所有节点、发电机节点、无功设备节点、变压器和支路的数目；目标函数中，$\boldsymbol{P}_G$、$\boldsymbol{V}_G$、$\boldsymbol{Q}_C$ 和 $\boldsymbol{K}$ 是控制变量向量，其元素分别是 P_{Gi}、V_{Gi}、Q_{Ci} 和 K_t，其中，V_{Gi} 是发电机节点 i 的电压。值得注意的是，每个 K_t 隐式地包含在节点导纳矩阵的元素 (G_{ij} 和 B_{ij}) 和变压器的 T_l 中。线路的 T_l 计算为

$$T_l = \max\left\{T_{mn}, T_{nm}\right\} \tag{4.43}$$

式中，T_{mn} 和 T_{nm} 是流过支路 l 两端的 MVA 功率；m 和 n 是支路 l 两端的节点号。从节点 m 到节点 n 的 MVA 功率计算为

$$T_{mn} = \sqrt{P_{mn}^2 + Q_{mn}^2} \tag{4.44}$$

$$P_{mn} = V_m^2(g_{m0} + g_{mn}) - V_m V_n(b_{mn}\sin\delta_{mn} + g_{mn}\cos\delta_{mn}) \tag{4.45}$$

$$Q_{mn} = -V_m^2(b_{m0} + b_{mn}) + V_m V_n(b_{mn}\cos\delta_{mn} - g_{mn}\sin\delta_{mn}) \tag{4.46}$$

式中，$g_{mn}+jb_{mn}$ 是支路 l 的导纳；$g_{m0}+jb_{m0}$ 是该支路在节点 m 处的对地等值导纳。变压器的 T_l 可用类似的方法计算，不同的是需要在式 (4.45) 和式 (4.46) 中引入变比 K_t，以及 $g_{m0}+jb_{m0}$ 应等于零。

根据不同的目的有不同的目标函数表达式。最常见和最简单的目标函数是在生产模拟中采用的总发电成本最小，即

$$f = \sum_{i=1}^{NG} f_i(P_{Gi}) \tag{4.47}$$

式中，每台发电机的成本函数可表示为以下的二次函数：

$$f_i = a_i P_{Gi}^2 + b_i P_{Gi} + c_i \tag{4.48}$$

式中，a_i、b_i 和 c_i 是发电成本系数，取决于发电机 i 的有功输出特性。

网损最小是另一个常见的目标函数，常用于输电规划，即

$$f = \sum_{i=1}^{NG} P_{Gi} - \sum_{i=1}^{N} P_{Di} \tag{4.49}$$

许多情况下，第二项 (所有节点负荷总和) 是恒定的常数，求解中不起作用，除非某些节点的负荷是作为可变的变量 (考虑负荷侧管理的模型)。网损最小的目标函数也能表示为所有支路损耗总和最小。

显然，式 (4.47) 和式 (4.49) 两个目标函数是式 (4.34) 的特例，其中，$\boldsymbol{Q}_C$ 和 $\boldsymbol{K}$ 已知，$\boldsymbol{V}_G$ 是状态变量向量。最优潮流是一种灵活的优化模型，能够固定任何控制变

量。如果固定除平衡节点外的发电机节点的有功功率，则最优潮流变成了无功优化模型，可用于无功电源规划。此时，如果优化目标仍然是网损最小，则目标函数就是平衡节点的有功输出。如果必要，则无功优化的控制变量可进一步限定到只包括变压器分接头变比(或无功设备的无功功率输出)，以分析变压器分接头(或无功设备)的作用。需要注意的是，变压器变比和电容器或电抗器组的无功功率输出是不连续的整数变量。数学上，这种优化问题是一个整数规划问题。但是，为简化计算，它们经常被近似地处理为连续的变量。在完成优化计算后，这些变量的结果四舍五入到最接近的离散值。这样的处理导致了次优解。

　　式(4.34)～式(4.42)给出的优化模型只是一个有代表性的例子。根据所求解的问题有不同的最优潮流模型。最优潮流的概念也能扩展到输电规划的其他优化问题，其中，潮流方程仍然作为等式约束，但是会有不同的目标函数和更多的约束被引入。任何情况下，优化模型的数学形式和求解方法是类似的。因此，以下将以一般的形式描述求解优化问题的内点法。

4.4.2　内点法

　　原对偶内点法[39]对于大规模非线性优化问题收敛性好。式(4.34)～式(4.42)给出的最优潮流模型或任何其他的优化模型都能够简写为以下形式：

$$\left.\begin{aligned}&\min f(x)\\&\text{s.t.}\\&g(x)=0\\&\underline{h}\leqslant h(x)\leqslant\bar{h}\end{aligned}\right\} \quad (4.50)$$

式中，f 是标量函数；x 是控制变量向量；g 和 h 分别表示等式约束函数向量和不等式约束函数向量。值得注意的是，不等式约束 $\underline{h}\leqslant h(x)\leqslant\bar{h}$ 具有一般性的含义，也包含了控制变量向量本身的不等式约束 $\underline{x}\leqslant x\leqslant\bar{x}$。

　　1. 最优性和可行性条件

　　式(4.50)的不等式约束能够通过引入非负的松弛向量 y 和 z 转化为如下的等式约束：

$$\left.\begin{aligned}&\min f(x)\\&\text{s.t.}\\&g(x)=0\\&h(x)-y-\underline{h}=0\\&-h(x)-z+\bar{h}=0\\&y\geqslant0,\quad z\geqslant0\end{aligned}\right\} \quad (4.51)$$

　　松弛向量 y 和 z 的非负条件可以通过在目标函数中引入对数惩罚因子来保证，这样式(4.51)可变为

$$
\left.
\begin{array}{l}
\min f(\boldsymbol{x}) - \mu^k \sum_{i=1}^{m}(\ln y_i + \ln z_i) \\[2mm]
\text{s.t.} \\[2mm]
\boldsymbol{g}(\boldsymbol{x}) = 0 \\[1mm]
\boldsymbol{h}(\boldsymbol{x}) - \boldsymbol{y} - \underline{\boldsymbol{h}} = 0 \\[1mm]
-\boldsymbol{h}(\boldsymbol{x}) - \boldsymbol{z} + \overline{\boldsymbol{h}} = 0
\end{array}
\right\}
\tag{4.52}
$$

　　式(4.52)中对数惩罚因子对松弛变量施加了严格的正值条件，因此不需要显式表达其非负约束。μ^k 称为障碍参数，其上标 k 表示求解过程中的迭代次数，将在下面讨论。式(4.52)表达的等式约束优化问题能够用拉格朗日乘子法进行求解。拉格朗日函数 $L_\mu(\boldsymbol{w})$ 构成如下：

$$
L_\mu(\boldsymbol{w}) = f(\boldsymbol{x}) - \mu^k \sum_{i=1}^{m}(\ln y_i + \ln z_i) - \boldsymbol{\lambda}^{\mathrm{T}}\boldsymbol{g}(\boldsymbol{x}) - \boldsymbol{\gamma}^{\mathrm{T}}(\boldsymbol{h}(\boldsymbol{x}) - \boldsymbol{y} - \underline{\boldsymbol{h}}) - \boldsymbol{\pi}^{\mathrm{T}}(-\boldsymbol{h}(\boldsymbol{x}) - \boldsymbol{z} + \overline{\boldsymbol{h}})
\tag{4.53}
$$

式中，$\boldsymbol{w} = \{\boldsymbol{x}, \boldsymbol{y}, \boldsymbol{z}, \boldsymbol{\lambda}, \boldsymbol{\gamma}, \boldsymbol{\pi}\}$，$\boldsymbol{\lambda}$、$\boldsymbol{\gamma}$ 和 $\boldsymbol{\pi}$ 称为对偶变量向量，$\boldsymbol{x}$、$\boldsymbol{y}$ 和 $\boldsymbol{z}$ 称为原始变量向量，$\boldsymbol{x}$ 是 n 维向量，$\boldsymbol{\lambda}$ 是 l 维向量，其他变量是 m 维向量。

　　根据库恩-塔克最优性条件，拉格朗日函数当其梯度为零时达到局部最小：

$$
\frac{\partial L_\mu(\boldsymbol{w})}{\partial \boldsymbol{w}} =
\begin{bmatrix}
\left[\dfrac{\partial f(\boldsymbol{x})}{\partial \boldsymbol{x}}\right] - \left[\dfrac{\partial \boldsymbol{g}(\boldsymbol{x})}{\partial \boldsymbol{x}}\right]^{\mathrm{T}}\boldsymbol{\lambda} - \left[\dfrac{\partial \boldsymbol{h}(\boldsymbol{x})}{\partial \boldsymbol{x}}\right]^{\mathrm{T}}\boldsymbol{\gamma} + \left[\dfrac{\partial \boldsymbol{h}(\boldsymbol{x})}{\partial \boldsymbol{x}}\right]^{\mathrm{T}}\boldsymbol{\pi} \\[3mm]
\boldsymbol{\gamma} - \mu^k \boldsymbol{Y}^{-1}\boldsymbol{u} \\[2mm]
\boldsymbol{\pi} - \mu^k \boldsymbol{Z}^{-1}\boldsymbol{u} \\[2mm]
-\boldsymbol{g}(\boldsymbol{x}) \\[2mm]
-\boldsymbol{h}(\boldsymbol{x}) + \boldsymbol{y} + \underline{\boldsymbol{h}} \\[2mm]
\boldsymbol{h}(\boldsymbol{x}) + \boldsymbol{z} - \overline{\boldsymbol{h}}
\end{bmatrix}
= [\boldsymbol{0}]
\tag{4.54}
$$

式中，$\boldsymbol{Y} = \mathrm{diag}(y_1, y_2, \cdots, y_m)$；$\boldsymbol{Z} = \mathrm{diag}(z_1, z_2, \cdots, z_m)$；$\boldsymbol{u} = (1,1,\cdots,1)^{\mathrm{T}}$。用 $\boldsymbol{Y}$ 和 $\boldsymbol{Z}$ 分别左乘式(4.54)的第二项和第三项，得

$$
\frac{\partial L_\mu(\boldsymbol{w})}{\partial \boldsymbol{w}} =
\begin{bmatrix}
\left[\dfrac{\partial f(\boldsymbol{x})}{\partial \boldsymbol{x}}\right] - \left[\dfrac{\partial \boldsymbol{g}(\boldsymbol{x})}{\partial \boldsymbol{x}}\right]^{\mathrm{T}}\boldsymbol{\lambda} - \left[\dfrac{\partial \boldsymbol{h}(\boldsymbol{x})}{\partial \boldsymbol{x}}\right]^{\mathrm{T}}\boldsymbol{\gamma} + \left[\dfrac{\partial \boldsymbol{h}(\boldsymbol{x})}{\partial \boldsymbol{x}}\right]^{\mathrm{T}}\boldsymbol{\pi} \\[3mm]
\boldsymbol{Y}\boldsymbol{\gamma} - \mu^k \boldsymbol{u} \\[2mm]
\boldsymbol{Z}\boldsymbol{\pi} - \mu^k \boldsymbol{u} \\[2mm]
-\boldsymbol{g}(\boldsymbol{x}) \\[2mm]
-\boldsymbol{h}(\boldsymbol{x}) + \boldsymbol{y} + \underline{\boldsymbol{h}} \\[2mm]
\boldsymbol{h}(\boldsymbol{x}) + \boldsymbol{z} - \overline{\boldsymbol{h}}
\end{bmatrix}
= [\boldsymbol{0}]
\tag{4.55}
$$

式 (4.55) 中的第一项与 $\gamma \geqslant 0$ 和 $\pi \geqslant 0$ 一起确保了对偶可行性；第四、五、六项与 $y \geqslant 0$ 和 $z \geqslant 0$ 一起确保了原始可行性；第二项和第三项称为互补条件。

求解式 (4.50) 的原对偶内点法是一个迭代过程。给定初始 μ^0 和 w^0，求解非线性方程组 (4.55)，沿校正方向计算步长，然后更新向量 w。减小障碍参数 μ^k 重复以上步骤。在整个迭代过程中，松弛变量和乘子的非负性都必须得到保证。当原始可行性和对偶可行性的违反量，以及互补性间隙小于预先给定的允许误差时，迭代结束。当 μ^k 趋于零时，求解过程在可行域内逐渐趋于最优。

2. 内点法步骤

原对偶内点法包括以下步骤：

(1) 确定初值 μ^0，选择严格满足正值条件的初始点 w^0。

(2) 求解式 (4.55) 在当前点的校正方程，得到校正方向。应用牛顿-拉夫逊法，可以建立如下的校正方程：

$$
\begin{bmatrix}
\left[\dfrac{\partial^2 L_\mu}{\partial x^2}\right] & 0 & 0 & -\left[\dfrac{\partial g}{\partial x}\right]^{\mathrm{T}} & -\left[\dfrac{\partial h}{\partial x}\right]^{\mathrm{T}} & \left[\dfrac{\partial h}{\partial x}\right]^{\mathrm{T}} \\
0 & \boldsymbol{\Gamma} & 0 & 0 & \boldsymbol{Y} & 0 \\
0 & 0 & \boldsymbol{\Pi} & 0 & 0 & \boldsymbol{Z} \\
-\left[\dfrac{\partial g}{\partial x}\right] & 0 & 0 & 0 & 0 & 0 \\
-\left[\dfrac{\partial h}{\partial x}\right] & \boldsymbol{I} & 0 & 0 & 0 & 0 \\
\left[\dfrac{\partial h}{\partial x}\right] & 0 & \boldsymbol{I} & 0 & 0 & 0
\end{bmatrix}
\begin{bmatrix}
\Delta x \\ \Delta y \\ \Delta z \\ \Delta \lambda \\ \Delta \gamma \\ \Delta \pi
\end{bmatrix}
=
\begin{bmatrix}
\boldsymbol{b}_x \\ \boldsymbol{b}_y \\ \boldsymbol{b}_z \\ \boldsymbol{b}_\lambda \\ \boldsymbol{b}_\gamma \\ \boldsymbol{b}_\pi
\end{bmatrix}
\tag{4.56}
$$

式中，$\boldsymbol{\Gamma} = \mathrm{diag}(\gamma_1, \gamma_2, \cdots, \gamma_m)$；$\boldsymbol{\Pi} = \mathrm{diag}(\pi_1, \pi_2, \cdots, \pi_m)$；$\boldsymbol{I} = \mathrm{diag}(1,1,\cdots,1)$。

$$
\left[\frac{\partial^2 L_\mu}{\partial x^2}\right] = \left[\frac{\partial f^2(x)}{\partial x^2}\right] - \left[\frac{\partial g^2(x)}{\partial x^2}\right]^{\mathrm{T}} \lambda - \left[\frac{\partial h^2(x)}{\partial x^2}\right]^{\mathrm{T}} \gamma + \left[\frac{\partial h^2(x)}{\partial x^2}\right]^{\mathrm{T}} \pi
\tag{4.57}
$$

$$
\begin{bmatrix}
\boldsymbol{b}_x \\ \boldsymbol{b}_y \\ \boldsymbol{b}_z \\ \boldsymbol{b}_\lambda \\ \boldsymbol{b}_\gamma \\ \boldsymbol{b}_\pi
\end{bmatrix}
=
\begin{bmatrix}
-\left[\dfrac{\partial f(x)}{\partial x}\right] + \left[\dfrac{\partial g(x)}{\partial x}\right]^{\mathrm{T}} \lambda + \left[\dfrac{\partial h(x)}{\partial x}\right]^{\mathrm{T}} \gamma - \left[\dfrac{\partial h(x)}{\partial x}\right]^{\mathrm{T}} \pi \\
-Y\gamma + \mu^k u \\
-Z\pi + \mu^k u \\
g(x) \\
h(x) - y - \underline{h} \\
-h(x) - z + \overline{h}
\end{bmatrix}
\tag{4.58}
$$

应该注意，方程(4.56)中的系数矩阵和右边的向量是当前迭代中已经计算得到的值。表示迭代次数的上标为简化起见已经省略了。

(3)用下面的公式在校正方向上更新原始变量和对偶变量：

$$
\begin{bmatrix} \boldsymbol{x} \\ \boldsymbol{y} \\ \boldsymbol{z} \end{bmatrix}^{(k+1)} = \begin{bmatrix} \boldsymbol{x} \\ \boldsymbol{y} \\ \boldsymbol{z} \end{bmatrix}^{(k)} + \eta \alpha_{\mathrm{p}}^{k} \begin{bmatrix} \Delta \boldsymbol{x} \\ \Delta \boldsymbol{y} \\ \Delta \boldsymbol{z} \end{bmatrix}^{(k)}
\tag{4.59}
$$

$$
\begin{bmatrix} \boldsymbol{\lambda} \\ \boldsymbol{\gamma} \\ \boldsymbol{\pi} \end{bmatrix}^{(k+1)} = \begin{bmatrix} \boldsymbol{\lambda} \\ \boldsymbol{\gamma} \\ \boldsymbol{\pi} \end{bmatrix}^{(k)} + \eta \alpha_{\mathrm{d}}^{k} \begin{bmatrix} \Delta \boldsymbol{\lambda} \\ \Delta \boldsymbol{\gamma} \\ \Delta \boldsymbol{\pi} \end{bmatrix}^{(k)}
\tag{4.60}
$$

式中，η 是(0,1)的一个标量值，用于确保下一个点的正值条件，其值常取为 0.9995；α_{p}^{k} 和 α_{d}^{k} 分别是原始变量和对偶变量的步长，取为

$$
\alpha_{\mathrm{p}}^{k} = \min \left\{ 1, \min_{\Delta y_i \leqslant -\delta} \left\{ \frac{y_i}{|\Delta y_i|} \right\}, \min_{\Delta z_i \leqslant -\delta} \left\{ \frac{z_i}{|\Delta z_i|} \right\} \right\}
\tag{4.61}
$$

$$
\alpha_{\mathrm{d}}^{k} = \min \left\{ 1, \min_{\Delta \gamma_i \leqslant -\delta} \left\{ \frac{\gamma_i}{|\Delta \gamma_i|} \right\}, \min_{\Delta \pi_i \leqslant -\delta} \left\{ \frac{\pi_i}{|\Delta \pi_i|} \right\} \right\}
\tag{4.62}
$$

式中，δ 是给定的允许误差。

(4)检查是否满足收敛判据：障碍参数 μ^k 充分小，等式约束满足，目标函数和变量在两次迭代之间的差值小到可以忽略。这些收敛判据的数学表达式为

$$
\left.
\begin{aligned}
& \mu^k \leqslant \varepsilon_0 \\
& \|\boldsymbol{g}(\boldsymbol{x})\| \leqslant \varepsilon_1 \\
& \|\Delta \boldsymbol{x}\| \leqslant \varepsilon_2 \\
& \frac{\left| f(\boldsymbol{x}^k) - f(\boldsymbol{x}^{k-1}) \right|}{\left| f(\boldsymbol{x}^k) \right|} \leqslant \varepsilon_3
\end{aligned}
\right\}
\tag{4.63}
$$

如果新的点满足这些收敛判据，则迭代结束，否则转步骤(5)。

(5)根据式(4.64)更新障碍参数，然后转步骤(2)。

$$
\mu^{k+1} = \tau^k \frac{(\boldsymbol{y}^k)^{\mathrm{T}} \boldsymbol{\gamma}^k + (\boldsymbol{z}^k)^{\mathrm{T}} \boldsymbol{\pi}^k}{2m}
\tag{4.64}
$$

式中，τ^k 是小于 1 的正参数，常取为 $\tau^k = \max\{0.99\tau^{k-1}, 0.1\}$，$\tau^0 = 0.2 \sim 0.3$；$m$ 是 $\boldsymbol{y}$ 和 $\boldsymbol{z}$ 的维数。

4.5 概率搜索优化算法

概率搜索优化算法包括遗传算法、粒子群算法和模拟退火算法等[40-43]。与内点法相比，这些算法收敛慢得多，并且由于计算时间的限制，经常求解得到的只是次优解。但是，它们能克服内点法等确定性方法在处理离散变量、非凸目标函数和局部极值时遇到的困难。在这些情况下，概率搜索优化算法是求解输电规划优化问题，特别是考虑较小规模时的一个好的选择。下面讨论概率搜索优化算法中的两种典型算法：遗传算法和粒子群优化算法。

4.5.1 遗传算法

遗传算法是模拟生物进化过程的进化算法家族中最为流行的一员。遗传算法基于"适者生存"原则来获得更好的后代。应用遗传算法时，需要从原始优化模型的目标函数中推导出适应度函数。满足所有约束的解(一组控制变量值)是一个通常被称为染色体的个体；多个个体组成一个种群。在计算迭代的每一代，根据适应度水平，从种群中随机选择一些个体进行运算操作。用来产生后代个体的运算基于自然遗传学的概念。运算过程包括选择、重组(交叉)、变异和重插[44]。随机搜索种群(多个解)而不是单个解，是遗传算法最本质的特征。

1. 适应度函数

遗传算法通过最大化适应度函数来搜索最优解，因此，最优潮流问题等原始优化模型中的目标函数需要转换成合适的最大化适应度函数。一般来说，原始优化或最优潮流模型是最小化目标函数 $f(x)$，其中，x 为控制变量向量(参见式(4.34)或式(4.50))。在此情况下，适应度函数 F 可选择以下两式中的任意一个，即

$$F = A - f(x) \tag{4.65}$$

$$F = \frac{B}{f(x)} \tag{4.66}$$

式中，A 是预先设定的，其值大于 $f(x)$的最大值；B 是这样一个值，它使得 F 所有可能的值处于更适合计算的范围。应该强调的是，处理原始优化模型中不等式约束的常用方法是将其作为惩罚项引入目标函数。

2. 选择

遗传算法中的选择是指选择用于交叉(重组)的个体。有不同的选择方法，最简单的一种是基于随机抽样技术的轮盘赌选择法。

原始优化或最优潮流模型中控制变量向量 x 的值是个体，它的每一个元素是一

个控制变量。假设一个种群包含 N 个个体(即 N 个可行解),需要选择 $M(M<N)$ 个个体用于交叉。可以根据优化问题规模和计算量要求确定合适的 N。轮盘赌选择包括以下步骤:

(1)计算所有 N 个个体的适应度函数值。

(2)计算所有 N 个个体的概率为

$$P_{si} = \frac{F_i(\boldsymbol{x})}{\sum\limits_{i=1}^{N} F_i(\boldsymbol{x})}, \quad i = 1, 2, \cdots, N \tag{4.67}$$

式中,F_i 是第 i 个个体的适应度函数值。显然,第 i 个个体的概率值 P_{si} 反映了相对适应度水平;概率值越大,表示相对适应度水平越高。

(3)确定用于交叉的 M 个个体。把 N 个概率值 $P_{si}(i=1, 2, \cdots, N)$ 置于[0,1]区间,然后在该区间抽取 M 个随机数 $R_k(k=1, 2, \cdots, M)$。选择与 M 个随机数在该区间中的位置相对应的个体进行交叉。如图 4.1 所示,以 $N=9$ 和 $M=6$ 为例,图中的 9 个个体中,随机选择的是 1、2、3、4、6 和 9 这 6 个个体。

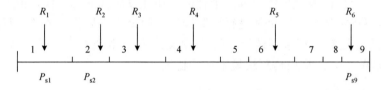

图 4.1　进行交叉的个体选择

3. 重组

重组指的是通过对被选的父代个体进行信息组合生成后代个体。基于二进制变量的重组也称为交叉。基于实数变量的重组方法也已经成熟,不过,二进制变量重组方法仍然最为常用,因为实数、整数和其他离散变量都可以表示成二进制数。

1)二进制交叉

对每个个体的每个变量都进行二进制编码。有不同的交叉方法,最简单的方法是单点交叉。例如,对于两个父代个体 P_i 和 P_j 的第 k 个变量(即控制变量向量中的一个元素)有以下的二进制表示:

$$x_k(P_i) = 101|001 \qquad\qquad x_k(P_j) = 001|110$$

用随机抽样方法随机确定交叉点。例如,考虑交叉点被随机抽在前三位后(即符号"|"所示)的情况。将两个父代个体中位于"|"后的二进制数进行交换,就得到两个后代个体的第 k 个变量,即

$$x_k(O_i) = 101110 \qquad\qquad x_k(O_j) = 001001$$

另一种方法是均匀交叉，操作如下：利用随机抽样，产生一个长度等于或大于父代个体二进制字符串长度的 0 和 1 的二进制字符串。如果该字符串的一个字符（如第 m 个字符）为 1，则后代个体 $x_k(O_i)$ 的该位置（第 m 个字符）将继承父代个体 $x_k(P_i)$ 相应位置的字符，否则将继承父代个体 $x_k(P_j)$ 相应位置的字符；类似地，如果该字符串的第 m 个字符为 0，则后代个体 $x_k(O_j)$ 的第 m 个字符将继承父代个体 $x_k(P_i)$ 相应位置的字符，否则将继承父代个体 $x_k(P_j)$ 相应位置的字符。例如，如果随机产生的二进制字符串为 110011，则针对上述两个父代个体 P_i 和 P_j 的第 k 个变量，通过均匀交叉操作，其相应后代个体的第 k 个变量为

$$x_k(O_i) = 101101 \qquad x_k(O_j) = 001010$$

2）实数值重组

对于实数变量，重组方法也有多种。最常用的是中间重组。该方法在父代个体变量值的周围产生后代个体，即

$$x_k(O) = x_k(P_i) \cdot \alpha_k + x_k(P_j) \cdot (1 - \alpha_k) \tag{4.68}$$

式中，$x_k(O)$、$x_k(P_i)$ 和 $x_k(P_j)$ 分别是后代个体、父代个体 P_i 和父代个体 P_j 的第 k 个变量；α_k 是对应于第 k 个变量的在 $[-d, 1+d]$ 区间内服从均匀分布的随机数，$d = 0 \sim 0.25$。一般来说，对于每对父代个体，随机产生两个 α_k，以便两个父代个体重组得到两个后代个体。

4. 变异

重组之后，得到的后代个体还会以低概率经历变异。变异概率可以为预先设定的小概率值，如根据问题的不同取 0.001～0.1 的值。另一种方法是使用简单的规则确定变异概率。例如，将一个变量的变异概率设为与个体中的变量个数成反比。为个体的每个变量生成一个均匀随机数，如果这个随机数小于给定的概率，则产生变异；否则，不产生变异。变异是通过对个体的变量值进行小的扰动，从已有的个体中产生一个新的个体。变异操作可能使一个或多个个体跳出局部最优。

1）二进制变异

对于用二进制表示的个体，它的变量变异可以通过在随机位置将 1 变为 0 或将 0 变为 1 来实现。以 $x_k(O_i) = 101101$ 为例，如果随机选择了第三个位置，则变量将变异成为 $x_k(O_i) = 100101$。

2）实数值变异

实数值变异基于以下的操作算子：

$$x_k(M) = x_k + s_k \cdot r \cdot (x_{k\max} - x_{k\min}) \cdot 2^{-u\beta} \tag{4.69}$$

式中，x_k 是个体变异前的第 k 个变量；$x_k(M)$ 表示变异后的变量；s_k 是一个随机符号

数，以相同的概率取+1 或−1；r 是变异区间，通常在[0.001,0.1]范围内取值；$x_{k\max}$ 和 $x_{k\min}$ 是 x_k 的上限和下限；u 是[0,1]区间内的均匀分布随机数；β 是变异精度因子，可以取 4～10 的整数。针对不同的问题，r 和 β 的取值会有变化，应该通过试验加以确定。

5. 重插

通过选择、重组和变异产生的后代个体必须插入种群中。一个简单的原则是每一代保持相同的种群规模，把精英与适应性相结合的方法应用于重插。在每一代，N_p 个最适应的父代个体保留，其余的父代个体被最适应的后代个体替换。这里"最适应"是以适应度函数来衡量的。插入的子个体数量 N_0 等于 $N-N_p$，N_p 开始时可以预先设定为 N 的 50%，然后根据最适应父代个体和最适应后代个体的平均适应度函数值进行调整。该方法需要实施后代个体插入种群前的截断选择，同时最佳个体能够多代存活。值得注意的是，最适应父代个体和最适应后代个体是利用适应度函数值被确定为两个独立的组别，并不检查被保留的父代个体是优于还是劣于被插入的后代个体。有可能有些父代个体被一些适应度更低的后代个体替换，导致种群的平均适应度降低。然而，相对差的后代个体将会在一代一代的进化中被自动地剔除掉。

6. 遗传算法步骤

作为一种概率搜索优化算法，遗传算法与确定性的内点法相比各有优缺点。一方面，它可以处理离散变量和非凸或离散目标函数，并且避免陷入局部最优；另一方面，它却需要更多的计算时间。一般来说，遗传算法适合以下场合：

(1)相对小的系统规模。

(2)离散控制变量，如使用电容和电抗器组、变压器分接头开关位置作为优化变量的无功优化问题。

(3)非凸或离散目标函数，如网络拓扑优化问题。

以式(4.34)～式(4.42)所示的标准最优潮流模型为例，说明遗传算法的计算步骤。虽然对于最优潮流这个特定问题，遗传算法有可能不是最合适的算法，但是将遗传算法用于输电规划的其他优化问题时，其步骤都是相似的。遗传算法步骤如下：

(1)最优潮流模型的控制变量 $x=(P_G,V_G,Q_C,K)$ 是个体的变量，以式(4.65)或式(4.66)为适应度函数。值得注意的是，在把目标函数转化为适应度函数前，状态或网络变量的不等式约束可以作为惩罚项加入目标函数。设定种群规模(个体数目)N 和每代参与交叉的个体数目 M。如果采用二进制，则需要对变量进行编码。

(2)随机生成 N 个初始个体(即 N 个可行但非最优的解)。每个个体按如下方法生成：

① 通过式(4.70)确定每个控制变量，即

$$x_k = r_k(x_{k\max} - x_{k\min}) + x_{k\min} \tag{4.70}$$

式中，x_k 是第 k 变量；$x_{k\max}$ 和 $x_{k\min}$ 是 x_k 的上限和下限；r_k 是第 k 个变量在[0,1] 区间内的均匀分布随机数，每个变量有一个独立的 r_k。如果变量是一个整数，则 $r_k(x_{k\max} - x_{k\min})$ 应该通过四舍五入化为整数。

② 利用生成的控制变量向量 **x** 进行潮流计算。

③ 如果潮流收敛，所有的状态和网络变量不越限，则得到的 **x** 作为初始个体；否则返回步骤①，对该个体所有变量的 r_k 重新抽样。

(3)采用 4.5.1 节的第 2 部分的方法选择 M 个个体用于交叉。

(4)采用 4.5.1 节的第 3~5 部分的方法，执行遗传运算(交叉、变异和重插)，产生下一代的 N 个新个体。对每个个体进行潮流计算。保证后代个体的可行性，具体步骤如下：

① 如果后代个体中的控制变量越限，则对相应变量取其上限或下限。

② 如果潮流不收敛，或者得到的状态变量或网络变量越限，则丢弃相应个体。如果状态变量或网络变量的不等式约束已经作为目标函数的惩罚项，则不会发生越限。

(5)如果适应度函数值在接下来的一代没有发生显著的变化，或者迭代过程达到最大迭代次数，转到第(6)步；否则，转第(3)步。

(6)对变量的二进制值进行解码，得到优化结果。

4.5.2　粒子群优化算法

粒子群优化算法基于模拟如鱼群或鸟群的群体社会行为。粒子群优化中，每个粒子在多维空间(控制变量的维数)力图搜索到最佳位置(最优解)。在游弋或飞行过程中，每个粒子基于其当前速度、自身历史经验和其他粒子的经验调整其位置，从而逐渐到达最佳位置(最优解)。粒子有点类似于遗传算法中的个体，粒子群类似于遗传算法中的种群。粒子群优化也是一种概率搜索技术，它通过位置的移动从一组解到另一组解。

1. 惯性权重法

惯性权重法基于以下的更新规则[45]：

$$V_{ik}^{(t+1)} = wV_{ik}^{(t)} + \varphi_1 \cdot \alpha_1^{(t)} \cdot (Pb_{ik}^{(t)} - x_{ik}^{(t)}) + \varphi_2 \cdot \alpha_2^{(t)} \cdot (Gb_k^{(t)} - x_{ik}^{(t)}) \tag{4.71}$$

$$x_{ik}^{(t+1)} = x_{ik}^{(t)} + V_{ik}^{(t+1)} \tag{4.72}$$

式中，V_{ik} 和 x_{ik} 分别是第 i 个粒子中第 k 个变量的速度和位置；Pb_{ik} 是第 i 个粒子中第 k 个变量的最佳位置，这里的"最佳"指该位置具有最佳目标函数值；Gb_k 是所有粒子中第 k 个变量的最佳位置；φ_1 和 φ_2 是两个加速因子；α_1 和 α_2 是[0,1]区间的两个均匀分布随机数；w 是惯性加权因子，反映了上一次迭代时速度的影响；上标 (t) 或 $(t+1)$ 表示迭代次数。

可见，粒子群优化的本质就是基于粒子中每个变量的当前速度、当前位置与该粒子中该变量最佳位置间的距离、当前位置与群体其他粒子中该变量最佳位置间的距离，计算所有粒子每个变量的更新速度。在更新速度时，将两个距离随机加权。一旦计算得到新速度，则以该速度移动一步实现位置更新。

收敛速度受 w、φ_1 和 φ_2 等三个参数的影响。如果 φ_1 和 φ_2 太小，则优化过程将很慢，因为需要更多的迭代次数。可是，太大的 φ_1 和 φ_2 可能导致数值计算不稳定。针对不同问题，这两个参数的合适值是不同的，没有固定的选择规则，需要通过测试以确定它们的值。惯性加权因子 w 的初始值通常设定为[0.0,1.0]区间内的一个实数值，然后随着迭代的增加按比例减小，即

$$w = w_{\max} - \frac{t}{t_{\max}}(w_{\max} - w_{\min}) \tag{4.73}$$

式中，$w_{\max}$ 和 $w_{\min}$ 分别是权重的最大值和最小值；t 和 $t_{\max}$ 分别是当前迭代次数和最大迭代次数。

2. 收缩因子法

基于收缩因子的概念[46,47]，速度更新公式修改为

$$V_{ik}^{(t+1)} = K \cdot [V_{ik}^{(t)} + \varphi_1 \cdot \alpha_1^{(t)} \cdot (Pb_{ik}^{(t)} - x_{ik}^{(t)}) + \varphi_2 \cdot \alpha_2^{(t)} \cdot (Gb_k^{(t)} - x_{ik}^{(t)})] \tag{4.74}$$

$$K = \frac{2}{\left| 2 - \beta - \sqrt{\beta^2 - 4\beta} \right|} \tag{4.75}$$

式中，$\beta = \varphi_1 + \varphi_2$；$K$ 称为收缩因子。与式(4.71)中惯性权值因子 w 只影响 $V_{ik}^{(t)}$ 相比，式(4.74)中的 K 对所有三项都有相同的影响。这种修改可以改善收敛性能。显然，β 必须大于4。通常 φ_1 的取值与 φ_2 相同。

另一种改进方法基于以下速度更新规则[47]：

$$V_{ik}^{(t+1)} = K \cdot \left[V_{ik}^{(t)} + \sum_{j=1}^{N} \varphi_j \cdot \alpha_j^{(t)} \cdot (Pb_{jk}^{(t)} - x_{ik}^{(t)}) \right] \tag{4.76}$$

式(4.76)中粒子变量的速度更新基于其当前速度和当前位置与群体每个粒子中该变量最佳位置间的距离。每个粒子的同一变量的最佳位置之间有其独立的随机数 α_j 和加速因子 φ_j。N 是群体的粒子数。

3. 粒子群优化算法步骤

粒子群优化算法求解输电规划中的优化问题或最优潮流模型的过程有些类似于遗传算法，具体步骤如下：

(1) 原始优化问题或最优潮流模型中的控制变量是粒子的变量。例如，对于式(4.34)～式(4.42)给出的最优潮流模型，控制变量为 $\boldsymbol{x} = (\boldsymbol{P}_{\mathrm{G}}, \boldsymbol{V}_{\mathrm{G}}, \boldsymbol{Q}_{\mathrm{C}}, \boldsymbol{K})$。

(2) 利用与 4.5.1 节的第 6 部分中第 (2) 步相同的方法随机生成 N 个初始粒子 (即 N 个可行但非最优的解)，包含潮流计算和可行性校验。用类似的方法随机生成 N 个速度。

(3) 计算每个粒子的每个变量更新后的目标函数值。最佳位置指具有最小目标函数值的位置。每个粒子的每个变量的初始最佳位置 Pb_{ik} 是首次迭代时它的初始位置。N 个粒子中每个变量的最佳全局位置 Gb_k 是该变量更新后具有最小目标函数值的位置。

(4) 采用式 (4.71)、式 (4.74) 或式 (4.76) 对每个粒子的每个变量的速度进行更新。

(5) 采用式 (4.72) 对每个粒子的每个变量的位置进行更新。计算所有粒子当前位置的潮流，类似于 4.5.1 节的第 6 部分中第 (4) 步进行不等式约束校验。

(6) 更新每个粒子中每个变量的最佳位置和针对所有粒子的每个变量的最佳全局位置。

(7) 如果在连续几次迭代中目标函数值都不发生显著的变化，或者迭代过程达到最大迭代次数，则结束优化；否则转第 (4) 步。

4.6　预想故障分析与排序

本节讨论稳态预想故障分析与排序的方法。稳态预想故障分析与排序的任务是进行系统在故障状态 (一个或多个元件停运) 下的潮流分析。输电系统在正常和故障状态下都必须满足安全导则。从概念上来说，预想故障分析能够通过对所有给定的故障状态进行潮流分析来完成。但是，这样做计算负担很重，特别是在第 5 章将要谈到的概率可靠性评估中，需要考虑大量有多个元件停运的系统故障状态。快速预想故障分析方法被用来提高计算效率。

预想故障排序有两层目的：一是可以对排序靠前的预想故障进行更详细的分析；二是排序表提供了预想故障重要性的信息。传统的预想故障排序方法基于确定性性能指标。本节也提出基于概率风险的预想故障排序方法。

4.6.1　预想故障分析方法

快速预想故障分析方法本质上是在预想故障状态潮流计算中避免走潮流计算的所有步骤。常用的一个思路是利用故障前状态的信息计算故障后状态的系统潮流。以下阐述两种基本的预想故障分析方法。

1. 基于交流潮流的分析方法

考虑输电系统中支路 $i\text{-}j$ 停运的情况。假设支路 $i\text{-}j$ 停运前其两端潮流分别为 $P_{ij}+\mathrm{j}Q_{ij}$ 和 $P_{ji}+\mathrm{j}Q_{ji}$。假定在停运前状态的节点 i 和 j 处分别有两个附加注入功率 $\Delta P_i+\mathrm{j}\Delta Q_i$ 和 $\Delta P_j+\mathrm{j}\Delta Q_j$。如果附加注入功率能产生与停运后系统相同的潮流增量，则附加注入功率就具有与支路 $i\text{-}j$ 停运完全相同的效应。可以证明，支路 $i\text{-}j$ 上的潮流与附加注入功率有以下关系[10,48]：

$$
\begin{bmatrix} P_{ij} \\ Q_{ij} \\ P_{ji} \\ Q_{ji} \end{bmatrix} = \begin{bmatrix} 1 & 0 & 0 & 0 \\ 0 & 1 & 0 & 0 \\ 0 & 0 & 1 & 0 \\ 0 & 0 & 0 & 1 \end{bmatrix} - \begin{bmatrix} \dfrac{\partial P_{ij}}{\partial P_i} & \dfrac{\partial P_{ij}}{\partial Q_i} & \dfrac{\partial P_{ij}}{\partial P_j} & \dfrac{\partial P_{ij}}{\partial Q_j} \\[2mm] \dfrac{\partial Q_{ij}}{\partial P_i} & \dfrac{\partial Q_{ij}}{\partial Q_i} & \dfrac{\partial Q_{ij}}{\partial P_j} & \dfrac{\partial Q_{ij}}{\partial Q_j} \\[2mm] \dfrac{\partial P_{ji}}{\partial P_i} & \dfrac{\partial P_{ji}}{\partial Q_i} & \dfrac{\partial P_{ji}}{\partial P_j} & \dfrac{\partial P_{ji}}{\partial Q_j} \\[2mm] \dfrac{\partial Q_{ji}}{\partial P_i} & \dfrac{\partial Q_{ji}}{\partial Q_i} & \dfrac{\partial Q_{ji}}{\partial P_j} & \dfrac{\partial Q_{ji}}{\partial Q_j} \end{bmatrix} \begin{bmatrix} \Delta P_i \\ \Delta Q_i \\ \Delta P_j \\ \Delta Q_j \end{bmatrix}
\tag{4.77}
$$

方程(4.77)中的灵敏度矩阵能够通过支路功率作为两端节点电压的显式表达式和停运前牛顿-拉夫逊潮流方程的雅可比矩阵来计算。通过求解方程(4.77)，可以求出节点 i 和 j 的附加注入功率。进而，支路 i-j 停运导致的节点电压幅值和相位的增量能够通过求解下列方程得到，即

$$
[J] \begin{bmatrix} \Delta\boldsymbol{\delta} \\ \Delta V / V \end{bmatrix} = [\Delta I]
\tag{4.78}
$$

式中，$[J]$ 是停运前潮流方程的雅可比矩阵；$[\Delta V / V]$ 是电压幅值增量子向量，其元素是 $\Delta V_i / V_i$；$[\Delta\boldsymbol{\delta}]$ 是电压相角增量子向量，其元素是 $\Delta\delta_i$；$[\Delta I]$ 定义为

$$
[\Delta I] = [0,\cdots,0,\Delta P_i,0,\cdots,0,\Delta P_j,0,\cdots,0,\Delta Q_i,0,\cdots,0,\Delta Q_j,0,\cdots,0]^{\mathrm{T}}
$$

将停运前节点电压与从方程(4.78)求得的电压增量相加，即得到停运后的节点电压。一旦节点电压更新，即可利用更新后的节点电压求得支路 i-j 停运后的支路功率。值得注意的是，虽然方程(4.78)看上去与方程(4.3)具有相同形式，但方程(4.78)的求解并不需要迭代。

当一台或多台发电机或无功设备(电容器或电抗器)停运时，需要重新安排其他发电机或无功设备的输出以保持系统功率平衡。因此，应该规定重新调度的原则，如比例变化原则等。可以将发电机或无功设备输出的变化表示成 $[\Delta I]$ 中的对应变化，并直接求解方程(4.78)。当一台发电机或无功设备停运导致其他发电机输出或无功设备注入功率在重新调度中有相当大的变化时，可能需要进行多次迭代以提高预想事故分析的准确性。

类似的方法可以应用到多条支路停运或支路和发电机/无功设备混合停运的情况。该概念也可以应用于注入有功与无功分开计算的快速解耦潮流模型中。

2. 基于直流潮流的分析方法

基于直流潮流的预想故障分析方法提供了更快同时又具有足够精度的支路或发

电机停运后有功潮流求解方法。特别是在概率可靠性评估中，需要考虑大量停运，在这种情况下，该方法能极大地减少计算时间。

多条支路停运后的节点阻抗矩阵能够直接从停运前节点阻抗矩阵计算得到[10]：

$$Z(S) = Z(0) + Z(0)MQM^{\mathrm{T}}Z(0) \tag{4.79}$$

$$Q = [W - M^{\mathrm{T}}Z(0)M]^{-1} \tag{4.80}$$

式中，$Z(0)$ 和 $Z(S)$ 分别是支路停运前和停运后的节点阻抗矩阵，忽略了每条支路的电阻，括号内的 0 和 S 分别表示停运前和停运后的系统状态；W 是对角矩阵，其每一个对角元素是停运支路的电抗；M 是节点-支路关联矩阵的子块，由对应于停运支路的列组成；上标 T 表示矩阵转置。

支路停运后的系统支路功率可表示为

$$T(S) = A(S)(PG - PD) \tag{4.81}$$

式中，$T(S)$ 是停运后的支路有功潮流向量；PG 和 PD 分别是发电机输出和负荷功率向量；$A(S)$ 是停运后支路有功潮流与节点注入功率之间的关系矩阵，$A(S)$ 的第 m 行可表示为

$$A_m(S) = \frac{Z_r(S) - Z_q(S)}{X_m} \tag{4.82}$$

式中，X_m 是第 m 条支路的电抗；下标 r 和 q 表示第 m 条支路的两个节点编号；$Z_r(S)$ 和 $Z_q(S)$ 分别是 $Z(S)$ 的第 r 行和第 q 行。

对于一个与发电机停运相关的预想故障，其他的发电机需要重新调度以保持系统功率平衡。用发电机输出变化修改式(4.81)中 PG 向量的相应分量。

如果只有支路停运，则停运后所有节点注入功率保持不变。这种情况下，可以推导出直接由停运前支路潮流计算停运后支路潮流的简单公式。例如，下面的方程可以用于单一支路停运状态的计算[35]：

$$T_m(S) = T_m(0) + \rho_{mk} \cdot T_k(0) \tag{4.83}$$

$$\rho_{mk} = \frac{-B_m \cdot D_{mk} \cdot \Delta b_k}{(1 + \Delta b_k D_{kk})B_k}, \quad m \neq k \tag{4.84}$$

$$\rho_{kk} = \frac{(1 - B_k \cdot D_{kk}) \cdot \Delta b_k}{(1 + \Delta b_k D_{kk})B_k} \tag{4.85}$$

$$D_{mk} = (M^m)^{\mathrm{T}} Z(0) M^k \tag{4.86}$$

$$D_{kk} = (M^k)^{\mathrm{T}} Z(0) M^k \tag{4.87}$$

式中，k 表示停运支路，m 表示系统中的任意其他支路；$T_m(0)$、$T_k(0)$ 和 $T_m(S)$ 分别是支路 m 和 k 在停运前状态(0)和停运后状态(S)下的支路功率；B_m 和 B_k 分别是支路 m 和 k 的互导纳；Δb_k 是支路 k 中移去一条或几条回路后 B_k 的变化量；M^m 和 M^k 是 M 中分别对应于支路 m 和 k 的列向量。

可以看出，类似于基于交流潮流的方法，基于直流潮流的方法也能用停运前状态信息计算停运后支路功率。除此之外，单一元件停运的可能性比多元件停运的可能性要大得多。因此，式(4.83)～式(4.87)能够在需要对元件停运进行随机抽样的概率可靠性评估中大大降低计算量。

4.6.2 预想故障排序方法

1. 基于性能指标的排序方法

传统的预想故障排序基于以下性能指标[49,50]：

1)基于支路功率的指标

该指标可表示为

$$PI_s = \sum_{i=1}^{NL} w_{si} \left(\frac{S_i}{S_i^{\max}} \right)^{2m_s} \tag{4.88}$$

式中，S_i 是支路 i 的视在功率；$S_i^{\max}$ 是支路 i 的视在功率限值；w_{si} 是支路 i 的权重因子；NL 是系统中支路数目；m_s 是性能指标 PI_s 的整数指数。

2)基于节点电压的指标

该指标可表示为

$$PI_v = \sum_{i=1}^{ND} w_{vi} \left(\frac{V_i - V_i^{sp}}{\Delta V_i^{\max}} \right)^{2m_v} \tag{4.89}$$

式中，V_i 是节点 i 的电压幅值；V_i^{sp} 是节点 i 给定的电压幅值；$\Delta V_i^{\max}$ 是节点 i 的容许电压偏差；w_{vi} 是节点 i 的权重因子；ND 是系统中 PQ 节点数目；m_v 是性能指标 PI_v 的整数指数。

权重因子 w_{si} 或 w_{vi} 反映了每条支路或每个节点的相对重要性，能够通过工程判断来进行确定。指数 (m_s 和 m_v) 能够使得各支路或节点之间的差别在性能指标中的作用被明显区分。

2. 基于概率风险指标的排序方法

式(4.88)和式(4.89)给出的性能指标广泛用于预想故障排序。其不足是只反映元件停运后果，而没有考虑元件停运发生的概率。实际上，即使一个相当严重的预想故障，只要其发生的概率非常低，也不会产生高的平均风险。预想故障的真实风险应该由后果和概率结合起来表示。预想故障风险排序指标为

$$RI_s = \sum_{i=1}^{NL} P_c \cdot w_{si} \left(\frac{S_i}{S_i^{\max}} \right)^{2m_s} \tag{4.90}$$

$$RI_v = \sum_{i=1}^{ND} P_c \cdot w_{vi} \left(\frac{V_i - V_i^{sp}}{\Delta V_i^{max}} \right)^{2m_v} \tag{4.91}$$

式中，P_c 是元件停运系统预想故障状态概率，其他的符号同式(4.88)和式(4.89)的定义。值得注意的是，P_c 并不是元件停运的概率。P_c 可表示为

$$P_c = \prod_{j=1}^{n_d} U_j \cdot \prod_{j=1}^{n-n_d} (1 - U_j) \tag{4.92}$$

式中，U_j 是第 j 个元件的不可用概率(停运概率)；n 是系统中元件总数目；n_d 是预想故障事件中停运元件数目。如果只考虑支路，则 n 是支路数目；如果支路和发电机都考虑，则 n 是支路和发电机的总数目。对于单一元件故障，n_d 等于 1。

4.7 电压稳定性评估

电压稳定是许多输电系统的关键问题。动态和静态方法均可应用于电压稳定分析。动态分析方法中，系统行为用一组混合的微分和代数方程组来描述。在静态分析方法中，则分开考虑不同系统条件下的多个潮流状态。实际应用中，电力公司较为青睐静态分析方法。本节阐述被广泛用于商用计算机程序中的连续潮流法和降阶雅可比矩阵方法。

4.7.1 连续潮流方法

连续潮流方法[51]是一种鲁棒的潮流方法，它可以保证在电压崩溃点(鼻尖点)和 P-V(或 Q-V)曲线下半支的不稳定平衡点的收敛性。因此，该方法可以通过辨识崩溃点判断电压失稳。

负荷水平逐渐增加时，系统可能向 P-V 曲线上的崩溃点靠近并失去电压稳定性。将负荷参数变量 λ 引入传统的潮流方程(式(4.1)和式(4.2))，得

$$P_{Gi0}(1 + \lambda \cdot K_{Gi}) - P_{Li0}(1 + \lambda \cdot K_{Li}) = V_i \sum_{j=1}^{N} V_j (G_{ij}\cos\delta_{ij} + B_{ij}\sin\delta_{ij}), \ i = 1, 2, \cdots, N \tag{4.93}$$

$$Q_{Gi0} - Q_{Li0}(1 + \lambda \cdot K_{Li}) = V_i \sum_{j=1}^{N} V_j (G_{ij}\sin\delta_{ij} - B_{ij}\cos\delta_{ij}), \ i = 1, 2, \cdots, N \tag{4.94}$$

式中，P_{Li0} 和 Q_{Li0} 是基态有功和无功负荷；P_{Gi0} 和 Q_{Gi0} 是基态有功和无功发电功率；λ 是代表负荷增长百分比的参数变量；K_{Li} 和 K_{Gi} 是常数乘子，用于分配在节点 i 的负荷和发电出力的变化比例。$\lambda = 0$ 时，对应于基态负荷；λ 增长至 λ_{nose} 时，对应于临界负荷状态(崩溃点)。应选取合适的 K_{Li} 和 K_{Gi}，使得系统中总的负荷和发电增长保持平衡。

连续潮流方法包括两个步骤：预测和校正。

1. 预测步骤

方程(4.93)和方程(4.94)可简写为如下形式：

$$F(\delta, V, \lambda) = 0 \tag{4.95}$$

取方程(4.95)的偏微分，得

$$[F_\delta \quad F_V \quad F_\lambda] \begin{bmatrix} d\delta \\ dV \\ d\lambda \end{bmatrix} = [0] \tag{4.96}$$

式中，$[F_\delta \quad F_V \quad F_\lambda]$ 是偏微分向量；$[d\delta \quad dV \quad d\lambda]^T$ 称为切向量。由于增加了未知变量 λ，则需要增加一个方程才能求解方程(4.96)以得到切向量。可通过将切向量中的一个分量选取为+1 或−1，以得到该方程。与该分量对应的状态变量称为连续参数。方程(4.96)变为

$$\begin{bmatrix} F_\delta & F_V & F_\lambda \\ & e_k & \end{bmatrix} \begin{bmatrix} d\delta \\ dV \\ d\lambda \end{bmatrix} = [e_k'] \tag{4.97}$$

式中，e_k 是一个行向量，除了第 k 个元素(对应于连续参数)等于 1，其他元素均为 0；e_k' 是一个列向量，第 k 个元素可以为+1 或−1，其他元素均为零。

引入连续参数确保了切向量范数不为 0，因而确保了方程(4.97)即使是在临界点和临界点之后的情况下始终有解。初始时，选取 λ 为连续参数，并将与之对应的切向量元素的符号设置为正(+1)。在之后的迭代中，连续参数在校正步开始前确定，并选择为切向量元素具有最大绝对值的状态变量，可以从上一个预测步骤获得。如果该状态变量在增长，则对应的切向量元素的符号为正(+1)；如果该状态变量在下降，则对应的切向量元素符号为负(−1)。

一旦解方程(4.97)得到切向量后，状态变量向量的预测解可获得为

$$\begin{bmatrix} \delta^* \\ V^* \\ \lambda^* \end{bmatrix} = \begin{bmatrix} \delta^0 \\ V^0 \\ \lambda^0 \end{bmatrix} + \sigma \begin{bmatrix} d\delta \\ dV \\ d\lambda \end{bmatrix} \tag{4.98}$$

式中，上标*表示预测值；上标 0 表示当前预测步骤开始前的值；步长 σ 应选择使得校正步中的潮流解存在，否则，应减小步长，重复校正步，直至得到潮流解。

2. 校正步骤

在校正步骤中，首先指定当前连续参数对应的状态变量等于预测步骤中的预测值，然后求解方程(4.95)。这样，新的方程组为

$$\begin{bmatrix} \boldsymbol{F}(\boldsymbol{\delta}, \boldsymbol{V}, \lambda) \\ x_k - x_k^* \end{bmatrix} = [\boldsymbol{0}] \tag{4.99}$$

式中，x_k 是与当前连续参数对应的状态变量；x_k^* 是其预测值。

潮流解到达崩溃点之前时，切向量元素 $d\lambda$ 为正；潮流解到达崩溃点时，$d\lambda$ 为零；潮流解到达崩溃点之后时，$d\lambda$ 为负。因此，$d\lambda$ 的符号给出了是否到达或越过崩溃点的指示。

3. 电压崩溃点的辨识

尽管连续潮流方法能够保证在崩溃点和崩溃点之后的收敛性，但该方法耗时较长，应仅在运行条件靠近崩溃点时使用。辨识电压崩溃点时，应配合使用传统潮流和连续潮流方法，如图 4.2 所示。关于连续潮流方法的更多讨论，请参见文献[52]、[53]。

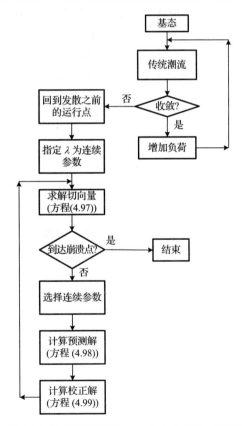

图 4.2　基于连续潮流方法的电压崩溃点辨识

4.7.2　降阶雅可比矩阵分析

增量形式的潮流方程可表示为

$$\begin{bmatrix} \Delta \boldsymbol{P} \\ \Delta \boldsymbol{Q} \end{bmatrix} = \begin{bmatrix} \boldsymbol{J}_{P\delta} & \boldsymbol{J}_{PV} \\ \boldsymbol{J}_{Q\delta} & \boldsymbol{J}_{QV} \end{bmatrix} \begin{bmatrix} \Delta \boldsymbol{\delta} \\ \Delta \boldsymbol{V} \end{bmatrix} \tag{4.100}$$

式中，$\Delta \boldsymbol{P}$ 和 $\Delta \boldsymbol{Q}$ 分别是节点的注入有功和无功增量向量；$\Delta \boldsymbol{\delta}$ 和 $\Delta \boldsymbol{V}$ 分别是节点的电压相角和幅值增量向量。

可以仅通过考虑无功功率(Q)和电压(V)之间的增量关系评估电压稳定性。也就是说，在 Q-V 分析中的每一个运行点，假定 $\Delta \boldsymbol{P}$ 为零。令 $\Delta \boldsymbol{P} = \boldsymbol{0}$，由式(4.100)可推导出下列方程[54]：

$$\Delta \boldsymbol{Q} = \boldsymbol{J}_R \Delta \boldsymbol{V} \tag{4.101}$$

式中

$$\boldsymbol{J}_R = \boldsymbol{J}_{QV} - \boldsymbol{J}_{Q\delta}(\boldsymbol{J}_{P\delta})^{-1}\boldsymbol{J}_{PV} \tag{4.102}$$

式中，$\boldsymbol{J}_R$ 称为系统的降阶雅可比矩阵。$\boldsymbol{J}_R$ 的奇异性与未降阶的原始雅可比矩阵的奇异性相同。如果 $\boldsymbol{J}_R$ 在一个运行点奇异，则系统电压崩溃。数学上，潮流解可以位于 Q-V 曲线的上半支或下半支。但是，位于下半支的潮流解，即使在解点的 $\boldsymbol{J}_R$ 非奇异，也将导致电压失稳，这是因为位于下半支的解意味着节点电压随无功支持的增加反而会下降。

$\boldsymbol{J}_R$ 的模态分析既能用于辨识电压崩溃，又能用于辨识潮流解位于 Q-V 曲线下半支导致的电压失稳。应用相似变换，$\boldsymbol{J}_R$ 可分解为

$$\boldsymbol{J}_R = \boldsymbol{\xi} \boldsymbol{\Lambda} \boldsymbol{\eta} \tag{4.103}$$

式中，$\boldsymbol{\xi}$ 和 $\boldsymbol{\eta} = \boldsymbol{\xi}^{-1}$ 是相似变换的右乘和左乘矩阵；$\boldsymbol{\Lambda}$ 是对角阵，其元素 λ_i 是 $\boldsymbol{J}_R$ 的特征值。

有许多算法可用于计算特征值。其中，基于迭代正交相似变换的 QR 算法最为常用。如果所有的 $\lambda_i > 0$，则每一对模态电压和模态无功功率的变化是沿同一方向的，系统电压稳定。如果有任一 $\lambda_i < 0$，则其中有一个模态电压和对应的模态无功功率变化是相反方向的，系统电压失稳。如果有 $\lambda_i = 0$，则模态无功功率任何小的变化都会导致模态电压无限大变化，因此对应的模态电压崩溃。需要注意的是，虽然它们的符号提供了相似的电压稳定或不稳定的指示，但是 λ_i 和连续潮流中 dλ 的概念完全不同。

4.8　暂态稳定性分析

暂态稳定是一个重要的问题，它与各种系统元件的动态响应有关，这些元件包括发电机、同步调相机、励磁系统、电动机、继电保护、高压直流输电换流器、柔性交流输电系统和其他控制设备。本节旨在对商用计算机软件中暂态稳定的常用求解方法进行一个简述，而不是重复其他教材中已讨论过的内容。可以用时域仿真或能量函数法进行暂态稳定分析。时域仿真提供了详细的动态过程，是电力工业界的

主要工具。从数学上来说，暂态稳定分析是求解一组微分和代数方程组。有两种算法能用于求解微分方程：显示积分法和隐式积分法。大量计算表明，显示积分法的数值稳定性差，而梯形隐式积分法是数值稳定的。本节着重讲述后者，即梯形隐式积分法。

4.8.1　暂态稳定方程

所有动态元件能够用一组微分和代数方程组表示：

$$\frac{\mathrm{d}\boldsymbol{x}_\mathrm{d}}{\mathrm{d}t} = \boldsymbol{f}_\mathrm{d}(\boldsymbol{x}_\mathrm{d},\boldsymbol{V}_\mathrm{d}) \tag{4.104}$$

$$\boldsymbol{I}_\mathrm{d} = \boldsymbol{g}_\mathrm{d}(\boldsymbol{x}_\mathrm{d},\boldsymbol{V}_\mathrm{d}) \tag{4.105}$$

式中，$\boldsymbol{x}_\mathrm{d}$ 是元件状态变量向量；$\boldsymbol{I}_\mathrm{d}$ 是元件注入电网的电流向量；$\boldsymbol{V}_\mathrm{d}$ 是元件所连节点的节点电压向量。

网络能够用一组代数方程表示。整个系统的暂态稳定方程能够表示为以下的一般形式：

$$\frac{\mathrm{d}\boldsymbol{x}}{\mathrm{d}t} = \boldsymbol{f}(\boldsymbol{x},\boldsymbol{V}) \tag{4.106}$$

$$\boldsymbol{I}(\boldsymbol{x},\boldsymbol{V}) = \boldsymbol{Y}\cdot\boldsymbol{V} \tag{4.107}$$

式中，$\boldsymbol{x}$ 是系统的状态变量向量；$\boldsymbol{I}$ 是注入电流向量(包括实部和虚部分量)；$\boldsymbol{V}$ 是节点电压向量(包括实部和虚部分量)；$\boldsymbol{Y}$ 是电网节点导纳矩阵。已知 $t=0$ 时的初值为 $(\boldsymbol{x}_0,\boldsymbol{V}_0)$。

4.8.2　联立求解方法

联立求解方法[55]概述如下。应用梯形隐式积分法，方程(4.106)可写为

$$\boldsymbol{x}_{n+1} = \boldsymbol{x}_n + \frac{\Delta t}{2}[\boldsymbol{f}(\boldsymbol{x}_{n+1},\boldsymbol{V}_{n+1}) + \boldsymbol{f}(\boldsymbol{x}_n,\boldsymbol{V}_n)] \tag{4.108}$$

式中，$(\boldsymbol{x}_n,\boldsymbol{V}_n)$ 是 $t=t_n$ 时刻方程的解；$(\boldsymbol{x}_{n+1},\boldsymbol{V}_{n+1})$ 是 $t=t_{n+1}=t_n+\Delta t$ 时刻方程的解。显然，通过梯形法，原来的微分方程被转换成了代数方程。$t=t_{n+1}$ 时刻待求变量$(\boldsymbol{x}_{n+1},\boldsymbol{V}_{n+1})$的解必须满足

$$\boldsymbol{I}(\boldsymbol{x}_{n+1},\boldsymbol{V}_{n+1}) = \boldsymbol{Y}\cdot\boldsymbol{V}_{n+1} \tag{4.109}$$

待求变量$(\boldsymbol{x}_{n+1},\boldsymbol{V}_{n+1})$可通过下列联立代数方程组求解：

$$\boldsymbol{F}(\boldsymbol{x}_{n+1},\boldsymbol{V}_{n+1}) = \boldsymbol{x}_{n+1} - \boldsymbol{x}_n - \frac{\Delta t}{2}[\boldsymbol{f}(\boldsymbol{x}_{n+1},\boldsymbol{V}_{n+1}) + \boldsymbol{f}(\boldsymbol{x}_n,\boldsymbol{V}_n)] = 0 \tag{4.110}$$

$$\boldsymbol{G}(\boldsymbol{x}_{n+1},\boldsymbol{V}_{n+1}) = \boldsymbol{Y}\cdot\boldsymbol{V}_{n+1} - \boldsymbol{I}(\boldsymbol{x}_{n+1},\boldsymbol{V}_{n+1}) = 0 \tag{4.111}$$

可采用牛顿-拉夫逊法求解该方程组。其迭代修正方程可表示为

$$\begin{bmatrix} -\boldsymbol{F}(\boldsymbol{x}_{n+1}^k, \boldsymbol{V}_{n+1}^k) \\ -\boldsymbol{G}(\boldsymbol{x}_{n+1}^k, \boldsymbol{V}_{n+1}^k) \end{bmatrix} = \begin{bmatrix} \boldsymbol{J}_1 & \boldsymbol{J}_2 \\ \boldsymbol{J}_3 & \boldsymbol{J}_4 \end{bmatrix} \begin{bmatrix} \Delta\boldsymbol{x}_{n+1}^k \\ \Delta\boldsymbol{V}_{n+1}^k \end{bmatrix} \tag{4.112}$$

式中，上标 k 表示迭代次数。在 $(\boldsymbol{x}_{n+1}^k, \boldsymbol{V}_{n+1}^k)$ 时的雅可比矩阵可表示为

$$\boldsymbol{J}_1 = \boldsymbol{U} - \frac{\Delta t}{2} \frac{\partial \boldsymbol{f}}{\partial \boldsymbol{x}} \tag{4.113}$$

$$\boldsymbol{J}_2 = -\frac{\Delta t}{2} \frac{\partial \boldsymbol{f}}{\partial \boldsymbol{V}} \tag{4.114}$$

$$\boldsymbol{J}_3 = -\frac{\partial \boldsymbol{I}}{\partial \boldsymbol{x}} \tag{4.115}$$

$$\boldsymbol{J}_4 = \boldsymbol{Y} - \frac{\partial \boldsymbol{I}}{\partial \boldsymbol{V}} \tag{4.116}$$

式中，$\boldsymbol{U}$ 是单位矩阵。

迭代求解方程(4.112)。迭代过程中的每一步，待求变量向量被更新为

$$\begin{bmatrix} \boldsymbol{x}_{n+1}^{k+1} \\ \boldsymbol{V}_{n+1}^{k+1} \end{bmatrix} = \begin{bmatrix} \boldsymbol{x}_{n+1}^k \\ \boldsymbol{V}_{n+1}^k \end{bmatrix} + \begin{bmatrix} \Delta\boldsymbol{x}_{n+1}^k \\ \Delta\boldsymbol{V}_{n+1}^k \end{bmatrix} \tag{4.117}$$

也可采用改进的方法进行分块迭代。根据方程(4.112)，$\Delta\boldsymbol{x}_{n+1}$ 和 $\Delta\boldsymbol{V}_{n+1}$ 能够表示为

$$\Delta\boldsymbol{x}_{n+1}^k = -\boldsymbol{J}_1^{-1}[\boldsymbol{F}(\boldsymbol{x}_{n+1}^k, \boldsymbol{V}_{n+1}^k) + \boldsymbol{J}_2\Delta\boldsymbol{V}_{n+1}^k] \tag{4.118}$$

$$\Delta\boldsymbol{V}_{n+1}^k = (\boldsymbol{J}_4 - \boldsymbol{J}_3\boldsymbol{J}_1^{-1}\boldsymbol{J}_2)^{-1}[-\boldsymbol{G}(\boldsymbol{x}_{n+1}^k, \boldsymbol{V}_{n+1}^k) + \boldsymbol{J}_3\boldsymbol{J}_1^{-1}\boldsymbol{F}(\boldsymbol{x}_{n+1}^k, \boldsymbol{V}_{n+1}^k)] \tag{4.119}$$

首先采用方程(4.119)计算 $\Delta\boldsymbol{V}_{n+1}$，然后采用方程(4.118)计算 $\Delta\boldsymbol{x}_{n+1}$。在牛顿迭代的每一步中更新分块矩阵 $\boldsymbol{J}_1$、$\boldsymbol{J}_2$ 和 $\boldsymbol{J}_3$，而对于 $(\boldsymbol{J}_4 - \boldsymbol{J}_3\boldsymbol{J}_1^{-1}\boldsymbol{J}_2)$，可以每几步更新一次或只在网络拓扑发生变化时才更新[56]。

4.8.3 交替求解方法

方程(4.106)和方程(4.107)可交替求解。当前的注入向量 $\boldsymbol{I}$ 是交替迭代的接口变量。在 $t=0$ 的初始点，状态变量向量 $\boldsymbol{x}$ 的值不会发生突变，是已知的。交替求解方法的步骤如下：

(1)给出 $n=0$ 时刻 $\boldsymbol{x}$ 和 $\boldsymbol{V}$ 的初始估计值 $\boldsymbol{x}_0$ 和 $\boldsymbol{V}_0$。

(2)利用当前时刻的 $\boldsymbol{x}_n$ 和 $\boldsymbol{V}_n$，首先根据方程(4.105)计算 $\boldsymbol{I}_d$，然后求解方程(4.107)以更新网络电压向量 $\boldsymbol{V}_n$。值得注意的是，方程(4.105)中的 $\boldsymbol{x}_d$ 和 $\boldsymbol{V}_d$ 分别是 $\boldsymbol{x}$ 和 $\boldsymbol{V}$ 的子向量。

(3)利用修正后的 $\boldsymbol{V}_n$，求解方程(4.106)以更新状态变量 $\boldsymbol{x}_n$。

(4)如果满足给定的迭代收敛条件，则进行下一个时刻 $n+1$ 的计算。否则，转步骤(2)。

应该认识到，交替和联立求解方法中采用的雅可比矩阵是不同的。

4.9　结　　论

本章回顾了输电规划中运用的基本系统分析方法，包括潮流方程及其求解方法、最优潮流模型和内点法、预想故障分析及其排序方法、分析电压稳定的连续潮流和降阶雅可比矩阵方法、分析暂态稳定的隐式积分法。所有这些方法广泛用于输电系统的运行和规划中。理解这些基本要素和方法有助于输电规划人员更好地运用基于这些方法的计算机程序，更好地解释这些程序的仿真结果。更为重要的是，这些方法是本章已阐述并将在第 5 章进一步介绍的概率评估方法的基础。

以概率潮流为例，提出了与概率系统评估相关的基本概念。在概率最优潮流和概率预想故障分析中，可以应用或扩展类似的概念。虽然在以下的章节中将进一步介绍其他概率评估方法，但概率潮流本身是输电规划中捕获不确定性因素的强有力工具。本章提出了预想故障后果及其发生概率相结合的概率型排序指标，这是传统预想故障排序指标的有益补充。

以遗传算法和粒子群优化算法为例，介绍了概率搜索优化方法，这些方法能处理离散变量和非凸目标函数，还能避免局部最优。但应该注意，这两种方法对于大规模系统的收敛速度极慢。除非在输电规划的最优潮流或其他优化模型中离散变量或/和非凸目标函数是关键问题，一般来说，首先应该选择内点法。

第 5 章　概率可靠性评估

5.1　引　言

概率可靠性评估是输电系统概率规划中最重要的任务。可靠性评估是把第 3 章中的负荷模型和第 4 章中的系统分析技术，与系统状态的概率选择方法相结合，产生真正代表系统可靠性水平的可靠性指标。有些指标可以转换成货币价值，从而使得基于这些指标的可靠性价值评估可以与投资和运行成本的经济性评估在统一价值基准下进行。

可靠性评估可划分成系统充裕性和系统安全性两个领域。系统的充裕性是指系统内有足够的能满足负荷需求和系统运行约束的设备，因此，它对应于静态条件。系统安全性是指系统应对在系统内所出现的动态扰动的能力，它涉及可能导致暂态失稳或电压不稳定的动态条件。

概率可靠性评估包括四个方面：

(1) 可靠性数据；

(2) 可靠性指标；

(3) 可靠性价值评估；

(4) 可靠性评估模型和方法。

可靠性数据将与输电规划中的其他数据一起在第 7 章讨论。可靠性指标的定义在 5.2 节中讨论，而可靠性价值评估的基本概念在 5.3 节中讨论。变电站电气主接线和组合发输电系统的充裕性评估分别在 5.4 节和 5.5 节中描述。安全性评估被分为概率的电压稳定性安全评估和概率的暂态稳定性安全评估，分别在 5.6 节和 5.7 节阐述。

5.2　可靠性指标

可靠性指标可以分为两类：

(1) 评估未来系统可靠性水平的指标。未来系统有各种变化，包括负荷增长、运行条件变化、系统网络结构变化或增强，以及系统中设备的加入或退役。

(2) 衡量现有系统或设备的历史性能表现的指标。

本节讨论的可靠性指标是第一类。第二类指标将在第 7 章里作为输电系统概率规划所需数据的一部分来讨论。

有许多指标可用于度量输电系统的可靠性。大多数可靠性指标是随机变量的期望值,而在一些情况下,也可以计算出可靠性指标的概率分布。非常重要的一点是要理解期望值不是一个确定性的量,而是所研究的现象在长时期内的均值。期望指标反映了由各种因素引起的平均结果,这些因素包括系统元件的可用概率或失效概率、元件容量、负荷特性及其不确定性、系统拓扑结构和运行条件等。

5.2.1　充裕性指标

6 个充裕性指标定义如下:

(1) 负荷削减概率(probability of load curtailments,PLC)为

$$PLC = \sum_{i \in S} p_i \tag{5.1}$$

式中,p_i 是系统状态 i 的概率;S 是所有发生负荷削减的系统状态集合。

(2) 期望负荷削减频率(expected frequency of load curtailments,EFLC,次/年)为

$$EFLC = \sum_{i \in S} (F_i - f_i) \tag{5.2}$$

式中,F_i 是进入(或离开)负荷削减状态 i 的频率;f_i 是 F_i 中的没有穿越负荷削减状态集合和无负荷削减状态集合之间的分界面的那部分转移频率。换句话说,f_i 是从其他负荷削减状态转移到负荷削减状态 i 的转移频率。在使用状态枚举法或状态抽样(非序贯蒙特卡罗模拟)技术时,要找出所有负荷削减状态之间的转移是很难或者非常耗时的。期望负荷削减次数(expected number of load curtailments,ENLC)指标经常用来近似表示 EFLC:

$$ENLC = \sum_{i \in S} F_i \tag{5.3}$$

可见,在计算 ENLC 时忽略了 f_i,因此 ENLC 是 EFLC 的上界估计。这种近似在输电可靠性评估中通常是可以接受的,这是因为从一个负荷削减状态转移到另一个负荷削减状态的概率很小。在大多数情况下,系统都是通过维修或恢复过程,从一个负荷削减状态转移到正常运行状态(无负荷削减状态)。系统状态频率 F_i 可用以下的公式计算:

$$F_i = p_i \sum_{k \in N_i} \lambda_k \tag{5.4}$$

式中,λ_k 是系统状态 i 中元件的第 k 个离开率;N_i 是系统状态 i 所涉及的离开率的集合。如果系统状态 i 中的一个元件处于正常状态,则其离开率是其停运率,而如果它是处于停运状态,则其离开率是其修复率或恢复率。一个元件可以用多状态模型来表示,例如,除了正常运行和停运两种状态,还可有一个或多个降额状态。在这种情况下,一个元件可以有多个离开率。

(3) 期望负荷削减持续时间 (expected duration of load curtailments，EDLC，h/年) 为

$$EDLC = PLC \times T \tag{5.5}$$

式中，T 是考虑的时间长度 (以 h 计)。输电规划中的可靠性评估通常考虑一年的时间，因此 $T=8760h$。

(4) 负荷削减平均持续时间 (average duration of load curtailments，ADLC，h/次) 为

$$ADLC = \frac{PLC \times T}{EFLC} \tag{5.6}$$

(5) 期望缺供电力 (expected demand not supplied，EDNS，MW) 为

$$EDNS = \sum_{i \in S} p_i C_i \tag{5.7}$$

式中，C_i 是系统状态 i 下的负荷削减量 (MW)。

(6) 期望缺供电量 (expected energy not supplied，EENS，MW·h/年) 为

$$EENS = \sum_{i \in S} C_i F_i D_i = \sum_{i \in S} p_i C_i T \tag{5.8}$$

式中，D_i 是系统状态 i 的持续时间 (以 h 计)。从式 (5.8) 可以看出，一个系统状态下的频率 F_i (次/年)、持续时间 D_i (h/次) 和概率 p_i 满足以下关系：

$$p_i \cdot T = F_i \cdot D_i \tag{5.9}$$

这是一个通用的关系，适用于马尔可夫状态空间的任何系统状态，无论负荷削减状态还是非负荷削减状态。

值得一提的是，上述指标是从整个系统的角度定义的。这些指标也可以针对单个节点类似地加以定义。

5.2.2　可靠性价值指标

可靠性价值几乎不可能直接测量，因此系统的可靠性价值通常通过不可靠性的费用来评估。由于停运而造成的损失费用被认为是可靠性价值的一个替代表达。

(1) 期望损失费用 (expected damage cost，EDC，千元/年) 为

$$EDC = \sum_{i \in S} C_i \cdot F_i \cdot W(D_i) \tag{5.10}$$

式中，C_i 是在系统状态 i 下的负荷削减量 (MW)；F_i 和 D_i 是系统状态 i 的频率 (次/年) 和停电持续时间 (h/次)；$W(D_i)$ 为用户损失函数 (元/kW)，它是停电持续时间的函数；S 是涉及负荷削减的所有系统状态的集合。

(2) 单位停电损失费用 (unit interruption cost，UIC，元/(kW·h)) 为

$$UIC = EDC/EENS \tag{5.11}$$

在实际应用中，往往是先根据不同的方法评估出 UIC，其中常用的方法是直接使用用户停电费用的统计数据 (见 5.3 节)。然后可以用 EENS 和 UIC 计算 EDC。值得

注意的是,UIC 在其他的一些文献里也被称为停电损失率(interruption energy assessment rate,IEAR)。UIC 是本书中使用的术语。

可以针对整个系统或节点计算 EDC 和 UIC。如果在一个节点上有多个用户,则是组合的单位停电损失费用或用户损失函数;如果在一个节点上只有一个用户,则 UIC 或 $W(D_i)$ 是单一的单位停电损失费用或用户损失函数。对于整个系统或某一区域,总有不同种类的用户,所以是使用组合的单位停电损失费用或用户损失函数。

5.2.3　安全性指标

本书中的电力系统安全评估指的是对电压稳定性或暂态稳定性进行概率评估。对于任何故障事件,其结果有两种:系统稳定或系统不稳定。如果系统失去稳定,则后果是灾难性的(如大规模停电)。为了防止系统不稳定,可采用多种紧急控制措施,这些措施被称为特殊保护系统(special protection system,SPS)或校正控制方案(remedial action scheme,RAS)。如果应对措施采取得及时,则系统不稳定可以避免,但系统仍然会遭受不良后果,例如,由于切负荷、切发电、线路跳闸或电力输出减少等造成的经济损失。概率安全性评估中常用以下两个指标:

(1) 系统失稳概率(probability of system instability,PSI)为

$$\text{PSI} = \sum_{i \in SS} p_i \tag{5.12}$$

式中,p_i 是系统不稳定状态 i 的概率;SS 是所有系统失稳状态的集合。系统不稳定状态是由一个导致系统不稳定的故障事件和故障发生时的系统运行工况组成的。因此 p_i 可以表示为两个概率 p_{si} 和 p_{ci} 的乘积,其中 p_{si} 是系统运行工况的概率,而 p_{ci} 是导致系统不稳定的故障的概率。系统运行工况可以包括网络结构、负荷水平、发电模式和非故障元件的可用度。因此 P_{si} 可进一步表示为多个因子的乘积,其中每个因子代表单个因素的概率。可以计算采取校正控制措施以前和以后的 PSI 指标,这两种情况之间的差异反映了控制措施的效果。

(2) 风险指标(risk index,RI)为

$$\text{RI} = \sum_{i \in SD} p_i R_i \tag{5.13}$$

式中,p_i 是系统状态 i 的概率;SD 是故障事件和其发生时的系统运行工况组成的系统状态的集合;R_i 代表故障带来的后果,它可以由负荷削减量或损失费用来量度。请注意,式(5.13)中的 SD 和式(5.12)中的 SS 是不同的。集合 SD 不仅包括系统不稳定状态,还包括在校正控制措施(如负荷削减或切除发电)后变成稳定,但却造成了损失的系统状态。电压不稳定和暂态不稳定的概率风险指标 RI 的表达式将分别在 5.6.4 节和 5.7.5 节给出。

5.3　可靠性价值评估

5.3.1　单位停电损失费用估计方法

估计单位停电损失费用是使用式(5.11)进行期望损失费用(EDC)评估的关键。以下四种方法可用于估计单位停电损失费用[57]：

(1)基于用户损失函数的方法。这种方法提供了由于停电所造成的社会平均损失成本。重要的是要懂得单位停电损失费用是随用户而变化的。通常电力公司应该使用基于自己的用户调查和系统分析而得到的单位停电损失费用。此方法能够包括在使用其他方法时不容易考虑的各种复杂因素。用户损失函数将在 5.3.2 节中详细讨论。

(2)基于资本投资的方法。一般情况下，加强系统的资本投资能提高系统的可靠性。在年均资本投资(元/年)和 EENS 指标(MW·h/年)的减少量之间存在一个可量化的关系。因此平均单位停电损失费用(元/kW)可以根据以前需要资本投资的规划项目和这些投资项目已经产生了的 EENS 指标的变化量来估计。这种方法的细节请参照文献[6]。

(3)基于国内生产总值(GDP)的方法。一个省(州)或国家的国内生产总值除以该省(州)或国家的年度总电能消耗，可得到每千瓦时电能产生的价值。这个数字反映的是失去一千瓦时的电能对该省(州)或国家所造成的平均经济损失。这种方法没有计入由于停电而造成的直接损失，如设备损坏的损失。然而，该方法非常简单，适用于许多情况，特别适合于政府拥有的电力公司。

(4)基于因停电而造成电力公司收入损失的方法。在这种方法中，每千瓦时的电价直接作为单位停电损失费用使用。显然，此方法只考虑了电力公司的收入损失，可在以电力公司的自身利益为考量重点的情况下使用。

5.3.2　用户损失函数

1. 用户调查法

用户损失函数(customer damage function，CDF)可以通过用户调查获得。有三种基本的用户调查方法：

(1)意愿价值评估法。停电费用的价值可以通过消费者为避免停电的支付意愿(willingness to pay，WTP)或停电后的受偿意愿(willingness to accept，WTA)来量化。通常，WTP 值明显低于 WTA 值，因为用户一般不愿意为他们已经付费的服务再支付更多的费用。WTP 和 WTA 可作为下限和上限值使用。

(2)直接成本方法。在这种方法中，受访者被要求找出与特定的停电情形相关的影响并评估其费用。如果大多数的停电损失事件明确无误并可直接识别和量化，那么这种方法得到的结果是可行的。该方法最适用于工业和其他大型电力用户。

(3)间接成本方法。在这种方法中，受访者被问的问题涉及他们的经验，可能包括为弥补可能的停电影响所需的虚拟保险费用，受访者对可能的停电所采取的准备方案，以及对整套供电可靠性和付费方案优先排序的考虑。可以通过对上述问题的回复，评估用户为减轻停电影响而愿意承担的财政负担。这种方法最适于缺乏可靠性价值评估经验的用户(如居民用户)。

2. 用户损失函数的建立

建立用户损失函数包括以下步骤：
(1)准备针对不同用户类别的问卷调查。
(2)进行用户调查。
(3)处理从用户调查中得到的数据，包括使用统计方法过滤坏数据和无效信息。
(4)计算每一个用户类别的用户损失函数。
(5)对于不同的变电站、不同的地区和整个系统，计算组合用户损失函数。

用户损失函数表示成随停电持续时间变化的损失费用。用户损失函数的单位可以元/kW 或元/(kW·h)来表示。表 5.1 和表 5.2 分别提供了以元/kW 和元/(kW·h)来表示用户损失函数的例子。有关北美停电损失费用的更多统计数据，可参考文献[58]~[60]。表 5.1 和表 5.2 的最后一列所列出的组合用户损失函数是基于居民用户占 52.36%、商业用户占 17.61% 和工业用户占 30.03% 的比例组成而得到的。可以从这些数据观察到以下几点：

(1)随着停电持续时间的增加，以元/kW 所计的用户损失成本也会增加。
(2)以元/(kW·h)所计的用户损失成本，随停电时间的增加而减少，但居民用户除外。需要注意的是，这里以元/(kW·h)所示的值，无论停电时间的长短，是每千瓦时的能量损失所造成的平均损失成本。表 5.1 和表 5.2 中所反映的变化趋势表明，对于商业和工业用户，每小时的能量损失在开始停电期间较高但随着停电持续时间的延长而减少；但居民用户没有这样的趋势。

表 5.1　以元[①]/kW 计的用户损失函数

停电持续时间/min	居民	商业	工业	未知组合	组合
0~19	0.20	11.40	5.50	1.90	3.76
20~59	0.60	26.40	8.60	4.00	7.55
60~119	2.80	40.10	19.60	8.50	14.41
120~239	5.00	72.60	33.60	15.10	25.49
240~480	7.20	147.60	52.10	26.50	45.41

① 这里的元指的是加元。

表 5.2　以元①/(kW·h)计的用户损失函数

停电持续时间/min	居民	商业	工业	未知组合	组合
10	1.20	68.40	33.00	11.40	22.58
40	0.90	39.60	12.90	6.00	11.32
90	1.90	26.70	13.10	5.70	9.63
180	1.70	24.20	11.20	5.00	8.52
360	1.20	24.60	8.60	4.40	7.54
平均	1.38	36.70	15.76	6.50	11.92

① 这里的元指的是加元。

(3) 商业用户的损失成本最高，其次是工业用户，居民用户的损失相对较低。

值得注意的是，表 5.1 和表 5.2 中的"未知组合"指的是未知的用户类别组合在一起。这一类的用户损失函数与基于居民、商业和工业用户组成百分比的组合用户损失函数有完全不同的含义。表 5.2 最后一行的数据为每千瓦时的平均用户损失费用。当每一类用户所对应的损失费用只用一个值(元/(kW·h))表示时，就可以使用这些平均值。

5.3.3　可靠性价值评估的应用

可靠性和经济性是系统规划中的两个相互矛盾的因素。可靠性价值评估的目的之一是把系统的可靠性以价值表达，使它可在同一估值基准下与投资和运行成本一起评估。概率费用准则的基本概念已经在 2.2 节有所阐述，还可以使用图 5.1 中的成本-可靠性曲线进一步说明。停电损失费用随着系统可靠性的提高而降低，而投资和运营成本随之增加。电力公司或社会的总成本是这两个费用之和。总费用有一个极小点，在该点达到最优或目标可靠性水平。这是在概率规划中最重要的概念之一，将在第 9~12 章，把这个概念应用到实际例子中。不可靠性费用将在第 6 章中作为整体经济评估方法中的附加成本组成部分加以考虑。

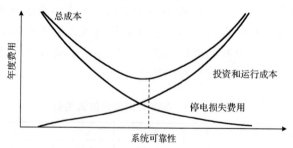

图 5.1　投资和运行成本、停电损失费用及其总成本随系统可靠性的变化

5.4　变电站充裕性评估

可以使用蒙特卡罗法或解析法对变电站可靠性进行评估[6]。一般情况下，因为变电站元件的失效概率通常很低而且变电站的网络规模相对较小，解析法在变电站

可靠性评估中更有效，因而更为人们所接受。有两种流行的用于变电站电气主接线
可靠性评估的枚举方法：最小割集枚举[61,62]和网络状态枚举[63]。在割集法中，要先
确定导致网络故障的最小割集，然后进行去交化运算以评估变电站网络的失效概率。
最小割集只包含故障元件，因此最小割集之间不是互斥的。这是必须进行随后的去
交化运算的原因。一般来说，当计及相关故障模式、多重故障模式和开关动作时，
去交化运算非常复杂。对于网络状态法，通过考虑网络元件状态，直接枚举网络状
态，然后使用网络连通性识别方法，识别失效状态。一个网络状态同时由失效和非
失效元件定义，而且与其他网络状态不相交。这一特征使得网络状态法在考虑元件
之间的相关故障、多重故障模式（包括短路故障和断路器拒动情况）、计及断路器切
换和保护协调时，优于最小割集法。

　　本节针对网络状态法加以概述，而在第 11 章，将通过一个规划实例介绍一
个简化的最小割集法。关于更多的变电站可靠性评估的资料，可以参考文献[6]、
[10]和[11]。

5.4.1　元件停运模式

　　变电站元件有两种强迫失效模式：非主动失效和主动失效。非主动失效不引起
任何保护装置的动作，因此不会影响任何其他的健康元件。故障元件修复后，服务
即可恢复。线路开路是非主动失效的例子。主动失效会导致故障元件所在的主保护
区的保护动作，因此会导致其他健康元件停运。此时，由开关切换实现对主动失效
元件的隔离，并恢复对部分或全部负荷点的供电。出现故障的元件本身则进入修复
状态，在修复后恢复。短路故障是主动失效的例子。维修停运可以认为是第三种停
运模式。拒动的情形是断路器或开关的第四种失效模式，它能引起一个更广泛的保
护区动作并造成更多健康元件停运。

　　图 5.2 中给出了一个典型的变电站元件四状态模型。该模型包括强迫非主动失
效、强迫主动失效和维修停运，但不包括断路器拒动的情形。应该指出的是，切换
状态是由主动失效引起的，因此涉及多个元件停运。图中 λ 表示失效率或停运率，μ
表示维修率、恢复率或切换率。下标 a、p、r、m 和 sw 分别代表主动失效、非主动
失效、修复、维修和切换。

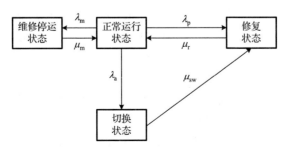

图 5.2　变电站元件的四状态模型

当考虑断路器的拒动情形时，图 5.2 中的切换状态可分为更多子状态。每个子状态对应于一个断路器的拒动，由图 5.3 所示的模型表示。假定主动失效需要三个断路器切换(打开或关闭)去隔离。三个断路器中的每一个都可能拒动。P_1 是第一个断路器拒动，但其他两个不拒动的概率。P_2 和 P_3 的定义也类似。需要注意的是，每个断路器拒动都将导致更多不同的健康元件停运，这取决于变电站的接线方式和保护逻辑。

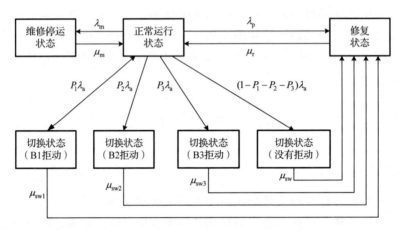

图 5.3　考虑断路器拒动情形的状态模型

图 5.2 和图 5.3 所示模型的状态概率可以使用马尔可夫方程法计算(见附录 C 中的 C.2.3 节)。

5.4.2　状态枚举法

一旦得到每个元件的多状态模型中的状态概率，枚举过程十分简单，直接考虑元件状态的组合即可。变电站网络状态的概率 $P(s)$ 通过式(5.14)计算：

$$P(s) = \prod_{i \in n_1} P_{ri} \prod_{i \in n_2} P_{si} \prod_{i \in n_3} P_{mi} \prod_{i \in n_4} (1 - P_{ri} - P_{si} - P_{mi}) \tag{5.14}$$

式中，n_1、n_2、n_3 和 n_4 分别表示网络状态 s 下，处于修复、切换、维修和运行状态的元件集合；P_{ri}、P_{si} 和 P_{mi} 分别表示第 i 个元件处于三个停运状态(修复、切换和维修状态)的概率。值得注意的是，一个元件的切换状态涉及其他正常元件的停运，但是这些正常元件的停运仅是由于开关切换动作引起的，因而它们自身的停运概率在该公式中不出现。

对网络状态进行枚举。枚举过程是否停止可按事先给定的网络状态概率阈值决定。在实际的变电站网络可靠性评估中，一般可以考虑枚举到二阶失效水平，即两个元件同时处于失效状态。这是因为超过两个元件同时停运失效或维修的网络状态的概率十分低,从工程的角度来看,忽略更高阶失效状态不会产生有效误差。注意由开关切换引起的正常元件停运在枚举中不是失效,因而不被计为失效元件。

显然,通过式(5.14)枚举得到的变电站网络状态是互斥的。因此,总的失效概率 P_f 是所有网络失效状态概率的直接相加之和,即

$$P_f = \sum_{s \in G} P(s) \tag{5.15}$$

式中,G 是变电站网络失效状态的集合。G 取决于变电站母线负荷是否失去供电的失效判据。变电站一般包括多个母线,每个负荷可能会从一个或多个供电点得到电力供应。失效判据可以是"至少一个负荷母线从供电点孤立",或"任意两个负荷母线被孤立",或"所有负荷母线被孤立"等,这取决于可靠性评估的目的。一个孤立的母线意味着这条母线上的负荷不得不被切去。下面阐述用标记母线集合法确定一个网络状态是否属于 G。

5.4.3 标记母线集合法

变电站中的主要元件包括变压器、断路器、开关和母线段。母线段即母线,其他设备是支路,两个母线位于其两端。对变电站电气主接线中的所有母线进行编号。标记母线集合法能够确定带有多供电电源点和多负荷母线的变电站网络中任意电源和负荷母线间的连通性。对于每个枚举的带有设备停运的网络状态,针对每个电源母线和所有负荷母线之间的连通性进行检查。该过程包括以下步骤:

(1)所有的支路使用两端母线号表示,这些支路组成支路全集合。

(2)把处于停运状态的支路(包括处于非正常状态,即失效和维修状态的支路和虽然没有失效但由于开关切换导致其停运的元件)从上述的支路全集合中除去,形成支路剩余集合。

(3)检查每个供电电源母线号。如果某个电源母线号未留在支路剩余集合中,则说明该电源母线和所有的负荷母线没有任何连通。

(4)如果某个供电电源母线号保留在支路剩余集合中,则该电源母线首先被标记。所有通过支路与标记母线直接相连的母线被进一步标记,这个过程需要利用支路剩余集合中的连接信息。从被首先标记的母线开始,标记过程一直进行到无法继续或者是所有母线均被标记。所有被标记的母线形成一个母线集合。如果某一负荷母线不在被标记的母线集合中,则该负荷母线与供电电源母线没有连接。否则,二者之间存在连接。对于所有支路剩余集合中的供电电源母线均进行以上标记过程。

(5)变电站电气主接线的常用失效判据是,如果某一负荷母线与所有的供电电源母线均不连接,那么该负荷母线失效(即发生负荷削减)。包含至少一个负荷母线失效的变电站网络状态属于集合 G。

由于建立支路剩余集合、从任意供电电源母线开始标记母线和生成标记母线集

合的过程都可以通过编程自动实现，所以标记母线集合法实施起来十分迅速。在变电站的保护设计中这些都是已知的信息，保护方案或开关切换的影响，如短路故障后哪些断路器打开、失效元件被隔离后哪些断路器重新闭合，或者能够被计算机程序自动识别，或者能够在数据文件中被预先指定。换言之，可以很容易地在状态枚举法中计及保护逻辑和开关切换的影响。

5.4.4　变电站充裕性评估步骤

变电站电气主接线的可靠性评估方法包括以下步骤：

(1)如图 5.2 所示的四态模型可以适用于所有的变电站元件。如果对于一个元件，不考虑维修停运，则其模型在删除维修停运状态后即变为三态模型。对每个元件的切换状态分别进行检查以确定在该状态下，哪一个元件由于主动失效而退出工作；执行哪个切换动作以隔离失效元件，从而使其进入修复状态；哪个断路器或开关可能以一定的概率发生拒动。

(2)所有元件的状态空间方程用马尔可夫方程方法求解，以获得元件每个状态的概率(见附录 C.2.3)。

(3)用 5.4.2 节中描述的状态枚举法选择系统状态。在大多数情况下，只考虑一阶和二阶故障事件就可满足要求。

(4)如果考虑断路器的拒动，则需要执行一个子枚举过程。涉及断路器切换的系统状态可以分为几个子状态。每个子状态对应于一个断路器拒动或没有断路器拒动，如图 5.3 所示。子状态的概率计算如下：

$$P_j(\text{sb}) = \begin{cases} P(s)\left[P_{\text{b}j}\displaystyle\prod_{\substack{k=1 \\ k \neq j}}^{m}(1-P_{\text{b}k})\right], & j=1,2,\cdots,m; \text{ 断路器} j \text{拒动} \\[4mm] P(s)\left\{1-\displaystyle\sum_{i=1}^{m}\left[P_{\text{b}i}\displaystyle\prod_{\substack{k=1 \\ k \neq i}}^{m}(1-P_{\text{b}k})\right]\right\}, & j=0; \text{ 没有断路器拒动} \end{cases} \tag{5.16}$$

式中，$P(s)$ 是涉及 m 个切换断路器的网络状态的概率，该概率已在步骤(3)中求得；$P_j(\text{sb})$ 是对应于第 j 个断路器拒动或没有断路器拒动($j=0$)的子状态的概率；$P_{\text{b}j}$、$P_{\text{b}k}$ 或 $P_{\text{b}i}$ 分别是断路器 j、断路器 k 或断路器 i 拒动的概率。应当注意，这里已经假定了两个和两个以上的断路器同时拒动的子状态不会发生，因此它们的概率已包含在没有断路器拒动的概率中。出于这个原因，式(5.16)中没有断路器拒动的概率表示为 1 减去所有单个断路器拒动子状态的概率之和。

(5)用 5.4.3 节中描述的标记母线集合法对每个系统状态或其子状态，检查供电电源点和负荷母线之间的连通性。如果某个负荷母线与所有的电源点均不连通，则该系统状态或子状态被识别为负荷母线失效状态，并记录被削减的负荷。

(6)每个负荷母线的可靠性指标使用下列公式计算:

① 负荷削减概率(PLC)为

$$\text{PLC}_k = \sum_{i=1}^{N_k} P_{ik} \tag{5.17}$$

式中，P_{ik} 是涉及负荷母线 k 的第 i 个网络失效状态或子状态的概率；N_k 是负荷母线 k 的负荷需要被削减的失效状态和子状态的总数。

② 期望缺供电量(EENS，MW·h/年)为

$$\text{EENS}_k = \sum_{i=1}^{N_k} P_{ik} L_k T \tag{5.18}$$

式中，L_k 是负荷母线 k 在所考虑的时间段 T(单位为 h)内的平均负荷(MW)，规划中 T 往往是一年。

③ 期望负荷削减频率(EFLC，次/年)。

对于负荷母线的每个失效状态，可以通过状态概率和频率之间的关系得到状态频率，即

$$F_{ik} = P_{ik} \sum_{j=1}^{M_i} \lambda_j \tag{5.19}$$

式中，F_{ik} 是涉及负荷母线 k 的第 i 个失效状态的频率；λ_j 为状态 i 中第 j 个元件的离开率，依据状态 i 中元件的状况，它可以是故障率、修复率、切换率、维修率或者恢复率；M_i 是状态 i 的离开率的总数。EFLC 指标是累积失效频率，可以近似地以式(5.20)估计:

$$\text{EFLC}_k = \sum_{i=1}^{N_k} F_{ik} \tag{5.20}$$

本应该从所有失效状态频率总和中扣除失效状态之间的转移频率后，才能得到准确的 EFLC_k 指标。然而，这些转移频率不能直接通过状态枚举法计算。从工程的角度来看，在评估中可以接受上述近似，这是因为在变电站的实际运行或维修过程中，失效状态之间的转移几乎不会发生。

④ 负荷削减平均持续时间(ADLC，h/次)为

$$\text{ADLC}_k = \frac{\text{PLC}_k \cdot T}{\text{EFLC}_k} \tag{5.21}$$

(7)整个变电站电气主接线的系统可靠性指标可以用类似的公式计算。值得注意的是，系统 EENS 指标是所有负荷母线 EENS 指标的和，但系统 PLC 或 EFLC 指标却不是负荷母线 PLC 或 EFLC 指标的和。这是因为一个网络状态可能同时需要在几个负荷母线削减负荷。

应当指出的是，上述的枚举过程考虑的是负荷母线在一个给定时间段内的平均负荷。如果负荷曲线采用多负荷水平模型，则总的可靠性指标是在单个负荷水平下的指标与其概率的乘积和。

5.5　组合系统充裕性评估

组合发输电系统充裕性评估是输电概率规划最重要的技术内容之一。相比于变电站可靠性评估，这是一个更加复杂的任务，它包含系统分析和在选择系统状态时的许多实际考虑。系统分析不是简单地识别网络连通性，而是需要进行潮流计算、预想故障分析、发电计划重新安排、消除系统越限和削减负荷评估。系统状态的选择包括考虑不同影响因素和多种停运模式，如降额状态、共因停运、相依停运，以及与天气相关的输电线失效、母线负荷不确定性和相关性、水库调度和运行条件[6,10,25,64-76]。

组合发输电系统充裕性评估的简要说明已在 2.3.1 节中阐述，本节将更加详尽地说明。

5.5.1　概率负荷模型

组合系统可靠性评估的负荷模型包括以下三个方面：

(1)负荷曲线；

(2)负荷不确定性；

(3)负荷相关性。

1. 负荷曲线模型

当用序贯蒙特卡罗法时，可直接使用按时间顺序排列的编年负荷曲线。当用状态枚举法或状态抽样法时，要使用非编年的负荷持续时间曲线。在实际应用中有以下三种情况：

(1)考虑一个单一的系统负荷曲线，按比例缩放所有母线上的负荷去匹配给定的系统负荷曲线。在这种情况下，可以生成与图 3.4 相似的多水平负荷模型，代表负荷持续时间曲线。

(2)某些母线上的负荷可能一直保持基本不变，如每小时的用电需求都相同的工业负荷。对于这些母线上的负荷，可以很容易地用不变的常负荷建模，而其他母线负荷仍用负荷曲线模拟。

(3)根据不同的负荷曲线将负荷分成多个母线组。这时，需要生成一些负荷持续曲线，每个曲线代表一个母线组。多水平负荷模型必须体现所有负荷曲线之间的相关性。

3.3.1 节已经描述了如何用 K-均值聚类法来创建多水平负荷模型。

2. 负荷不确定性模型

每个负荷水平的负荷不确定性可以用正态分布随机变量表示，其模型如下：

$$M_{\sigma ij} = z_{ij}\sigma_{ij} + M_{ij} \tag{5.22}$$

式中，M_{ij} 是在多水平负荷模型中通过 3.3.1 节描述的 K-均值聚类法得到的在第 j 个曲线上的第 i 个负荷水平；$M_{\sigma ij}$ 是 M_{ij} 附近的随机样本值；z_{ij} 是对应于在第 j 个曲线上的第 i 个负荷水平的标准正态分布随机变量；σ_{ij} 是代表 M_{ij} 不确定性的标准差。

在基于交流潮流的系统分析中，需要知道母线上的有功和无功功率负荷。母线无功负荷的样本值可以通过有功功率的随机样本值和功率因数计算求得。

3. 负荷相关性模型

如果考虑母线负荷的相关性，则可以采用 3.4 节中描述的母线负荷的相关性模型。

5.5.2　元件停运模型

一般来说，在组合系统可靠性评估中不考虑变电站的接线结构，这是因为变电站的可靠性评估是分开进行的。组合系统可靠性评估所涉及的主要元件包括架空输电线、电缆、变压器、电容器、电抗器和发电机组。

1. 基本的两状态模型

系统元件的强迫可修复失效可用图 5.4 所示的两状态模型表达。模型中的参数有以下关系：

$$U = \frac{\lambda}{\lambda + \mu} = \frac{\text{MTTR}}{\text{MTTF} + \text{MTTR}} = \frac{f \cdot \text{MTTR}}{8760} \tag{5.23}$$

式中，U 是强迫不可用概率；λ 是失效率（次/年）；μ 是修复率（次/年）；MTTR（mean time to repair）是平均修复时间（h/次）；MTTF（mean time to failure）是失效前平均时间（h/次）；f 是平均失效频率（次/年）。

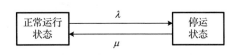

图 5.4　可修复元件的两状态模型

系统元件的计划停运可以采用类似的两状态模型表示，其中所有参数（转移率或平均时间）与计划停运相对应。强迫停运和计划停运分开建模不会产生有效误差[6]。同样，共因停运事件也可以采用分开的两状态模型表示，其中停运状态包括多个元件同时停运，而模型中的失效率和修复率对应于共因停运中的整组元件[69]。

2. 多状态模型

经常需要考虑发电机组或高压直流输电线路的一个或多个降额状态，这时需采

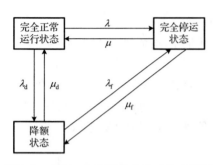

用多状态模型。图 5.5 所示为一个三状态模型，其中一个状态为降额状态，λ 和 μ 分别表示停运率和修复率，下标 d 表示正常运行状态和降额状态之间的转移。在大多数情况下，降额状态和完全停用状态间的转移率（由下标 f 表示）可以忽略不计。以类似的方式，可以模拟更多降额状态。在多态模型中，每个状态的概率可以用马尔可夫方程的方法（见附录 C.2.3）计算求得。

图 5.5　含有一个降额状态的三状态模型

5.5.3　系统停运状态选择

类似于变电站可靠性评估，组合系统可靠性评估可以使用状态枚举法或蒙特卡罗法实现。两种方法在系统分析上的要求是相同的，但在系统状态选择上不同。选择系统状态的枚举法类似于 5.4.2 节中描述的方法。

在一般情况下，蒙特卡罗法对于各种停运状态模型（尤其是多状态模型）和复杂运行情况更加灵活和有效。蒙特卡罗模拟有两种方法：非序贯抽样和序贯抽样。

1. 非序贯抽样

非序贯抽样也被称为元件状态抽样。以图 5.5 所示的三状态模型为例。每个元件都有满额运行、停运和降额运行。对第 i 个元件产生一个在[0，1]区间均匀分布的随机数 R_i：

$$I_i = \begin{cases} 0 \ (\text{满额运行}), & R_i > PP_i + PF_i \\ 1 \ (\text{停运}), & PP_i < R_i \leqslant PP_i + PF_i \\ 2 \ (\text{降额运行}), & 0 \leqslant R_i \leqslant PP_i \end{cases} \quad (5.24)$$

式中，I_i 是第 i 个元件的抽样状态的指示变量；PF_i 和 PP_i 分别是第 i 个元件强迫停运和降额状态的概率。对于没有降额状态的两状态模型，只需要 PF_i 值，而 PP_i 设为零。计划停运和共因停运可以使用分开的随机数抽样。所有抽得的元件状态形成一个系统状态以进行系统分析。

2. 序贯抽样

序贯抽样可以分成状态持续时间抽样和系统状态转移抽样[10,77]。下面描述的是状态持续时间抽样方法的步骤。

(1)所有元件初始状态设定为正常运行状态。

(2)对每个元件所处当前状态的持续时间进行抽样。应该假定状态持续时间的概率分布。例如，如果状态持续时间服从指数分布，那么其抽样值由式(5.25)给出，即

$$D_i = -\frac{1}{\lambda_i}\ln R_i \tag{5.25}$$

式中，R_i 是与第 i 个元件对应的在[0，1]区间均匀分布的随机数。如果当前的状态是正常运行状态，则 λ_i 是第 i 个元件的停运率，而如果当前的状态是停运状态，则 λ_i 是其修复率。产生服从不同概率分布的随机变量的方法，可参见附录 A.5.3 和附录 A.5.4。

(3)在考虑的时间跨度(年)内对所有元件重复步骤(2)，得到在给定的时间跨度内每个元件的时序状态转移过程。

(4)通过组合所有元件的状态转移过程，得到组合系统的时序状态转移过程。

5.5.4　系统分析

对每个抽得的系统状态进行系统分析，包括预想故障分析和负荷削减评估。仅有相对少的系统状态需要负荷削减。系统状态集 G_0 可以分为如下四个子集：

$$G_0 \begin{cases} G_1 \\ \overline{G_1} \begin{cases} G_2 \\ \overline{G_2} \begin{cases} G_3 \\ G_4 \end{cases} \end{cases} \end{cases}$$

G_1 是无故障的正常状态子集；$\overline{G_1}$ 是故障状态子集；G_2 是不引发系统问题的故障状态子集；$\overline{G_2}$ 是引发系统问题的故障状态子集；G_3 是通过校正控制措施而不进行负荷削减能使系统问题消失的故障状态子集；G_4 是只能通过进行负荷削减使系统问题得到解决的故障状态子集。这里的子集 G_4 类似于 5.4.2 节和 5.4.3 节中变电站网络失效状态的集合 G。

对于通过状态枚举法或蒙特卡罗法选择的系统状态，需要判断其是否属于 $\overline{G_1}$。如果是则通过预想故障分析判断其是否属于 $\overline{G_2}$。如果属于 $\overline{G_2}$ 则需要采取校正控制措施。只有属于子集 G_4 的系统状态才会对可靠性指标有影响。

预想故障分析包括发电机组停运和输电元件停运。发电机组故障分析很简单，如果在每个发电机母线上剩余的发电能力可以补偿同一母线上的一个或多个发电机的停运造成的不可用容量，则无须进行负荷削减。否则，需通过优化模型进行发电重新调度，这将在下面讨论。

输电元件故障分析较为复杂，其目的是计算在一个或多个元件故障后的线路潮流和母线电压，判断是否存在线路过载、电压越限、孤立母线或者孤岛。输电元件故障分析方法已在 4.6.1 节中讨论。如果预想故障分析表明有任何系统问题存在，则采用下面介绍的优化模型。

5.5.5　最小切负荷模型

在属于 $\bar{G}_2$ 的任何一个故障状态中，某些发电机母线因发电机组故障而不能维持发电出力，或者存在系统问题，如因为输电设备故障引起支路过载、电压越限、系统解列等。对于这样的故障状态，需要重新调整发电机组和无功功率源的出力，以及改变变压器的变比等来保持功率平衡和排除系统问题，与此同时，尽可能地避免切负荷或在不能避免时使所切总负荷达到最小。可以用下面的最小切负荷模型来达到这个目的，即

$$\min \sum_{i=1}^{ND} w_i C_i \tag{5.26}$$

s.t.

$$P_{Gi} - P_{Di} + C_i = V_i \sum_{j=1}^{N} V_j (G_{ij}\cos\delta_{ij} + B_{ij}\sin\delta_{ij}), \quad i = 1, 2, \cdots, N \tag{5.27}$$

$$Q_{Gi} + Q_{Ci} - Q_{Di} + C_i \frac{Q_{Di}}{P_{Di}} = V_i \sum_{j=1}^{N} V_j (G_{ij}\sin\delta_{ij} - B_{ij}\cos\delta_{ij}), \quad i = 1, 2, \cdots, N \tag{5.28}$$

$$P_{Gi}^{\min} \le P_{Gi} \le P_{Gi}^{\max}, \quad i = 1, 2, \cdots, NG \tag{5.29}$$

$$Q_{Gi}^{\min} \le Q_{Gi} \le Q_{Gi}^{\max}, \quad i = 1, 2, \cdots, NG \tag{5.30}$$

$$Q_{Ci}^{\min} \le Q_{Ci} \le Q_{Ci}^{\max}, \quad i = 1, 2, \cdots, NC \tag{5.31}$$

$$K_t^{\min} \le K_t \le K_t^{\max}, \quad t = 1, 2, \cdots, NT \tag{5.32}$$

$$V_i^{\min} \le V_i \le V_i^{\max}, \quad i = 1, 2, \cdots, N \tag{5.33}$$

$$-T_l^{\max} \le T_l \le T_l^{\max}, \quad l = 1, 2, \cdots, NB \tag{5.34}$$

$$0 \le C_i \le P_{Di}, \quad i = 1, 2, \cdots, ND \tag{5.35}$$

式中，P_{Gi}、Q_{Gi}、P_{Di}、Q_{Di}、Q_{Ci}、K_t、N、NG、NC、NT 和 NB 的定义和 4.4.1 节的最优潮流模型中的定义相同；C_i 是负荷节点 i 的切负荷变量；ND 是负荷母线总数；w_i 是表征负荷重要程度的权重系数。

可以看出，此最小化模型和 4.4.1 节中的最优潮流模型相比存在以下差异：

(1) 引入了节点切负荷变量。每个节点的无功负荷根据功率因数按有功负荷比例削减。切负荷变量的引入保证了最优化模型在任何故障状态总能有解。

（2）目标函数是总的切负荷量最小。切负荷变量的数值是解的一部分。非零的负荷削减量提供了计算可靠性指标的信息。

（3）权重系数起到安排切负荷顺序的作用，这个作用可在求解过程中自动进行，权重系数越大，代表该节点负荷越重要。

该最小化模型可以使用 4.4.2 节中给出的内点法来进行求解。

5.5.6　组合系统充裕性评估步骤

使用非序贯蒙特卡罗法对组合系统进行充裕性评估，主要包括以下步骤：

（1）系统元件的状态概率通过 5.5.2 节中元件的停运模型来计算，如果一个元件由两状态模型表示，那么元件的正常运行和停运状态概率可以直接从统计数据中获得。如果一个元件由多状态模型表示，则使用马尔可夫方程法来求解该模型的状态方程，从而获得各状态的概率。

（2）采用 3.3.1 节中描述的方法建立多水平负荷模型，然后针对每个负荷水平，进行下面的状态抽样。

（3）采用蒙特卡罗法选取系统状态，这包括随机确定节点负荷水平和元件的状态：

① 采用 5.5.1 节中的方法对负荷的不确定性和相关性进行建模。

② 采用第 5.5.3 节的第 1 部分中的方法对元件状态（正常满额运行、停运或降额运行）进行抽样，需要注意，强迫停运、计划停运和共因停运用分开的随机变量模拟。

（4）采用 5.5.4 节中提出的方法进行预想故障分析，该方法已在 4.6.1 节中有详细说明。

（5）采用 5.5.5 节中最小切负荷模型计算最优潮流，如果负荷削减量不为零，则选取的状态为失效状态，记录这个失效状态的负荷削减量。

（6）针对由蒙特卡罗模拟抽样得到的各个系统状态以及多水平负荷模型的每一个负荷水平，重复上述步骤（3）～步骤（5）。

（7）使用下列公式计算可靠性指标：

① 负荷削减概率（PLC）为

$$\text{PLC} = \sum_{i=1}^{NL} \left(\sum_{s \in G_{4i}} \frac{n(s)}{N_i} \right) \frac{T_i}{T} \tag{5.36}$$

式中，$n(s)$ 是抽样中状态 s 出现的次数；N_i 是多水平负荷模型中第 i 个负荷水平下的样本总数；G_{4i} 是第 i 个负荷水平下所有系统失效状态的集合，其中 G_4 的定义已在 5.5.4 节中给出；T_i 是第 i 个负荷水平的时间长度（以小时计）；T 是负荷曲线的总时间长度，通常是一年；NL 是负荷水平的数目。

② 期望缺供电量（EENS，MW·h/年）为

$$\text{EENS} = \sum_{i=1}^{NL} \left(\sum_{s \in G_{4i}} \frac{n(s)C(s)}{N_i} \right) \cdot T_i \tag{5.37}$$

式中，$C(s)$ 是状态 s 下的负荷削减量。

③ 期望负荷削减频率（EFLC，次/年）为

$$\text{EFLC} = \sum_{i=1}^{NL} \sum_{s \in G_{4i}} \left(\frac{n(s)}{N_i} \sum_{j=1}^{m(s)} \lambda_j \right) \frac{T_i}{T} \tag{5.38}$$

式中，λ_j 是状态 s 下元件的第 j 个离开率；$m(s)$ 是离开状态 s 的转移率总数。类似于式（5.20），式（5.38）也忽略了不同失效状态之间的转移频率，因而这是频率指标的近似估计。

④ 负荷削减平均持续时间（ADLC，h/次）为

$$\text{ADLC} = \frac{\text{PLC} \cdot T}{\text{EFLC}} \tag{5.39}$$

当使用状态枚举法或序贯抽样法时，计算步骤是类似的。不同方法之间的差别只在于如何选择系统状态，一旦状态被选定，对其状态的系统分析是一样的。使用序贯抽样法，可以准确地估计频率指标，但是计算量较大。选取方法时应该慎重权衡频率指标的计算成本和精度之间的矛盾。用不同方法时，可靠性指标的计算公式有不同的表达式。有关的更多细节可参考文献[6]、[10]。

5.6　电压稳定概率评估

电压稳定概率评估的目的是评估在各种故障下平均电压失稳风险程度。在评估中，需要对大量的故障状态进行电压稳定性分析。连续潮流法因速度较慢而不适合这个目的。在此给出一种新的方法，该方法把最优化模型、基于降阶雅可比矩阵的模态分析和蒙特卡罗模拟相结合，评估各种停运状态下输电系统的平均电压失稳风险[78]。

该方法的基本思路如下。针对每个预想事故状态，利用最优化模型来判定潮流是否有解。若潮流无解，则可能的确是因为系统发生电压崩溃（系统不稳定），但也可能是数值计算不稳定造成的。可用降阶雅可比矩阵的奇异性分析来区分这两种情况。如果潮流有解，从优化模型得到的解可能对应于 Q-V 曲线的上半部（稳定），也可能对应于 Q-V 曲线的下半部（不稳定），则可利用降阶雅可比矩阵特征值的符号区分这两种情况。因此，系统电压失稳可结合最优化模型和降阶雅可比矩阵方法来识别。最优化模型的引入避免了连续潮流法需要计算大量潮流的缺点，因为连续潮流法是通过解一系列潮流逐步达到电压崩溃点的。蒙特卡罗模拟用来选择系统的预想故障状态，从而进行平均电压失稳风险指标的评估。

5.6.1　潮流无解的优化辨识模型

在该最优化模型中，发电机的有功和无功功率、无功设备的无功功率、变压器变比和每条母线的有功功率削减量为控制变量；母线电压的实部和虚部是状态变量，而总负荷削减量最小为目标函数。

$$\min \sum_{i=1}^{ND} w_i C_i \tag{5.40}$$

s.t.

$$P_{Gi} - P_{Di} + C_i - \sum_{ij \in S_{Li}} P_{Lij} - \sum_{ij \in S_{Ti}} P_{Tij} = 0, \quad i=1, 2,\cdots, N \tag{5.41}$$

$$Q_{Gi} + Q_{Ci} - Q_{Di} + C_i \frac{Q_{Di}}{P_{Di}} - \sum_{ij \in S_{Li}} Q_{Lij} - \sum_{ij \in S_{Ti}} Q_{Tij} = 0, \quad i=1, 2,\cdots, N \tag{5.42}$$

$$e_i = K_t e_m, \quad t=1, 2,\cdots, NT \tag{5.43}$$

$$f_i = K_t f_m, \quad t=1, 2,\cdots, NT \tag{5.44}$$

$$P_{Gi}^{\min} \leqslant P_{Gi} \leqslant P_{Gi}^{\max}, \quad i=1, 2,\cdots, NG \tag{5.45}$$

$$Q_{Gi}^{\min} \leqslant Q_{Gi} \leqslant Q_{Gi}^{\max}, \quad i=1, 2,\cdots, NG \tag{5.46}$$

$$Q_{Ci}^{\min} \leqslant Q_{Ci} \leqslant Q_{Ci}^{\max}, \quad i=1, 2,\cdots, NC \tag{5.47}$$

$$K_t^{\min} \leqslant K_t \leqslant K_t^{\max}, \quad t=1, 2,\cdots, NT \tag{5.48}$$

$$0 \leqslant C_i \leqslant P_{Di}, \quad i=1, 2,\cdots, ND \tag{5.49}$$

式中，P_{Gi}、Q_{Gi}、P_{Di}、Q_{Di}、Q_{Ci}、K_t、N、NG、NC、NT 和 NB 的定义和 5.5.5 节中最小切负荷模型的各变量定义相同；e_i 和 f_i 分别是母线 i 的节点电压的实部和虚部；C_i 是母线 i 上的负荷削减变量；ND 是负荷母线总数；w_i 是反映负荷重要性的权重系数；P_{Tij} 和 Q_{Tij} 分别是有载调压变压器(on-load tap changer，OLTC)支路 i-j 的有功和无功功率；S_{Ti} 是和母线 i 相连的有载调压变压器支路的集合；P_{Lij} 和 Q_{Lij} 分别是非有载调压变压器支路 i-j 的有功和无功功率；S_{Li} 是和母线 i 相连的非有载调压变压器支路的集合。

有载调压变压器支路用一个以变压器分接头变比为控制变量的理想变压器和一个普通支路串联来表达。在每个变压器支路 t 的两个节点 i 和 j 中间加一个虚拟节点 m，如图 5.6 所示。在式(5.43)和式(5.44)中，下标 i 和 m 是理想变压器支路 t 的两个端点。如果母线 i 位于高压侧，则 P_{Tij} 和 Q_{Tij} 利用式(5.50)和式(5.51)计算得出；如果母线 i 位于低压侧，则 P_{Tij} 和 Q_{Tij} 利用式(5.52)和式(5.53)计算得出。

$$P_{Tij} = (e_m^2 + f_m^2 - e_m e_j - f_m f_j)g_t + (e_m f_j - e_j f_m)b_t \tag{5.50}$$

$$Q_{Tij} = -(e_m^2 + f_m^2 - e_m e_j - f_m f_j)b_t + (e_m f_j - e_j f_m)g_t \tag{5.51}$$

$$P_{Tji} = (e_j^2 + f_j^2 - e_m e_j - f_m f_j)g_t + (e_j f_m - e_m f_j)b_t \tag{5.52}$$

$$Q_{Tji} = -(e_j^2 + f_j^2 - e_m e_j - f_m f_j)b_t + (e_j f_m - e_m f_j)g_t \tag{5.53}$$

式中，g_t+jb_t 是支路 t 的导纳。

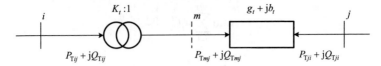

图 5.6　有载调压变压器支路示意图

非有载调压变压器支路在母线 i 的有功 P_{Lij} 或无功 Q_{Lij} 的总和可以采用直角坐标形式，使用修改后的常规潮流方程计算得出，即

$$\sum_{ij \in S_{Li}} P_{Lij} = \sum_{j=1}^{N}[G'_{ij}(e_i e_j + f_i f_j) + B'_{ij}(f_i e_j - e_i f_j)] \tag{5.54}$$

$$\sum_{ij \in S_{Li}} Q_{Lij} = \sum_{j=1}^{N}[G'_{ij}(f_i e_j - e_i f_j) - B'_{ij}(e_i e_j + f_i f_j)] \tag{5.55}$$

式中，G'_{ij} 和 B'_{ij} 是修改后的导纳矩阵中的元素，因为有载调压变压器支路已经被显式表达，故不包含有载调压变压器支路的贡献。

将该模型和 5.5.5 节中的最优化模型相比，可以看到以下几点：

(1) 在这两种模型中都引入了负荷削减变量。正如前面 5.5.5 节中提到的，负荷削减变量的引入保证了最优化模型在任何故障状态总能有解。

(2) 本节中上述优化模型的约束条件都是线性或二次的，这是因为潮流方程采用的是直角坐标系下母线电压实部和虚部为变量，并且有载调压变压器是通过插入一个虚拟节点来表示的。这样得到常数的 Hessian 矩阵，利用内点法(见 4.4.2 节)来求解该模型时，不需要在迭代过程中更新，可以大大减少计算时间。

(3) 上述模型只包含对控制变量的约束，没有状态变量(母线电压的上限和下限)和网络变量(支路容量限值)的约束。这使得该模型完全对应于潮流的可解性，换句话说，负荷削减不是由状态和网络变量的约束造成的。

上面描述的最优化模型具有以下特点：

(1) 当模型的解中负荷削减为零时，表明满足相应约束的潮流解是存在的，从而获得相应潮流解。当模型的解中负荷削减不为零时，表明没有满足相应约束的潮流解，但模型可以恢复潮流的可解性，并提供一个满足最小切负荷量的临界潮流解。

(2) 与需要进行大量潮流计算以逐步达到电压崩溃点的连续潮流法不同，该优化模型只需要一次优化计算即可判断潮流的可解性。

(3) 该模型可灵活处理对控制变量的约束。或者将所有的控制变量都考虑进来以提高系统电压的稳定性，或者在必要时将一些控制变量固定。这要根据系统运行要求而定。

5.6.2　电压失稳辨识方法

当最优化模型的解中负荷削减为零时，这个解就是满足相应潮流方程的解。在大多数情况下，这个解是电压稳定的。然而，从数学角度上看，该解有可能处在

Q-V(或 P-V)曲线的下部，代表电压不稳定(不可控)。当优化模型具有非零最小切负荷解时，表明相应的潮流无解，这是因为需要削减负荷才能使系统有解。最小负荷削减保证了从优化模型得到的解是一个临界解。在电力公司的实践中一般认可，如果潮流无解，则该系统被认为是电压不稳定的。上述优化模型只需要进行一次优化潮流计算便可判定系统电压是否失稳。

正如在 4.7.2 节所述，通过降阶雅可比矩阵 J_R 的特征值的符号可以判定电压是否稳定。该优化模型可以直接提供一个潮流解点，从而在这个解点利用降阶雅可比矩阵方法来进行进一步的判断。对任何故障状态进行电压失稳判定包括以下三个步骤：

(1)对该优化模型求解。

(2)如果解中负荷削减量不为零，则认为系统已经达到了电压崩溃点。

(3)如果解中负荷削减量为零，则计算在解处的降阶雅可比矩阵的特征值，若对于一个给定的门槛值(一个接近 0 的正数)，最小特征值大于它，则系统是电压稳定的。否则，系统被认为是电压不稳定的。

在实际应用中，第(2)步和第(3)步可以进行以下修改：

① 理论上说，只有在不存在数值计算稳定性的前提下，从优化模型得到的带有非零最小负荷削减量的临界解才对应于电压崩溃点。其实，实际计算中往往存在数值计算不稳定性问题，尽管可能性很小，但是不能完全避免，数值计算不稳定性导致的负荷削减并不表明真正电压失稳。数值计算稳定性不仅依赖于算法，还和实现算法的计算机程序编码质量有关。为避免这种误判情况的出现，第(2)步可以进行如下修改：计算最小切负荷临界解处的降阶雅可比矩阵的特征值。如果至少一个特征值的绝对值小于阈值，则可以确定是电压崩溃。否则，如果最小特征值大于阈值，则负荷削减是由数值不稳定性引起的而不是真的电压崩溃。这种改进可以提高结果的准确性。然而，应该指出的是，在一般情况下，只要有高质量的计算程序，数值不稳定性引起的可能性会很小。为了减少计算负担，许多实际情况下可能并不需要这种修改。

② 大量计算表明，一般来说，如果潮流解位于 Q-V 曲线的下部，那么一定至少存在一个母线电压低于正常运行电压的容许范围。对第(3)步可进行如下修改：如果优化模型的解中负荷削减量为零，则对这个解中的所有母线电压进行检查；如果所有的母线电压均在正常运行范围，则确认该解处系统电压是稳定的。否则，如果至少一个母线的电压低于正常的电压水平，则再应用第(3)步中的降阶雅可比矩阵法。这样修改可以显著降低计算量，这是因为检查 J_R 的特征值是一个耗时的计算过程，而且大多数故障情况不会引起电压失稳。严格地说，这种改进方法可能存在很小的误判风险，在进行实时电压稳定性评估时应谨慎使用。然而，在计算以规划为目的的电压失稳概率风险指标时，这个方法是足够准确的，因而可以采用。

5.6.3　系统预想故障状态确定

在电压稳定概率风险评估中，对系统的各种故障状态进行随机抽样。确定系统故障状态包括以下两步：

(1)选择预想故障前的系统状态(网络拓扑结构、发电机出力和母线负荷)。

(2)选择预想故障。

1. 预想故障前系统状态选择

系统元件(包括输电元件和发电机组)可分为两组：关键元件集和非关键元件集。关键元件集中的元件失效可能导致电压不稳定，而非关键元件集中的元件失效不会导致电压不稳定。根据对实际系统运行的知识和经验可以对此进行划分。在划分时尽量采用保守方法：如果对某个元件不确定，则将它分配到关键元件集合。预想故障前系统状态选择中，不考虑关键元件强迫失效引起的不可用概率，这是因为这些强迫失效要在接下来的分析中被视为随机故障。非关键元件的强迫失效或计划停运引起的不可用概率，以及关键元件的计划停运引起的不可用概率，在计算预想故障前系统状态概率时均要考虑。预想故障前系统状态必须是稳定的，或者采用类似5.5.3 节的第 1 部分中的蒙特卡罗抽样方法，或者采用枚举法，选择预想故障前的系统状态。

电压稳定性对负荷水平相当灵敏。母线的有功负荷可以假定服从正态分布，而其无功负荷可以假定在恒定功率因数下随着负荷有功的随机变化而成比例变化。对母线 i 的有功负荷，用附录 A.5.4 中的第 2 部分的方法，产生一个标准正态分布随机数 x_i，则该母线负荷可以计算如下：

$$P_{Di} = x_i \sigma_i + P_{Di}^{mean} \tag{5.56}$$

$$Q_{Di} = P_{Di} \frac{Q_{Di}^{mean}}{P_{Di}^{mean}} \tag{5.57}$$

式中，P_{Di}^{mean} 和 Q_{Di}^{mean} 是第 i 个母线负荷的有功和无功的平均值；P_{Di} 和 Q_{Di} 是在优化模型中使用的抽样值；x_i 是标准正态分布随机数；σ_i 是 P_{Di}^{mean} 的标准差。

显然，该负荷模型与 5.5.1 节的第 2 部分中的模型相同。此外，若有必要，则5.5.1 节的第 1 部分中的负荷曲线建模方法和 5.5.1 节的第 3 部分中的负荷相关性建模方法也可以应用到这里。

2. 预想故障选择

关键故障集合中的元件强迫失效导致故障事件。这样的强迫失效事件(即非计划停运事件)在这些元件处于运行状态时发生。元件是否处于计划停运状态在选择预想故障前系统状态的过程中已经被随机确定。预想故障选择取决于系统元件发生强迫失效的概率。应该注意，这个概率并不是式(5.23)给出的由故障率和修复率计算而得的系统元件的强迫不可用概率。在电压稳定概率评估中，我们关注的只是强迫故障事件的发生，而不关心其后续的修复(或恢复)过程，这是因为只要强迫故障事件一旦发生，系统就有可能在极短的时间内失去电压稳定，这与修复过程无关。预想故障事件发生的概率可以用发生率为常数的泊松分布来估计。基于泊松分布的数学表达，在 t 时段内无故障发生的概率为

$$P_{\mathrm{no}} = \frac{\mathrm{e}^{-\lambda_{\mathrm{o}}t}(\lambda_{\mathrm{o}}t)^{0}}{0!} = \mathrm{e}^{-\lambda_{\mathrm{o}}t} \tag{5.58}$$

式中，P_{no} 是无故障发生的概率；λ_{o} 是故障的平均发生率；t 是考虑的时间段。

故障在 t 时段内发生的概率为

$$P_{\mathrm{o}} = 1 - \mathrm{e}^{-\lambda_{\mathrm{o}}t} \tag{5.59}$$

显然，式(5.59)只不过是一个服从指数分布的发生概率。事实上，泊松分布和指数分布都基于恒定发生率的假设，因此本质上二者是一致的。式(5.59)适用于关键故障集中的所有元件。每个元件的平均故障发生率不同，可由历史故障记录统计得到。

5.6.4 平均电压失稳风险评估

使用蒙特卡罗模拟评估电压失稳风险包括以下步骤：

(1)如 5.6.3 节的第 1 部分所述，使用蒙特卡罗法选择预想故障前系统状态。正如前面提到的，在选择预想故障前系统状态时并不考虑关键元件集中元件的强迫不可用概率。

(2)随机确定关键故障集中在故障前未处于计划停运状态的元件的强迫故障。针对关键故障集中每一个元件或元件组(多元件同时共因故障)，产生一个在[0,1]区间取值的均匀分布随机数 R。如果 $R<P_{\mathrm{o}}$，则预想故障发生，否则不发生。

(3)采用 5.6.1 节中给出的优化模型为选定的预想故障状态求出一个解点，它或者是一个没有负荷削减的解，或者是一个带有最小切负荷的临界解。

(4)采用在 5.6.2 节概述并在 4.7.2 节有详细论述的降阶雅可比矩阵法来判断每个选取的预想故障状态是否电压稳定。

(5)计算如下两个电压失稳风险指标：

$$\mathrm{PVI} = \frac{m}{M} \tag{5.60}$$

$$\mathrm{ELCAVI} = \sum_{j=1}^{M}\sum_{i=1}^{N_{j}}\frac{C_{ij}}{M} \tag{5.61}$$

式中，PVI(probability of voltage instability)表示电压失稳概率；ELCAVI(expected load curtailment to avoid voltage instability）表示为避免电压失稳的期望削减负荷；m 是电压失稳系统状态的数目；M 是抽得的系统状态样本总数；C_{ij} 表示在第 j 个被抽样的系统状态中第 i 个母线的负荷削减值；N_j 是第 j 个系统状态中母线的数目。需要注意的是，由于所抽得的系统状态中的支路故障可能会产生孤立母线，所以母线数目可能随系统状态发生变化。PVI 指标表示在各种不同预想故障中发生电压失稳的平均概率。ELCAVI 指标表示在各种不同预想故障中为避免电压失稳所需的平均负荷削减量。ELCAVI 指标中不包括孤立母线处的负荷削减，原因在于它们不是为避免系统电压失稳所致。

（6）重复步骤（1）～步骤（5），直到 PVI 指标或 ELCAVI 指标的方差系数小于规定阈值。

电压失稳风险指标与其他充裕性指标一起，可被用于输电规划中的系统性能评价指标。例如，在对某一系统进行大量深入研究后可以确立一个可接受的 PVI 指标的目标值。如果系统规划中未来某一年的 PVI 指标高于该目标值，则表明系统的电压稳定性已经恶化，需要采取系统加强措施。在加强项目执行前后，PVI 指标或 ELCAVI 指标的变化量反映了由本项目的执行而带来的系统电压稳定水平的改善程度。

5.7　暂态稳定概率评估

输电规划中暂态稳定概率评估的目的是评估各种故障事件下平均的暂态失稳风险。与电压稳定概率评估类似，暂态稳定概率评估需要同时评估大量故障事件的发生概率和后果。一个故障事件发生的概率和后果取决于多种因素，包括故障前系统状态、故障位置和类型、保护方案和扰动序列等[79,80]。后果评估需要进行暂态稳定仿真和影响分析。本节讨论用于暂态稳定概率评估的蒙特卡罗法。

5.7.1　故障前系统状态选择

暂态稳定概率评估中，故障前系统状态的选择与电压稳定概率评估中的相应方法类似。利用 5.5.3 节的第 1 部分中提到的发电和输电元件的状态抽样方法来确定故障前系统状态下的网络拓扑和可用发电容量。正如 5.6.3 节的第 1 部分所述，非常重要的是需要懂得在计算故障前系统状态的概率时并不考虑关键故障集中元件强迫故障的不可用概率，这是因为这些故障是故障事件而不是故障前状态的一部分。在 5.5.1 节中讨论的负荷曲线和母线负荷不确定性与相关性的建模方法，可用来选择母线负荷状态。

5.7.2　故障概率模型

故障事件的不确定性由五种模型表示：

1．故障发生概率

用与 5.6.3 节的第 2 部分中所描述的相同模型来表示故障发生的概率。

2．故障位置概率

故障可能发生在母线或者线路上。如果发生在母线上，则故障位置就在该母线处。如果发生在线路上，则故障发生的位置可以利用由历史数据推导出的离散概率分布来建模。一条线路可分成 M_L 段，故障发生在第 i 段的概率为

$$P_i = \frac{f_i}{\sum\limits_{i=1}^{M_L} f_i} \tag{5.62}$$

式中，f_i 表示历史记录中发生在第 i 段的故障数目。

对于不同的线路，分段数目可能不同，这取决于可用的数据。例如，相对于其主控端，一条线可被分为如下三段：

(1) 近端段(线路的前端 20%)；

(2) 中间段(线路的中间 60%)；

(3) 远端段(线路的末端 20%)。

3．故障类型概率

故障类型可分为以下类别：

(1) 单相短路接地；

(2) 两相短路接地；

(3) 三相短路；

(4) 两相短路。

类似地，可以从历史故障数据中获得关于故障类型的离散概率分布。其公式与式 (5.62) 有相同的形式，但相关变量的定义有如下改变：P_i 表示第 i 种故障类型的概率，f_i 表示第 i 种故障类型发生的数目，并且 $M_L=4$。

4．自动重合闸不成功概率

大多数高压架空线已配有自动重合闸装置。如果自动重合闸执行成功，则一个"假"故障将不会产生任何严重后果。只有在自动重合闸失败时才需要执行第二次故障清除。从概念上讲，从历史数据中可以获得自动重合闸失败的概率。然而，许多数据收集系统并没有记录关于自动重合闸成功概率的信息，而是只保存故障原因的描述。通常故障原因和自动重合闸成功的概率之间有很强的关联性。例如，一项典型的统计分析表明，由雷击引起的故障，超过 90% 的自动重合闸是成功的，然而由

其他原因引起的故障,其成功概率只有约 50%。利用条件概率的概念可以估计自动重合闸失败的概率,即

$$P_{ru} = P(L)P(U \mid L) + P(O)P(U \mid O) \tag{5.63}$$

式中,P_{ru} 是自动重合闸失败的概率;$P(L)$ 和 $P(O)$ 分别是由雷击和除雷击以外其他原因引起的故障发生的概率,这两个概率值很容易从历史数据中获得;$P(U|L)$ 和 $P(U|O)$ 分别是已知故障为雷击和除雷击以外其他原因引起的情况下,自动重合闸失败的条件概率,这两个概率值可以通过统计分析估计得到。如果具有充足的数据记录,则该公式可以扩展到多种故障成因细分的情况。

　　5. 故障清除时间概率

　　故障清除过程由三个部分组成:故障检测、继电器动作和断路器操作。可以假定故障检测是瞬间完成的。继电器和断路器的动作时间都是随机的。模拟故障清除时间的方法有两种:

　　(1)分别利用两个概率分布来模拟继电器和断路器的动作时间,整个故障清除时间的概率分布可以通过卷积计算获得。

　　(2)直接假定整个故障清除时间服从某一概率分布。

　　通常假设继电器或断路器的动作时间,或者整个故障清除时间是服从正态分布的。其正态分布均值和标准差的估计值可以通过分析历史数据而确定。只有当故障清除时间长于临界切除时间时,系统才会失去暂态稳定性。

5.7.3　故障事件选择

　　故障事件的选择取决于上述五个故障概率模型。从方法上讲,故障事件的蒙特卡罗模拟可以分为以下三类:

　　(1)有两种可能性的抽样。这类包括故障发生或重合闸失败的确定。以故障发生为例,假定故障发生的概率为 P_o。针对要考虑的每一个母线和线路,产生一个取值在[0,1]范围内的均匀分布随机数 R。如果 $R < P_o$,则故障发生,否则故障不发生,如图 5.7 所示。

　　(2)有多种可能性的抽样。这类包括故障位置或故障类型的确定。以故障类型为例,依次将四种故障类型的概率值顺序放置在[0,1]区间内,如图 5.8 所示。产生一个取值在[0,1]范围内的均匀分布随机数 R。R 的位置处在哪一个区间就表明抽样过程中哪种故障类型被随机选中。

图 5.7　故障发生的抽样

图 5.8　故障类型的抽样

（3）服从正态分布的随机变量抽样。故障清除时间抽样属于这种类型，这包括如下两个步骤：

① 利用附录 A.5.4 的第 2 部分给出的方法产生标准正态分布随机数 X。

② 利用式(5.64)计算随机的故障清除时间，即

$$\tau_c = X\sigma + \mu \tag{5.64}$$

式中，μ 和 σ 分别是故障清除时间的均值和标准差。

5.7.4　暂态稳定仿真

对于一个抽样获得的故障事件，通过暂态稳定时域仿真确定它是否会导致系统失稳。因为故障前系统状态和故障事件是随机选择的，在暂态稳定性概率评估中需要的暂态稳定性仿真的数量非常大。4.8 节已经对仿真方法进行了简单介绍。实际上，可以利用商用暂态稳定分析程序。为提高仿真过程的速度，已经研发了许多技术，如对微分方程的变步长算法、提前终止判据和第二次人工扰动方法。

暂态稳定性仿真中需要指定扰动序列，理解这一点非常重要。对于不同的故障事件，扰动序列是不同的，通常在控制中心的运行规程中加以定义。许多电力系统中都配有多种不同的特殊保护系统，其包括多种校正控制方案，如切除部分发电、无功设备切换、线路跳闸和切负荷。校正控制方案也应该定义在扰动序列中。

5.7.5　平均暂态失稳风险评估

用蒙特卡罗模拟进行暂态失稳风险评估包括以下步骤：

（1）采用 5.7.1 节所述的蒙特卡罗法，选择故障前系统状态，包括网络拓扑、发电机机组状态和母线负荷的确定。

（2）采用 5.7.3 节所述的蒙特卡罗法，随机选择故障事件，包括故障发生、故障位置和类型、自动重合闸的成功与否、故障清除时间的确定。需要注意的是，在选择故障发生时，只考虑那些处在关键故障集中且在故障前系统状态选择时未处于计划停运状态的线路和发电机组。关键故障集的概念可参见 5.6.3 节的第 1 部分。

（3）针对每个故障，指定暂态稳定性仿真中的扰动序列。如果为某一故障安装了特殊保护系统，则扰动序列中应包含在特殊保护系统中定义的校正措施。

（4）对每个故障事件进行时域暂态稳定性仿真。

（5）对每个故障事件进行后果分析。这是评估由暂态失稳或校正控制措施直接引起的损失，与以下几方面有关：

① 系统失稳的后果；

② 切负荷；

③ 切除部分发电；

④ 暂态过电压导致的设备损坏；

⑤ 传输极限减小，从而可能导致收益损失；

⑥ 因违反标准或协议而受到的处罚。

(6) 计算下述两个暂态失稳风险指标：

$$PTI = \frac{m}{M} \tag{5.65}$$

$$ECDTIR = \frac{\sum_{i=1}^{m} R_{fi} + \sum_{i=1}^{M-m-n} R_{si}}{M} \tag{5.66}$$

式中，PTI (probability of transient instability) 表示暂态失稳概率；ECDTIR (expected cost damage due to transient instability risk) 表示由暂态失稳风险引起的期望损失费用；m 是失稳的故障系统状态数目；n 表示未采取任何校正措施而保持稳定的故障系统状态数目；M 表示所抽得的系统状态总数；R_{fi} 表示第 i 个失稳的故障系统状态的费用损失估计值；R_{si} 表示因特殊保护系统的校正控制措施而恢复稳定的第 i 个故障系统状态的费用损失估计值。造成费用损失 R_{si} 的原因包括：切负荷、切发电、可能发生的设备问题、因传输极限减小而导致的经济损失，或者因违反标准而受到的罚款。PTI 指标表示在各种不同的故障事件中系统失去暂态稳定性的平均概率值。ECDTIR 指标表示由各种不同的故障事件引起的平均费用损失。可以分别计算式 (5.66) 中两项的任意一项，以获得与两个不同费用损失中的一个相对应的 ECDTIR 子指标。

(7) 重复步骤 (1) ～步骤 (6) 直到指标 PTI 或 ECDTIR 的方差系数小于指定的阈值。

这两个指标可以在应用和不应用特殊保护系统的两种情况下进行评估。两种情况下估计结果的差别正好反映了特殊保护系统的效果。一种理想的情形是系统中安装的特殊保护系统是如此完整和完美，以致在所抽得的系统故障中没有暂态失稳发生。在这种情况下，式 (5.66) 的第一项为零，而 ECDTIR 指标变成了避免暂态失稳的期望费用。

应该指出的是，上述评估过程中并没有包含特殊保护系统本身失效的概率。特殊保护系统包含多个元件 (传感器、通信通道、计算机软件/硬件和执行设备)，并且具有一定的失效概率。通过对特殊保护系统失效概率抽样，可以把其失效的影响很容易地加入评估过程中。抽样方法与用于故障发生或重合闸失败的抽样方法类似，如图 5.7 所示。需要注意的是，针对不同预想故障的特殊保护系统的失效概率，必须事先分别进行评估得到。

暂态失稳风险指标可以用来作为输电规划中系统动态性能的指标。例如，可以建立一个可接受的 PTI 指标的目标值。如果系统规划中未来某一年的 PTI 指标高于目标值，则表明需要通过系统改造或者加装新的特殊保护系统来改善系统的暂态稳定性能。在系统改造或特殊保护系统项目执行前后 PTI 或 ECDTIR 指标的变化反映了由该项目实施带来的系统暂态稳定性的改善程度。

5.8　结　　论

　　本章讨论了输电规划中的概率可靠性评估。输电系统的可靠性包括充裕性和安全性两项内容。充裕性反映的是从电源向负荷母线输送电力和能源的静态能力，它与网络的连通性和潮流约束有关。安全性关系到系统响应动态扰动的能力，它涉及电压稳定和暂态稳定。

　　可靠性指标是可靠性评估的量化结果，并表示系统的风险水平。已经给出了充裕性和安全性指标的基本定义。应该注意的是，定义只给出了这些指标的一般概念。在使用不同的评估技术时，可靠性指标有其具体的表达。

　　可靠性价值评估提供一个可靠性的价值量度。它使得系统可靠性与其他经济分析能放在同一量度上相比较，因此在规划项目的经济分析中是非常重要的。基本思想是利用单位停电损失费用与期望缺供电量指标的乘积来评估不可靠性费用。已经介绍了四种用来估计单位停电损失费用的方法，其中"用户损失函数法"是最常用的一种。但值得注意的是，这不是一个唯一的方法。例如，在 5.7.5 节中已经指出不可靠性费用可以包括设备损坏、传输极限减小和处罚等因素所造成的费用。

　　本章详细论述了变电站充裕性评估、组合发输电系统充裕性评估、电压稳定和暂态稳定概率评估。有两种基本的可靠性评估技术：蒙特卡罗模拟和状态枚举。组合系统充裕性评估，以及电压稳定和暂态稳定概率评估中已经应用了蒙特卡罗法，而变电站可靠性评估中已经用了状态枚举法。毋庸置疑，蒙特卡罗模拟也可以用于变电站可靠性评估，而状态枚举法也可用于组合系统充裕性评估。更多内容和资料可参考文献[6]、[10]。

　　尽管充裕性概率评估和安全性概率评估在不同的场合下有不同的特点，但是二者的共同特点是需要同时评估概率和后果。在变电站充裕性评估中，元件失效模型相对复杂，尤其是考虑断路器拒动的情况。然而，变电站充裕性评估的系统分析是直截了当的，原因在于它仅与网络拓扑连通性辨识有关。在组合系统充裕性评估中，可以简化元件失效模型，但是后果评估需要进行系统预想故障分析和求解切负荷优化模型。在电压稳定和暂态稳定概率评估中，系统状态确定包括预想故障前状态的选择和预想故障选择。预想故障前状态的选择方法与组合系统充裕性评估中所用的方法类似，而预想故障的选择基于它们的概率模型。已经开发了一种将最优化模型与降阶雅可比矩阵方法相结合的技术来识别潮流的可解性，从而辨识电压失稳。这个技术可以避免连续潮流方法不得不需要的大量计算，因为连续潮流方法必须通过计算一系列的潮流解来逐渐逼近崩溃点。特殊保护系统即校正控制方案常用来缓解或排除系统失稳。在暂态稳定概率评估中，是否考虑特殊保护系统的作用对失稳风险指标有着非常不同的影响。值得强调的是，针对不同故障使用的特殊保护系统是完全不同的，而且特殊保护系统本身也可能失效。

　　可靠性评估是输电系统概率规划中最关键的步骤之一。更多涉及可靠性评估的内容将在讨论实际规划应用的后续章节中进一步阐述。

第6章 经济分析方法

6.1 引 言

经济分析和可靠性评估是输电系统规划的两个重要方面。第 5 章主要介绍了概率可靠性评估方法。在工程经济学领域有大量参考文献[81-84]。本章主要回顾工程经济学中的实用概念，并将之扩展至输电系统规划中，特别是将不可靠性费用的概念引入系统规划的全局经济分析模型，这是输电系统概率规划的一个显著特点。

在第 2 章曾提到输电系统规划项目的三个费用构成：投资费用、运行费用和不可靠性费用。6.2 节概述经济分析中资本投资和运行费用的构成，以及不可靠性费用的基本特征。资金的时间价值是工程经济学中一个最重要的概念。各项费用只有在相同时间点的价值上才能进行比较。这个概念适用于全部三个费用。6.3 节说明资金的时间价值和现值分析法。6.4 节中讨论折旧，这是资本投资经济分析中的另一个重要概念。6.5 节提出投资项目的经济评估，这是选择规划项目和验证各种替代方案时所需要的基本分析。设备更新对系统可靠性有显著影响，因此设备更新决策往往需要进行系统级别上的规划研究。6.6 节讨论设备更新中的经济分析方法。财务风险主要源于经济分析中参数的不确定性。6.7 节解释如何运用概率分析的方法处理经济分析中的不确定因素。

6.2 项目费用构成

6.2.1 投资费用

项目的资本投资费用包括以下部分：

(1) 直接资金成本

① 设备成本；

② 设备的运输、安装和调试成本；

③ 土地和路权成本；

④ 现有设施的拆除成本；

⑤ 设计和其他服务的外包成本；

⑥ 应急成本(不可预测费用)；

⑦ 残值——如果以往设施有剩余价值且可应用于新项目中，则这些残值为负成本。

(2)公司附加开销

这笔成本以总的直接成本的百分比表示。它代表投资项目需要的额外企业成本，这是总的直接成本以外的附加部分。

(3)财务成本

① 建设期利息(interest during construction，IDC)反映了项目投入以前融资的借贷成本。它同样以总的直接成本的百分比表示。如果建设期已经包含在用于计算现值的资金流中，则建设期利息应从计算中扣除，以避免重复计算。

② 购买和服务税是政府规定的设备购买中的税赋，表示为购买价的一个百分比。

6.2.2　运行费用

运行费用按年进行估算，包括以下几个部分：

(1)运行、维修和管理(operation，maintenance and administration，OMA)成本。年运行成本包括工程项目运行后的增量支出。一个项目可能会增加或减少系统运行支出。如果增加，则记为成本；如果减少，则记为负成本或效益。年度维修成本是指设备生命周期内每年维修的开支，包括修复、大修、零件更换和报废。年度管理成本一般指行政管理成本。

(2)税赋。公司的年度税赋包括物业税和所得税。物业税往往是基于账面价值(折旧后)或市场价值的百分比进行计算的。所得税指由于项目获益而要支付的税赋，如营业税。应当指出的是，不同国家的税赋是不同的，这取决于各自的税收政策。

(3)网损。输电工程项目的实施方案可能使网损增加或减少。网损减少时，减少的网损被视为负成本或效益。网损的减少或增加包含两层含义：①它代表新发电容量(MW)需求的减少或增加；②也代表能耗(MW·h)的减少或增加。电力公司对网损使用两个单价：元/kW 和元/(kW·h)。因此，在计算网损增加所造成的成本或网损减少所产生的效益时，既要算容量(kW)，又要算能量(kW·h)的成本或效益。需强调的是，在电力管制市场环境下，电力公司和用户之间涉及网损成本或效益的分配是一个复杂的问题。这取决于市场模型。网损成本或效益应当谨慎分配。

6.2.3　不可靠性费用

不可靠性费用是由于系统元件停运(或故障)所引起的损失费用。此费用根据概率可靠性价值评估来计算，其基本概念已经在第 5 章中讨论过。需强调的是，由设备失效产生的不可靠性费用为增量性质的费用，在不同情况下其计算方法不同。例如，在系统加入新设备时，其不可靠性费用减少是在设备增加前后两种情况下，系统总不可靠性费用之间的差值。在设备更换时，其不可靠性费用减少是考虑旧设备和新设备两种情况下，系统总不可靠性费用之间的差值。

6.3　资金的时间价值和现值法

关于本节题目更详细的内容，可参考工程经济学的一般教材[81]。

6.3.1　折现率

资金价值随时间变化而变化。这一概念被称为资金的时间价值。如果一个人从银行借钱，则需要支付银行利息。如果一个人存钱到银行，则可从银行获得利息。利息随时间增加而增加。利率用于计算利息。通货膨胀会对资金的时间价值产生影响。名义利率包含两部分：一是反映时间价值的实际利率，其含义是因为投资者把自己的资金拿给借贷人使用，投资者当然应该获得补偿；另一部分为通货膨胀率，它反映了因通货膨胀造成的资金贬值，要保持投资资金的原始值，也需要用通货膨胀率对投资进行补偿。

工程经济学中，折现是指把未来费用转化成现值的计算。用于折现的利率可以是名义利率或实际利率。此利率被称为折现率。如果用实际利率作为折现率，即不包括通货膨胀的影响，则此时称为实际折现率。如果用名义利率作为折现率，即包括了通货膨胀的影响，则称为名义折现率。名义折现率和实际折现率存在以下关系：

$$(1 + r_{rkf}) = (1 + r_{int})(1 + r_{inf})　　　　　　　(6.1)$$

式中，r_{rkf}、r_{int} 和 r_{inf} 分别是无风险名义利率、实际利率和通货膨胀率。

无风险名义利率可以通过式 (6.1) 进行计算，即

$$r_{rkf} = r_{int} + r_{inf} + r_{int} \cdot r_{inf}　　　　　　　(6.2)$$

如果实际利率和通货膨胀率都很低，则式 (6.2) 中的乘积项可以忽略不计，有

$$r_{rkf} \approx r_{int} + r_{inf}　　　　　　　(6.3)$$

虽然常用的是式 (6.3)，但应记住当实际利率和通货膨胀率都很高时，乘积项是不能被忽略的。

投资总是存在财务风险。因此，一般应将风险附加利率加入无风险名义利率得到风险名义利率 r_{rk}：

$$r_{rk} = r_{rkf} + r_{prm}　　　　　　　(6.4)$$

实际利率 r_{int} 也是无风险利率。任何银行在其财务活动中均存在风险。同样可通过加入风险附加利率来获得风险实际利率。应该指出的是，用于风险实际利率和风险名义利率的附加风险利率的值可能是不同的。

6.3.2　现值与将来值之间的转换

如前面所述，当前的资金与一年前或一年后的资金价值是不同的。在输电系统规划项目的经济分析中，折现率 r 用于计算任何费用的现值。折现率 r 可以是名义

利率或实际利率,这取决于是否考虑通货膨胀。它也可以是风险利率或无风险利率,取决于是否考虑项目的风险。显然,在现值 PV_0 和一年末的终值 FV_1 之间存在以下关系:

$$FV_1 = (1+r) \cdot PV_0 \qquad (6.5)$$

$$PV_0 = (1+r)^{-1} \cdot FV_1 \qquad (6.6)$$

式(6.5)和式(6.6)可扩展为现值和 n 年末终值 FV_n 之间的关系:

$$FV_n = (1+r)^n \cdot PV_0 \qquad (6.7)$$

$$PV_0 = (1+r)^{-n} \cdot FV_n \qquad (6.8)$$

式中,$(1+r)^n$ 称为单一现值的终值系数,用 $(F|P, r, n)$ 表示,该系数用于已知折现率 r 和年限 n 时,由现值 PV_0 计算终值 FV_n;$(1+r)^{-n}$ 称为单一终值的现值系数,用 $(P|F, r, n)$ 表示,该系数用于已知折现率 r 和年限 n 时,由终值 FV_n 计算现值 PV_0。

6.3.3　资金流及其现值

　　一个输电项目的运行费用和不可靠性费用可逐年进行评估。在许多情况下,投资成本仅在一个项目开始的第一年或前几年发生。在其他一些情况下,投资成本可在不同年份发生(多阶段投资项目)。每项投资的成本可以转换成在其生命周期内每年的年度等价成本。一定期间内的各年度成本形成资金流。图 6.1 表示资金流的三种情况。图 6.1(a)是等额年值资金流,图 6.1(b)是逐年递增年值资金流,图 6.1(c)表示一般情况的资金流,年值出现上下波动,甚至可出现负值。例如,当计算净效益(毛效益减去成本)时,净效益资金流的年度资金值可能为正,也可能为负。正值表示净效益,而负值表示净成本。在输电系统规划的经济分析中有两种方法:第一种方法是首先分别计算毛效益和成本的资金流,然后用两个资金流的现值进行效益/成本分析;第二种方法是首先用年度效益减去年度成本得出年度净效益,从而形成一个净效益资金流,然后计算净效益的现值。

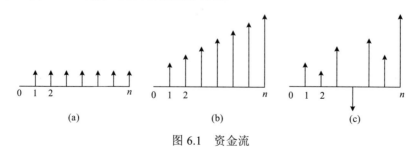

图 6.1　资金流

　　通过式(6.8)可将资金流中的年值 $A_k(k=1, 2, \cdots, n)$ 折现成现值,有 n 年长度的资金流的总现值可表示为

$$PV_0 = \sum_{k=1}^{n} A_k \cdot (1+r)^{-k} = \sum_{k=1}^{n} A_k \cdot (P|F,r,k) \tag{6.9}$$

类似地,可以把资金流中的年值转化为 n 年末的终值,通过将式(6.9)代入式(6.7)中, 在 n 年末的总终值可计算如下:

$$FV_n = \sum_{k=1}^{n} A_k \cdot (1+r)^{n-k} = \sum_{k=1}^{n} A_k \cdot (F|P,r,n-k) \tag{6.10}$$

6.3.4　等年值资金流计算公式

对于一个工程投资项目,通常可使用图 6.1(a)所示的等年值资金流表示年度投资成本。在此类情况下,可得到现值、终值和年值之间的简化计算公式。

1. 现值系数

假设每年有等年值 A,式(6.9)可变为

$$PV_0 = A \cdot \sum_{k=1}^{n} (1+r)^{-k} \tag{6.11}$$

式(6.11)两侧均乘以 $(1+r)$,可得

$$PV_0(1+r) = A \cdot \sum_{k=1}^{n} (1+r)^{1-k} \tag{6.12}$$

由式(6.12)减去式(6.11), 得

$$PV_0 \cdot r = A \cdot \left[1 - \frac{1}{(1+r)^n} \right] \tag{6.13}$$

即

$$PV_0 = A \cdot \frac{(1+r)^n - 1}{r \cdot (1+r)^n} \tag{6.14}$$

式中, $\dfrac{(1+r)^n - 1}{r \cdot (1+r)^n}$ 称为等年值资金流的现值系数, 经常用 $(P|A,\ r,\ n)$ 表示。在已知折现率 r 和资金流年限(n 年)时, 该系数用来从资金流中的等年值计算当前年的现值 PV_0。

2. 终值系数

将式(6.14)代入式(6.7), 得

$$FV_n = A \cdot \frac{(1+r)^n - 1}{r} \tag{6.15}$$

式中，$\dfrac{(1+r)^n-1}{r}$ 称为等年值资金流的终值系数，经常用 $(F|A,\ r,\ n)$ 表示。在已知折现率 r 和资金流年限 $(n$ 年$)$ 时，该系数用来从资金流中的等年值计算 n 年末的终值 FV_n。

3. 资本回收系数

式 (6.14) 的另一种表示方法为

$$A=PV_0\cdot\frac{r\cdot(1+r)^n}{(1+r)^n-1} \tag{6.16}$$

式中，$\dfrac{r\cdot(1+r)^n}{(1+r)^n-1}$ 称为资本回收系数 (capital return factor，CRF)，经常用 $(A|P,\ r,\ n)$ 表示。在已知折现率 r 和资金流年限 $(n$ 年$)$ 时，该系数用来从现值计算出等年值 A。

当 n 足够大时，资本回收系数近似等于折现率 r，可得

$$A=PV_0\cdot r \tag{6.17}$$

由于输电设备的寿命周期足够长 $(30\sim60$ 年$)$，所以在输电系统规划中，作为近似计算，经常可用式 (6.17) 对等年值进行快速评估。

财务分析中，资本回收系数的意义是：如果初始投资 (PV_0) 的使用寿命为 n 年，则年均回报不得低于年值 A。否则，初始投资的本金和利息将无法在 n 年内得到全部回收。输电系统规划时，资本回收系数主要有两种应用：

(1) 可通过式 (6.16) 计算资本投资项目的等年值。

(2) 即使资金流中每年的年值不等额 (如项目的年度运行费用和年度不可靠性费用)，只要用式 (6.9) 算出资金流的现值，就可估计出一个等价的等年值。

4. 偿债基金系数

类似地，式 (6.15) 可表示为

$$A=FV_n\cdot\frac{r}{(1+r)^n-1} \tag{6.18}$$

式中，$\dfrac{r}{(1+r)^n-1}$ 称为偿债基金系数 (sinking fund factor，SFF)，常以 $(A|F,\ r,\ n)$ 表示。在已知折现率 r 和资金流年限 $(n$ 年$)$ 时，该系数用来从 n 年末的终值 FV_n 计算出等年值 A。

财务分析中，偿债基金系数的意义是：如果在 n 年末需要实现基金终值 FV_n 的目标，则平均每年的集资量应不低于年值 A。否则，在 n 年末该基金终值不能实现。

5. 各系数之间的关系

上述与现金的时间价值相关的六个系数总结如下：

单一终值的现值系数：$(P|F,r,n) = (1+r)^{-n}$。

单一现值的终值系数：$(F|P,r,n) = (1+r)^{n}$。

等年值资金流现值系数：$(P|A,r,n) = \dfrac{(1+r)^n - 1}{r \cdot (1+r)^n}$。

等年值资金流资本回收系数：$(A|P,r,n) = \dfrac{r \cdot (1+r)^n}{(1+r)^n - 1}$。

等年值资金流终值系数：$(F|A,r,n) = \dfrac{(1+r)^n - 1}{r}$。

等年值资金流偿债基金系数：$(A|F,r,n) = \dfrac{r}{(1+r)^n - 1}$。

值得注意的是，以上系数标号表示的是：符号"|"前面的值等于符号"|"后面的值与系数的乘积。例如，标号$(P|F, r, n)$表示现值(P)等于终值(F)和$(P|F, r, n)$的乘积；标号$(A|P, r, n)$表示年值(A)等于现值(P)和$(A|P, r, n)$的乘积，其余标号以此类推。系数标号中含 r 和 n，表示该系数是 r 和 n 的函数。

很明显，这些系数之间存在着乘积关系。一个系数等于另外两个系数的乘积，如

$$(A|P,r,n) = (A|F,r,n) \cdot (F|P,r,n) \tag{6.19}$$

$$(P|F,r,n) = (P|A,r,n) \cdot (A|F,r,n) \tag{6.20}$$

此外，资本回收系数和偿债基金系数还存在以下关系：

$$(A|P,r,n) = (A|F,r,n) + r \tag{6.21}$$

6.4　折　　旧

6.4.1　折旧概念

任何设备均有其各自的寿命。设备随时间老化和磨损。设备折旧是一种财务计算，通过折旧，设备原始价值逐年转化为费用，因而账面价值逐年递减。工程经济学中，这称为账面折旧。考虑折旧的原因为：首先，折旧反映了设备的磨损过程；其次，折旧是税务上的需要；再次，折旧的值进入了产品成本，因而折旧是累积设备维修更换基金的方式。

在计算折旧时，需要下列三项输入数据：

(1)基本资产成本；

(2)残值;

(3)折旧年限。

基本资产成本是贯穿于整个生命周期的总成本,包括资产的初始成本和整个生命周期内的维修成本。残值是指在资产使用寿命期末的剩余价值。残值通过出售或再使用而体现出来。如果一项资产在处置时没有任何价值,则此时残值为零。残值很难精确估计。除此之外,折旧期间可根据具体情况对残值进行调整。

设备寿命有以下四个概念[84,85]:

(1)物理寿命是指设备从全新状态开始使用,一直到不再具有正常功能而报废为止的全部时间,维护保养活动可延长设备的物理寿命。

(2)技术寿命是指一台设备能在市场上维持其自身价值而不因技术上过时而被淘汰的时间。例如,某类设备由于新技术开发使得制造商不再生产备件。这可能导致电力公司维修时难以获得所需部件或部件价格过于昂贵,以致设备不得不退役。机械保护继电器和高压直流输电系统中的汞弧换流器是因技术过时而终止其寿命的例子。

(3)折旧寿命是指折旧中指定的时限跨度。在折旧期末,设备的账面价值被折旧到很小的残值。有时折旧寿命被称为使用寿命。政府根据税务目的,针对不同资产种类规定不同的折旧寿命。电力公司根据它们的财务模式指定各种设备的折旧寿命。

(4)经济寿命是指到了经济寿命期末,虽然设备从物理和技术的角度可能仍可使用,但是继续使用已经变得很不经济,因而终止使用。这一概念将在 6.6 节进行详细讨论。

以下各节将对几种折旧方法进行讨论。需要指出的是,维护和修复对基本成本和折旧寿命有很大影响。例如,维护可能增加设备的基本成本,并延长其折旧寿命。在这些情况下,折旧计算中的一些时间点可能需要适当调整。

6.4.2 直线法

直线法[84]是指按折旧年限平均分摊基本资产成本的一种方法,可表示为

$$D_k = \frac{I - S}{m}, \quad k = 1, 2, \cdots, m \tag{6.22}$$

式中,D_k 表示第 k 年的折旧值;I 和 S 分别是基本投资成本和残值;m 是折旧年限(年)。

显然,折旧期间每年的折旧值是相同的。定义折旧率为

$$\alpha = \frac{1}{m} \tag{6.23}$$

在一些文献中,直线法的折旧率被定义为 D_k/I,其实这样的定义是不精确的,这是因为总折旧值应是 $I-S$,而不是 I。

第 k 年末的账面价值为

$$B_k = I - \sum_{j=1}^{k} D_j, \quad k = 1, 2, \cdots, m \tag{6.24}$$

6.4.3　加速法

在加速法中[84]，设备账面价值的折旧量随时间递减，即先折旧多，后折旧少。通常加速法用于税务目的。

1. 余额递减法

在这种方法中，第 k 年的折旧值为

$$D_k = \alpha \cdot I(1-\alpha)^{k-1}, \quad k = 1, 2, \cdots, m \tag{6.25}$$

式中，α 为折旧率；I 为基本投资成本；m 为折旧年限。值得注意的是，式(6.25)所示的折旧率的概念与直线法中折旧率的概念不同。

到 k 年的累计折旧值(total depreciation，TD)的计算公式为

$$\begin{aligned}
\mathrm{TD}_k &= \alpha \cdot I \sum_{j=1}^{k} (1-\alpha)^{j-1} \\
&= I \cdot \left[1 - (1-\alpha)^k \right]
\end{aligned} \tag{6.26}$$

第 k 年末的账面价值为

$$B_k = I - \mathrm{TD}_k = I(1-\alpha)^k, \quad k = 1, 2, \cdots, m \tag{6.27}$$

可通过以下两种方法确定折旧率：

(1)在折旧寿命期末(即第 m 年)，账面价值应等于残值。将残值 S 替代式(6.27)中的 B_k，m 替代 k，得

$$S = I(1-\alpha)^m \tag{6.28}$$

折旧率的计算为

$$\alpha = 1 - \left(\frac{S}{I} \right)^{1/m} \tag{6.29}$$

这种方法的不足之处在于无法计算残值为零的情况。

(2)预先指定折旧率。例如，可给定折旧率为

$$\alpha = \beta \cdot \frac{1}{m} \tag{6.30}$$

式中，β 是一个给定常数，如 1.5 或 2.0。第二种方法与残值是否为零无关，适用于任何情况。然而，用这一方法时，折旧寿命期末的账面价值可能出现比残值大或者

小的情况。如果 $B_m > S$,则可以进行如下调整:当使用直线法计算所得到的折旧值刚好大于第二种方法所得到的折旧值的那一年开始,转为使用直线法。如果 $B_m < S$,则可以通过在某年停止折旧并对账面价值进行调整。也就是说,如果在第 k 年,账面价值低于残值,则此时需要调整第 k 年的折旧值,使得 $B_k = S$,而在第 k 年后不再进行折旧。

2. 年数总和法

总年数(TYN)定义如下:

$$TYN = \sum_{j=1}^{m} j = \frac{m(m+1)}{2} \tag{6.31}$$

式中,m 是折旧年限。

在第 k 年年末的折旧值为

$$D_k = \frac{m-k+1}{TYN}(I-S), \quad k=1, 2, \cdots, m \tag{6.32}$$

第 k 年的折旧率为

$$\alpha_k = \frac{m-k+1}{TYN} \tag{6.33}$$

显然,折旧率逐年递减。它等于剩余折旧年限除以式(6.31)中定义的总年数。通过式(6.24)可计算出每年末的账面价值。

6.4.4 年金法

在年金法中,每年的折旧值等于年值减去上一年年末账面价值的利息。这个方法计及了费用的时间价值。

如式(6.16)所示,现值乘以资本回收系数得到等年值。残值为折旧寿命期末的数值,可利用式(6.8)将其转换为现值。所以,年值可以计算如下:

$$A = \left[I - S \frac{1}{(1+r)^m} \right] \cdot \frac{r \cdot (1+r)^m}{(1+r)^m - 1} \tag{6.34}$$

式中,I 和 S 分别为初始资本投资和残值。值得注意的是,r 为无风险折现率。换句话说,它应是 6.3.1 节中所述的 r_{rkf} 或 r_{int}。

每年的折旧值计算公式为

$$D_1 = A - r \cdot I$$

$$D_k = A - r \cdot \left[I - \sum_{j=1}^{k-1} D_j \right], \quad k=2, 3, \cdots, m \tag{6.35}$$

年金法是一个逐年增加折旧量的过程,即设备早期的折旧值小于晚期的折旧值。

6.4.5　折旧算例

选用哪种折旧方法是一个财务上的决定,取决于折旧的目的和公司的商业模式。表 6.1 给出了采用四种不同折旧方法得到的数值结果。本示例的目的只是解释计算方法。输入数据包括以下几种:

(1) 初始基本投资: 6000 加元;

(2) 残值: 100 加元;

(3) 折旧年限: 10 年;

(4) 利率: 0.08。

表 6.1　使用四种折旧方法得到的折旧值和余值　　　　　(单位: 加元)

年份	直线法		年数总和法		余额递减法		年金法	
	折旧值	余值	折旧值	余值	折旧值	余值	折旧值	余值
1	590.00	5410.00	1072.73	4927.27	2015.85	3984.15	407.27	5592.73
2	590.00	4820.00	965.45	3961.82	1338.57	2645.58	439.86	5152.87
3	590.00	4230.00	858.18	3103.64	888.85	1756.73	475.04	4677.83
4	590.00	3640.00	750.91	2352.73	590.22	1166.52	513.05	4164.78
5	590.00	3050.00	643.64	1709.09	391.92	774.60	554.09	3610.69
6	590.00	2460.00	536.36	1172.73	260.24	514.35	598.42	3012.27
7	590.00	1870.00	429.09	743.64	172.81	341.54	646.29	2365.97
8	590.00	1280.00	321.82	421.82	114.75	226.79	698.00	1667.98
9	590.00	690.00	214.55	207.27	76.20	150.60	753.84	914.14
10	590.00	100.00	107.27	100.00	50.60	100.00	814.14	100.00

由此可以看到,四种方法在折旧 10 年后均达到了残值。直线法每年折旧值相等,年数总和法和余额递减法早期折旧额较大,年金法则相反,早期折旧额较小。

6.5　投资项目的经济评估

投资项目进行经济评估的目的主要是对一个项目的多个替代方案或不同项目的优先排序提供一个全面整体的经济对比。经济评估是决策者选择最佳替代方案或项目和确定投资正确与否的基本出发点。评估的方法主要有三种:

(1) 总成本法;

(2) 效益/成本分析法;

(3) 内部收益率法。

2.3.2 节已经简单概述了经济评估的基本概念。本节将对经济评估进行详细的介绍。值得注意的是,所有的评估方法都是强调相互的经济比较。如果一个项目在系统可靠性或运行效率方面有明确的改进目标,那么该目标应该作为项目或项目替代方案选择中的附加条件。

6.5.1　总成本法

针对每个替代方案，计算三种费用(投资成本、运行费用和不可靠性费用)的资金流。总成本现值(present value of total cost，PVTC)的计算为

$$\text{PVTC} = \sum_{k=0}^{n}(I_k + O_k + R_k)(P|F,r,k) \tag{6.36}$$

式中，I_k、O_k 和 R_k 分别为第 k 年的投资成本、运行费用和不可靠性费用；r 为折现率；n 为资金流的年限。值得注意的是，$(P|F, r, k)$ 是单一终值的现值系数，已经在6.3.4 节的第 5 部分给出了这个系数和式(6.37)中的系数 $(A|P, r, n)$ 的定义。此外，也需注意：式(6.36)包含了时间为 0 年的费用值。

一旦上述现值被计算，即可通过下列公式把它转换成等年值(equivalent annual value，EAV)，有

$$\text{EAV} = \text{PVTC} \cdot (A|P,r,n) \tag{6.37}$$

可以通过总成本或其等年值对替代方案进行比较。特别需要注意以下三点：

(1) 式(6.36)中 I_k 是系统加强替代方案所需年度投资。通常可通过两种方法获得年度运行费用 O_k 和年度不可靠性费用 R_k。第一种方法是使用整个系统层面的 O_k 和 R_k，即评估一个项目的替代方案实施后，整个系统的年度运行费用 O_k 和年度不可靠性费用 R_k。第二种方法是计算 O_k 和 R_k 的增量费用，即计算整个系统的年度运行费用 O_k 或年度不可靠性费用 R_k 在替代方案投入前和投入后的差值。第一种方法计算流程简单。虽然第一种方法得到的总成本不是项目替代方案本身的成本，但这个总成本在作方案比较时是有意义的，这是因为加强替代方案投入前原始系统运行费用的作用在这种比较中会被自动抵消。第二种方法要求更多计算。这主要是由于加强替代方案(如加一条线路或一台变压器)的运行费用和不可靠性费用是隐含在整个系统的相应费用之中的。因此，计算加强替代方案的增量运行费用和增量不可靠性费用需进行两次系统分析，一次是针对加强替代方案的分析，另一次是针对原始系统的分析。第二种方法提供加强替代方案需要的总成本的信息。

(2) 一个加强替代方案的投资成本始终是正数，而它的运行费用或不可靠性费用，可能为正值，也可能为负值。运行费用包括 6.2.2 节中描述的各部分，其中一些可能为负值。例如，某替代方案可能减少网损，这是一个正效益或者说是一个负成本。如果这个正效益大于其他运行成本，则此时净运行成本就为负值。通常输电系统的加强替代方案能够提高系统的可靠性，但系统的不可靠性指标绝不可能够降到零。因此，即使系统不可靠性费用会因加强方案有所降低，如果使用第一种方法分析，则整个系统的不可靠性费用值仍为正。然而，如果使用第二种方法分析，则加强替代方案本身引起的不可靠性费用值一般为负，这是因为加强方案通常改进系统可靠性。不过也要注意，在某些情况下，输电系统规划中的一些非加强型替代方

案有可能降低系统可靠性。例如，当独立发电商的电源接入系统时，由于其接入位置和接入方式不同，可能增强整个输电系统可靠性，也可能降低整个输电系统可靠性。

(3) 总成本法只可以应用于解决同一系统问题的某项目各种替代方案之间的优先排序或相互比较。它不能用于以解决不同系统问题为目的的各种不同项目之间的优先排序或相互比较。

6.5.2　效益/成本分析

1. 净效益现值法

净效益是总效益和总成本之差值。净效益现值（net benefit present value，NBPV）可通过以下公式进行计算：

$$\text{NBPV} = \sum_{k=0}^{n}(B_k - C_k - I_k)(P|F, r, k) \tag{6.38}$$

式中，B_k、C_k 和 I_k 分别为第 k 年替代方案的年度效益、正值的年度运行费用和年度投资成本；r 为折现率；n 为资金流的年限；$(P|F, r, k)$ 为单一终值的现值系数。

年度投资通常为正成本。替代方案对运行的作用包括额外的成本和附加的效益。这两部分被分开评估并分别加到 C_k 和 B_k 中。考虑到加强替代方案通常会提高系统的可靠性，因此替代方案对系统可靠性的作用一般假定为加到 B_k 中的一部分。由加强替代方案引起的可靠性提升而产生的效益正是它产生的不可靠性费用的降低额。但如果一个非加强型替代方案导致系统可靠性恶化，则它在 B_k 中加入一个为负值的分量。很显然，替代方案产生的 C_k 和 B_k 中的每一个分量都是替代方案引起的增量，或者是附加成本，或者是附加效益。

如果替代方案的净效益现值为负，则该技术方案在财务上是不可行的。如果资金投入没有任何限制，则净效益现值越大的方案越好。但是应该认识到，净效益现值表示的是经济效益的绝对值，而不是经济效益的相对值。净效益现值法适用于同一项目各替代方案之间的比较，但不适用于解决不同系统问题的各种不同项目之间的优先排序。

2. 效益成本比率法

效益成本比率（benefit/cost ratio，BCR）的计算公式为

$$\text{BCR} = \frac{\sum_{k=0}^{n}(B_k - C_k)(P|F, r, k)}{\sum_{k=0}^{n}I_k(P|F, r, k)} \tag{6.39}$$

式中，所有量和符号的定义与式 (6.38) 中的相同。

效益成本比率(BCR)表示相对的经济效益。效益成本比率法适用于项目替代方案间的比较或解决不同系统问题的各项目之间的比较或优先排序。效益成本比率越大，项目替代方案越优。如果一个项目或项目替代方案的效益成本比率小于1.0，则该技术方案财务上不可行。电力公司设定的项目或项目替代方案的效益成本比率的门槛值通常是大于1.0的一个值。例如，效益成本比率门槛值一般需大于1.5或2，才能在财务上认为可行。

6.5.3　内部收益率法

通常一个投资项目的净效益现值(NBPV)为正。从式(6.38)可知净效益现值随折现率增加而减小。这说明折现率越大，越难以证实一个项目或替代方案在财务上的可行性。选择合适的折现率对于电力公司是一个十分重要的财务决策。电力公司基于多因素来选择折现率，包括它们的商业模式。

内部收益率(internal rate of return，IRR)定义为净收益现值为 0 时的折现率。换言之，内部收益率为下列方程的解 r^*，即

$$\text{NBPV} = \sum_{k=0}^{n}(B_k - C_k - I_k)(P|F, r^*, k) = 0 \tag{6.40}$$

式中，除了 r^* 表示未知的内部收益率，其他所有量和符号的定义均与式(6.38)中的相同。

可运用二分法来求解内部收益率。选择两个初始 r 值，使其一个产生正的净收益现值，另一个产生负的净收益现值。这两个 r 值的平均值用来计算一个新的净效益现值。与算得到的新净效益现值有相反符号的净效益现值所对应的那个初始 r 被保留，而另一个初始 r 被放弃。新的 r 值和被保留的初始 r 值用到下一轮二分法的迭代中，重复上述过程，直到得到方程(6.40)的解。

在数学上，如果净收益资金流中的年值的符号变化(从正到负或从负到正)超过一次，那么方程(6.40)有多解。这是内部收益率法的一个缺点。然而，大多数实际项目的净收益资金流年值的符号或者不改变或者仅改变一次，此时方程(6.40)可得到内部收益率的唯一解。

如果一个项目或项目替代方案的内部收益率小于电力公司财务分析中选定的最低折现率，则此时电力公司指定的折现率必然导致净收益现值为负，所以该项目或项目替代方案在财务上不可行。

当对两个项目或项目替代方案进行比较时，可采用增量内部收益率(incremental internal rate of return，IIRR)这一概念。增量内部收益率是使两个项目或项目替代方案的净收益现值相同时的折现率，即满足下面方程的折现率：

$$\sum_{k=0}^{n}(B_{1k} - C_{1k} - I_{1k})(P|F, r', k) - \sum_{k=0}^{n}(B_{2k} - C_{2k} - I_{2k})(P|F, r', k) = 0 \tag{6.41a}$$

式中，所有量和符号与式(6.38)中的类似；下标 1 或 2 表示项目或项目替代方案 1 或 2；r'为满足式(6.41a)的增量内部收益率。

式(6.41a)可表示为

$$\sum_{k=0}^{n}(B_{1k}-B_{2k})(P|F,r',k)=\sum_{k=0}^{n}[(C_{1k}+I_{1k})-(C_{2k}+I_{2k})](P|F,r',k) \qquad (6.41b)$$

式(6.41b)表示增量内部收益率使两个项目或项目替代方案之间的增量收益现值等于它们的增量成本现值。

如果一个项目或项目替代方案的成本较低，而同时又产生较高回报(效益)，那么此项目或项目替代方案当然就更好。然而，也可能会发生矛盾的情况：一个项目或项目替代方案可能需要更高的成本，也提供更高的回报。在这种情况下，增量内部收益率可以用作判断优劣的判据。如果增量内部收益率大于电力公司财务分析选定的最小折现率，则高投入和高回报的项目或项目替代方案更好。否则，如果增量内部收益率小于电力公司的折现率，则低投入和低回报的项目或项目替代方案更好。

当比较多个项目或项目方案时，使用下列流程：

(1)计算所有项目或项目替代方案的内部收益率。如果一个方案或项目的内部收益率小于电力公司选定的折现率，那么该方案或项目在财务上不可行，可以首先被排除。

(2)其余的方案或项目按投资成本增加的次序排列。

(3)用增量内部收益率，对排列中的前两个方案或项目进行比较，确定出较好的一个。

(4)第(3)步确定出的更好的方案或项目与排列中的第三个方案或项目进行比较。这一过程进行至完成所有方案或项目的比较为止。

6.5.4　资金流年限数

以上讨论的任何一种方法都需要给定资金流的年限数。确定资金流的年限数(即式(6.36)~式(6.41)中的 n)是一个具有挑战性的问题。在工程经济学中，建议 n 选为项目或项目方案的可用寿命(折旧寿命)。不幸的是，在输电系统规划项目中，把可用寿命作为资金流的年限数是有困难的。这不仅是因为不同项目或项目方案有不同的可用寿命，而且更为重要的原因是，对于输电系统规划项目或项目方案，可用寿命非常长，例如，变压器的可用寿命一般为 40~50 年，而架空线的可用寿命就更长。在如此长的期间内无法评估系统的运行费用和不可靠性费用。超过了规划期间，无法获得评估需要的系统信息(包括负荷预测和其他系统条件)，而一般规划期间只考虑几年到 20 年的范围。通常在一个项目实施以后，会不断有其他的新增项目，而这些将来的新增项目在规划当前项目时是未知的。这就导致了评估超过规划期间的项目或项目方案的运行费用和不可靠性费用是非常困难的，甚至是不可能的。

可以将规划期限作为输电项目资金流的时间长度。但另一方面，总投资成本的作用跨越整个可用寿命期间，而不是仅限于规划期。当使用资本回收系数公式将总投资成本转换为资金流上的等效年度投资成本时，所用资金流的时间长度仍然是投资项目的可用寿命。可通过两种方法解决这个不一致的问题。第一种方法是通过引入在规划期末的等效残值，计及超出规划期间的等效年度投资成本。这个方法的缺点是，忽略了项目或项目方案在超出规划期间的时段对系统运行和可靠性方面产生的影响，但投资成本在这个远期时段上的作用仍然包含在内。也就是说，项目或项目方案对系统运行和可靠性的正面影响可能在经济分析中被低估。第二种方法是同样忽略超过规划期间的时段上项目或项目方案对投资成本的影响。第二种方法经常在实际项目中采用，尤其是对那些规划期间较长的项目，其残值很小。总的来说，第二种方法相对较好。在较短规划期间的情况下，也许需要进行一些适当调整。

6.6　设备更新的经济评估

大量系统规划项目与设备添加息息相关，经济分析对现有设备的更新同样意义重大。设备更新规划中时常遇到的两个问题是：①一个旧设备是否应该更新？②如果应该更新，那么何时更新？设备更新的经济评估目的就是要回答这两个问题。

6.6.1　设备更新延迟分析

当前年度作为一个参考点。如果在当前年度进行设备更新，则净投资成本等于新设备的投资成本减去旧设备的残值。如果更新延迟 n^* 年，则出现两方面的影响。一方面，继续使用旧设备产生的运行费用和不可靠性费用高于用新设备的费用，我们不得不额外支付在延迟的 n^* 年间增加的运行费用和不可靠性费用；另一方面，延迟更新可以节约新设备投资成本在延迟的 n^* 年间的利息。值得注意的是，(n^*+1) 年时仍需要资本投资，所以不能通过延迟更新来节约整个投资。另外，旧设备的残值将会随年降低，因此，当前年度的残值和 n^* 年后的残值的差值应该从节省的利息中扣除。如果增加的费用大于节约的利息，则更新不应该延迟。上述思路在数学上可表述为

$$\sum_{k=1}^{n^*}(OE_k-OR_k)+(RE_k-RR_k)>\sum_{k=1}^{n^*}i\cdot I\cdot(1+i)^{k-1}-(S_0-S_{n^*}) \qquad (6.42)$$

式中，OE_k 和 OR_k 分别为第 k 年现有(旧)设备和更新(新)设备所需的运行费用；RE_k 和 RR_k 分别为第 k 年现有设备和更新设备产生的不可靠性费用；I 为更新设备的初始投资总成本；S_0 和 S_{n^*} 分别为现有设备在当前年度和第 n^* 年时的残值；i 为无风险实际年利率(即 6.3.1 节中讨论的 r_{int})；n^* 为更新延迟的年数。节约的利息通过复利计算。

年度运行费用包括几个分量，其中维修和修复费用对现有设备和更新设备来说是不同的。另外，现有设备和更新设备(如网损)也可能有相同的运行费用分量，这些相同费用可以在计算年度运行费用时扣除不计。年度不可靠性费用指的是由于现有设备或更新设备的随机失效而产生的增量损失费用。很明显，因为旧设备比新设备有更高的失效概率，所以会产生更高的不可靠性费用。现有设备临近寿命末期时才会进行设备更新，因此残值很小。在大多数情况下，$(S_0 - S_{n*})$项可忽略不计。

满足不等式(6.42)的最小值 n^* 即为更新延迟的时间(年数)。计算 n^* 的过程很简单。首先，设 $n^* = 1$，如果不等式(6.42)不满足，则选择 $n^* = 2$ 继续验证，以此类推，直到不等式(6.42)刚刚被满足。

6.6.2　经济寿命估计

在某时段(如 m^* 年)上设备的等年度投资费用(equivalent annual investment cost，EAIC)，常称为年资金回收成本，可通过下列公式进行计算：

$$\text{EAIC} = I \cdot (A|P,r,m^*) - S_{m*} \cdot (A|F,r,m^*) \tag{6.43}$$

式中，I 为初始总投资成本；S_{m*} 为第 m^* 年末的残值；r 为折现率；m^* 为待求的经济寿命(年)。

在同样时段 m^* 年上，设备产生的等年度运行和不可靠性费用(equivalent annual operation and unreliability cost，EAOUC)可计算如下：

$$\text{EAOUC} = \left(\sum_{k=0}^{m^*} (O_k + R_k) \cdot (P|F,r,k) \right)(A|P,r,m^*) \tag{6.44}$$

式中，O_k 和 R_k 分别为第 k 年设备实际产生的运行费用和不可靠性费用。值得注意的是，R_k 为增量费用，即考虑设备失效和不考虑设备失效两种情况时，系统不可靠性费用的差值。如果设备引起的网损是 O_k 的一部分，则这一部分也是由设备引起的增量网损费用，它可能为正，也可能为负。

等年度总费用(total equivalent annual cost，TEAC)为等年度投资费用(EAIC)和等年度运行和不可靠性费用(EAOUC)之和。在设备的经济寿命期末，残值总是很小，经常可忽略不计。等年度投资费用是以 m^* 为参数的递减函数。换句话说，设备使用期限越长，等年度投资费用越小。另外，等年度运行和不可靠性费用是以 m^* 为参数的递增函数。这是因为随着设备使用年限的增加，运行、维修和管理成本增加，以及处于老化阶段的设备的不可用概率也增加，从而造成运行费用和不可靠性费用增加。因此，等年度总费用是 m^* 的一个凸函数，有唯一的最小值。按 6.4.1 节中的定义，经济寿命是等年度总费用到达最小值时的年数，即经济寿命为使等年度总费用最小化的 m^* 值。

经济寿命 m^* 的计算非常简单。通过设定 $m^*=1,2,3,\cdots$，计算等年度总费用。在得出的一系列的等年度总费用中找出最小的一个值，该最小值对应的年数为经济寿命。

从概念上讲，一旦达到经济寿命就应立即进行设备更新。然而，如果经济寿命是在设备使用初期计算出的，这个更新准则需要小心使用。这是因为计算中估算的很多年以后的运行费用和不可靠性费用很不准确，折现率也不确定，并可能在设备的整个寿命期间变化。然而，虽然估算的经济寿命不准确，但它仍是非常有用的信息。随着时间的推移，可以对经济寿命重新评估。实际应用中，可把经济寿命评估和更新延迟分析结合起来。首先估算设备的经济寿命，然后在设备的使用年头接近经济寿命末期时，实施更新延迟分析方法。

6.7　经济评估中的不确定性分析

经济分析中的输入数据包括折现率、折旧年限、残值、估计的投资费用、运行费用和不可靠性费用，都存在不确定性。输入数据的不确定性导致输出结果的不确定性。输出结果包括折旧价值和账面价值、现值和年值，以及用于比较替代方案或项目的输出结果。常用的不确定分析法有灵敏度分析和概率分析。

6.7.1　灵敏度分析

灵敏度分析是最直接了当的分析法。该方法基于增量变化的概念，给定一个输入数据的变化，计算输出结果的变化。

例如，式(6.36)中，如果想得到总费用现值对折现率的灵敏度，则可以指定不同的折现率，计算出一系列的总费用现值。同样的思路可适用于任何输入和输出之间的灵敏度分析。

灵敏度分析的优点是其简单性。然而，它有两个不足之处。首先，每个灵敏度只提供一个输出对一个输入量的灵敏度。两个或多个输入变量的同时变化所引起的输出量的变化不能产生明确的灵敏度信息。其次，灵敏度分析不能产生考虑所有输入数据不确定性时，输出量的单一平均值。

6.7.2　概率分析

经济评估中的概率分析方法包括以下步骤：

(1)通过工程判断估计(主观概率)或统计记录分析(客观概率)得到代表输入数据不确定性的离散概率分布。

(2)使用经济评估的相关公式或计算过程，针对离散概率分布中定义的输入数据的所有可能值，计算输出量相对应的多个值。

(3)计算输出量的均值和标准差。

(4)进行规划项目或项目替代方案的财务风险评估。

下面以式(6.38)中净效益现值(NBPV)的计算作为一个例子来解释。假设折现率 r 具有下列离散概率分布:

$$p(r = r_i) = p_i, \quad i = 1, 2, \cdots, N_r \tag{6.45}$$

式中,折现率 r 是一个随机变量。离散概率分布表明折现率有 N_r 个可能值,每个可能值对应一个概率 p_i。可通过电力公司财务分析中使用的利率和通货膨胀率的历史记录估计这个概率分布。

将 N_r 个 r 值代入式(6.38)中计算得到规划方案净效益现值的 N_r 个值。方案净效益现值的平均值和标准差计算如下:

$$E(NBPV) = \sum_{i=1}^{N_r} NBPV_i(r_i) \cdot p_i \tag{6.46}$$

$$Std(NBPV) = \sqrt{\sum_{i=1}^{N_r} [NBPV_i - E(NBPV)]^2 \cdot p_i} \tag{6.47}$$

让我们来看一下,如何同时考虑规划替代方案的可用寿命和折现率的不确定性。由初始总投资成本和资金回收系数按式(6.48)计算等年值:

$$I_k = I \cdot \frac{r \cdot (1+r)^m}{(1+r)^m - 1} \tag{6.48}$$

式中,I 和 I_k 分别表示初始总投资成本和等年值;r 为折现率;m 为替代方案的可用寿命年限。

假定寿命年限有 N_s 个值,用 $m_j(j=1, 2, \cdots, N_s)$ 表示,每个值有相等的概率(即每个值有主观概率值 $1/N_s$)。首先,有 N_r 个 r 值和 N_s 个 m 值,可通过式(6.48)计算得出 I_k 的 $N_r \times N_s$ 个值;然后,通过式(6.38)计算得出净效益现值的 $N_r \times N_s$ 个值。替代方案净效益现值的平均值可计算如下:

$$E(NBPV) = \frac{1}{N_s} \sum_{i=1}^{N_r} \sum_{j=1}^{N_s} NBPV_{ij}(r_i, m_j) \cdot p_i \tag{6.49}$$

式中,$NBPV_{ij}$ 是用 r_i 和 m_j 计算的净效益现值。其标准差估计为

$$Std(NBPV) = \sqrt{\frac{1}{N_s} \sum_{i=1}^{N_r} \sum_{j=1}^{N_s} [NBPV_{ij} - E(NBPV)]^2 \cdot p_i} \tag{6.50}$$

上述方法可以扩展到计及两个以上输入数据不确定性的情况。

在比较多个方案时,折现率的离散概率分布应该相同,而其他输入数据(如可用寿命)的离散概率分布可以不同。就概率分析的结果来比较不同方案,需要同时考虑净效益现值的平均值和标准差。很明显,如果两个方案的净效益现值的标准差接近,则净效益现值的平均值较大的方案更优,这是因为净效益现值的平均值较大的方案有更多的净效益;如果两个方案的净效益现值的平均值接近,则净效益现值的标准

差较小的方案更优，这是因为净效益现值的标准差较小的方案有更低的财务风险。可能存在以下情况，一个方案的净效益现值有更大的平均值，同时也有更大的标准差；而另一个方案的净效益现值有更小的平均值，同时也有更小的标准差。在这种情况下，需要工程人员的判断，在效益和财务风险之间进行折中考虑。

其他经济评估的概率分析方法的步骤类似于上述净效益现值的概率分析步骤。

6.8　结　　论

本章讨论了输电系统规划中的经济分析方法。投资费用和运行费用是一般工程经济学中的两个基本部分，对于输电系统规划的经济评估，不可靠性费用是一个需要加入的特殊部分。经济分析中考虑不可靠性费用后需要适当修改一些概念。重要的是要认识到，规划替代方案或设备维修造成的不可靠性费用和部分运行费用需要用增量方法来计算。

资金的时间价值来源于利息和通货膨胀，是工程经济学的基本概念。折现计算中的折现率既可以是名义利率，又可以是实际利率，取决于是否考虑通货膨胀率。折现率可以是无风险利率，也可以是风险利率，取决于是否考虑规划项目的财务风险。现值、年值和终值之间转换的六个系数均是基于资金时间价值的概念。折旧是经济分析中另一个重要的概念。投资费用、折旧年限和残值是计算设备年折旧值和账面价值的三个输入数据。不同的折旧方法提供了不同的年折旧率，包括等额、递减和递增三种折旧率。采用哪一种折旧方法取决于电力公司的财务考虑和商业营运模式。

投资项目的经济评估是输电系统规划中经济分析的核心，目的是确定规划项目的最终方案或对多个项目的优先排序提供决策信息。总成本法和净效益现值法适用于一个投资项目诸方案之间的比较。但由于这两个评估方法只提供经济效益的绝对值，所以不适用于针对解决不同系统问题的各种项目之间的优先排序。效益成本比率法和内部收益法提供相对经济效益回报的信息，因而适用于投资项目或项目方案的合理性分析、项目方案之间的比较，以及不同目的的各项目之间的优先排序。

可以通过设备更新的经济评估确定设备更新的最佳时间。设备更新延迟分析法用于设备接近其可用寿命末期的阶段，在这个阶段有更多的数据记录可供使用。虽然在设备使用初期就可估计设备的经济寿命，但由于未来年数据的不确定性使得经济寿命难以准确确定。经济寿命评估和更新延迟分析方法的结合使用能够提供更好的分析结果。

在经济评估中，输入数据存在大量的不确定性。解决方法主要是：灵敏度分析和概率分析。规划项目或项目方案的概率分析提供经济指标的平均值和标准差。经济指标的平均值和标准差是规划项目或项目方案决策中的重要信息。平均值用来判定一个项目或项目方案的经济效益，而标准差用来评估其财务风险水平。

第7章 输电系统概率规划数据

7.1 引　言

有效的数据准备是输电系统概率规划中必不可少的一步。规划决策的质量不仅取决于方法和计算工具，而且取决于数据的质量，换句话说，数据与方法、工具是同等重要的。从前面章节的讨论中可以看到，负荷预测、电力系统分析(包括潮流、故障分析、最优潮流、电压稳定、暂态稳定)、可靠性定量评估和经济评估是输电系统概率规划的基本任务，其中每个任务都有特定的数据要求。

一般地，我们并不担心现有系统设备的数据，因为这些数据是已经准备好和验证过的。然而，一个规划项目通常需要添加新设备，因此需要准备新的数据。除了设备数据，系统的运行限值和负荷数据在系统分析中也非常重要。进行可靠性评估和经济分析则需要更多的数据。其他数据还包括发电电源信息和联网信息。所有数据均需要定期或在任何需要修改的时候进行检查和更新。事实上，很多数据(如母线负荷、停运信息等)在不同年间会发生变化。

负荷预测所需数据包括历史负荷记录和对其造成影响的其他参数，这些已经在第3章中的负荷预测方法中讨论过。电力系统分析的基本数据要求将在7.2节中说明。用于可靠性评估的数据基于大量停运记录和相关的统计分析。针对输电系统设备和供电点收集的可靠性数据将在7.3节介绍。经济分析中需要的数据已在第6章中介绍，将在7.4节中把经济分析所需数据与其他数据放在一起进行一个简要总结。

7.2 电力系统分析数据

电力系统分析中所需的数据涵盖范围很广。本节重点介绍设备参数、设备额定值、系统运行限制和节点负荷同时系数。

7.2.1 设备参数

对于大多数设备，由厂家提供的参数可以直接使用，但下列情况除外：

(1)架空线路参数需要计算，因为其依赖于实际的线路结构和环境因素(如温度)。

(2)虽然制造商提供各种类型电缆的参数，但是一条线路可能包含多个混合的线路分段和电缆分段。

(3)变压器参数需要通过利用厂家提供或从现场测试获得的信息来计算。

1. 架空线参数

架空线一共有四个基本参数：串联电阻(R_L)、串联电抗(X_L)、并联容性电纳(B_L) 和并联电导(G_L)。

1) 串联电阻

单位长度电阻的计算公式为

$$R_L = \frac{\rho}{S} \tag{7.1}$$

式中，R_L 是电阻(Ω/km)；ρ 是电阻率($\Omega \cdot mm^2$/km)；S 是有效的横截面面积(mm^2)。在 20℃ 时的电阻率，铜为 17.2$\Omega \cdot mm^2$/km，铝为 28.3$\Omega \cdot mm^2$/km。需要用一个系数来反映导线的绞拧和集肤效应。作为近似估计，绞拧和集肤效应可以使电阻率增加 8%～12%。事实上，制造商的规格说明中提供了各种不同类型导线的电阻参数。但制造商所提供的电阻参数是依据参考温度(通常在 20℃)估计的。在实际导线温度下线路的电阻值可表示为

$$R_{Lt} = R_{Lref}[1 + \alpha_{ref}(t - t_{ref})] \tag{7.2}$$

式中，t 和 t_{ref} 分别是导线温度和参考温度(℃)；R_{Lt} 和 R_{Lref} 分别是在温度 t 和参考温度 t_{ref} 时的电阻；α_{ref} 是电阻的导热系数。经常用 20℃ 作为参考温度。作为近似估计，在 20℃ 时，铜的导热系数为 0.0038，铝的导热系数为 0.0036。

2) 串联电抗

单位长度电抗按式(7.3)计算：

$$X_L = k_x \cdot \lg \frac{D_m}{r_{eq}} \tag{7.3}$$

式中，X_L 是电抗(Ω/km)；D_m 是相分裂导线之间的几何均距(m)；r_{eq} 是相分裂导线的等效几何平均半径(m)；k_x 是一个与系统频率相关的系数。对于 60Hz，$k_x=0.1737$；而对于 50Hz，$k_x=0.1448$。D_m 由式(7.4)计算：

$$D_m = (D_{ab}D_{bc}D_{ca})^{1/3} \tag{7.4}$$

式中，D_{ab}、D_{bc} 和 D_{ca} 分别是三相分裂导线的三个中心之间的距离(m)。对于一个单一的圆柱形导体，r_{eq} 由式(7.5)计算：

$$r_{eq} = (e^{-\mu/4}) \cdot r \approx 0.779 \cdot r \tag{7.5}$$

式中，r 是单圆柱导线的有效半径(m)；μ 是导体的相对磁导率，对于铜和铝，其值大约等于 1.0。对于对称分裂导线，r_{eq} 按式(7.6)计算：

$$r_{eq} = \left[r_{eqs} \cdot n \cdot r_b^{n-1} \right]^{1/n} \tag{7.6}$$

式中，r_{eqs} 是每个分裂子导线的等效半径，可用式(7.5)估计；r_b 是分裂导线的半径；n 是每相的子导线数量。

3) 并联电纳

一个单圆柱导体的单位长度的电纳由式(7.7)计算：

$$B_L = \frac{k_b}{\lg \dfrac{D_m}{r}} \tag{7.7}$$

式中，B_L 是电纳($\mu s/km$)；D_m 与在式(7.4)所定义的相同；r 是单一圆柱导体的有效半径；k_b 是一个与系统频率相关的系数。当频率为 60Hz 时，$K_b=9.107$；当频率为 50Hz 时，$K_b=7.590$。对于对称分裂导线，式(7.7)中的 r 由式(7.8)的等效几何平均半径 r_{eq} 所取代，即

$$r_{eq} = \left[r \cdot n \cdot r_b^{n-1} \right]^{1/n} \tag{7.8}$$

式中，r 是每个单一子导线的有效半径；r_b 是分裂导线的半径；n 是每相的子导线数量。

4) 并联电导

导线的并联电导是由电晕造成的，而电晕只有当电压等级超过某一临界值时才会出现。导线的电导是一个非常小的值，在规划计算中经常忽略不计。

典型的架空输电线参数如表 7.1 所示。X_L 和 B_L 是在 60Hz 假定下计算的，R_L 是在 20°C 假定下计算的。值得注意的是，表 7.1 中的数值是基于所选取的实际线路计算而来的，这里只是提供一个数量级的概念供参考。

表 7.1　典型的架空输电线参数

电压等级/kV	$R_L/(\Omega/km)$	$X_L/(\Omega/km)$	$B_L/(\mu s/km)$
60	0.244	0.425	3.870
138	0.140	0.441	3.719
230	0.076	0.480	3.304
360	0.040	0.382	4.274
500	0.024	0.330	4.898

2. 电缆参数

电缆参数的计算公式和架空线的相类似。然而，电缆参数值与架空线参数值因为它们的结构、布置和绝缘材料不同而不同，主要区别如下：

(1)电缆中的导线彼此更接近。

(2)取决于电缆类型，电缆中的导线有不同的横截面形状。

(3)电缆中的导线有金属或聚合物的保护体、护套、护片或管道。

(4)电缆中导线之间的绝缘材料不是空气。

电缆参数的精确计算比架空线参数更加复杂。好在厂家在其说明书中不仅提供各种类型电缆的参数值，还有电缆参数计算的商业程序。

典型的输电电缆参数如表 7.2 所示。X_C 和 B_C 是在 60Hz 假定下计算的，R_C 是在

20℃假定下计算的。值得注意的是，表 7.2 中的值是基于所选取的实际电缆计算而来的，这里只提供一个数量量级的大致参考。60kV、138kV 和 230kV 所选取的实际电缆为地下电缆，500kV 所选取的实际电缆是海底电缆。

表 7.2　典型的输电电缆参数

电压等级/kV	$R_C/(\Omega/\text{km})$	$X_C/(\Omega/\text{km})$	$B_C/(\mu s/\text{km})$
60	0.055	0.238	151.96
138	0.064	0.228	122.41
230	0.019	0.220	131.12
500[①]	0.026	0.066	108.17

① 500kV 海底电缆的参数。

3. 变压器参数

变压器制造商提供额定电压(V_N)、额定容量(S_N)、空载损耗(P_c)、负载损耗(P_{cu})、相对于基准阻抗的阻抗百分比($Z_\%$)、相对于基准电流的励磁电流百分比($I_\%$)和其他数据。从额定电压和额定容量可计算出基准阻抗或基准电流，这些数据可用来估计电力系统分析中使用的变压器参数。

1) 双绕组变压器参数

双绕组变压器的电阻估计为

$$R_T = \frac{P_{cu} \cdot V_N^2}{1000 \cdot S_N^2} \tag{7.9}$$

式中，R_T 是变压器的电阻(Ω)；P_{cu} 是在额定电流的负载损耗(kW)；V_N 和 S_N 分别是额定电压(kV)和额定容量(MV·A)。

双绕组变压器的电抗由式(7.10)估计：

$$X_T \approx Z_T = \frac{Z_\% \cdot V_N^2}{100 \cdot S_N} \tag{7.10}$$

式中，X_T 和 Z_T 是变压器的电抗(Ω)和阻抗(Ω)；$Z_\%$是相对于基准阻抗的阻抗百分比；V_N 和 S_N 与式(7.9)中所定义的相同。值得注意的是，在此式中，电抗被假定为约等于阻抗，这是因为 R_T 相比 X_T 始终是一个很小的值。否则，电抗可以用 $X_T = \sqrt{Z_T^2 - R_T^2}$ 计算。

双绕组变压器的电纳由式(7.11)估计：

$$B_T \approx \frac{I_\% \cdot S_N}{100 \cdot V_N^2} \tag{7.11}$$

式中，B_T 是电纳(1/Ω)；$I_\%$是相对于基准电流的励磁电流百分比；V_N 和 S_N 与式(7.9)中所定义的相同。在式(7.11)中已假定励磁电流约等于变压器等效电路中流过的电纳分支中的电流，这是因为流过电导分支中的电流十分小，可忽略不计。

双绕组变压器的电导由式(7.12)估计：

$$G_{\mathrm{T}} \approx \frac{P_{\mathrm{c}}}{1000 \cdot V_{\mathrm{N}}^2} \tag{7.12}$$

式中，G_{T} 是电导$(1/\Omega)$；P_{c} 是空载损耗(kW)；V_{N} 与式(7.9)中所定义的相同。式(7.12)中已假定铁心损耗约等于空载损耗。

2) 三绕组变压器参数

三绕组变压器的等效电路如图 7.1 所示。制造商提供负载损耗和每对绕组对应于基准阻抗的阻抗百分比。

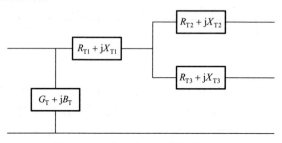

图 7.1　三绕组变压器的等效电路

(1) 估算每个绕组的电阻。

① 按式(7.13)计算每个绕组的空载损耗：

$$\left.\begin{aligned}
P_{\mathrm{cu}1} &= 0.5 \cdot [P_{\mathrm{cu}(1\text{-}2)} + P_{\mathrm{cu}(1\text{-}3)} - P_{\mathrm{cu}(2\text{-}3)}] \\
P_{\mathrm{cu}2} &= 0.5 \cdot [P_{\mathrm{cu}(1\text{-}2)} + P_{\mathrm{cu}(2\text{-}3)} - P_{\mathrm{cu}(1\text{-}3)}] \\
P_{\mathrm{cu}3} &= 0.5 \cdot [P_{\mathrm{cu}(2\text{-}3)} + P_{\mathrm{cu}(1\text{-}3)} - P_{\mathrm{cu}(1\text{-}2)}]
\end{aligned}\right\} \tag{7.13}$$

式中，$P_{\mathrm{cu}1}$、$P_{\mathrm{cu}2}$ 和 $P_{\mathrm{cu}3}$ 分别是三个绕组在额定电流下的负载损耗功率(kW)；$P_{\mathrm{cu}(1\text{-}2)}$、$P_{\mathrm{cu}(1\text{-}3)}$ 和 $P_{\mathrm{cu}(2\text{-}3)}$ 分别是每对绕组在额定电流下的负载损耗(kW)。

② 按式(7.14)计算每个绕组的电阻：

$$R_{\mathrm{T}i} = \frac{P_{\mathrm{cu}i} \cdot V_{\mathrm{N}}^2}{1000 \cdot S_{\mathrm{N}}^2}, \quad i = 1, 2, 3 \tag{7.14}$$

式中，$R_{\mathrm{T}i}$ 是第 i 个绕组的电阻(Ω)；V_{N} 和 S_{N} 分别是三绕组变压器的额定电压和额定容量。

(2) 估算每个绕组的电抗。

① 按式(7.15)计算每个绕组的相对于基准阻抗的阻抗百分比：

$$\left.\begin{aligned}
Z_{\%\mathrm{T}1} &= 0.5 \cdot [Z_{\%(1\text{-}2)} + Z_{\%(1\text{-}3)} - Z_{\%(2\text{-}3)}] \\
Z_{\%\mathrm{T}2} &= 0.5 \cdot [Z_{\%(1\text{-}2)} + Z_{\%(2\text{-}3)} - Z_{\%(1\text{-}3)}] \\
Z_{\%\mathrm{T}3} &= 0.5 \cdot [Z_{\%(2\text{-}3)} + Z_{\%(1\text{-}3)} - Z_{\%(1\text{-}2)}]
\end{aligned}\right\} \tag{7.15}$$

式中，$Z_{\%\mathrm{T}1}$、$Z_{\%\mathrm{T}2}$ 和 $Z_{\%\mathrm{T}3}$ 分别为三个绕组的对应于基准阻抗的阻抗百分比；$Z_{\%(1\text{-}2)}$、$Z_{\%(1\text{-}3)}$ 和 $Z_{\%(2\text{-}3)}$ 分别是每对绕组的对应于基准阻抗的阻抗百分比。

② 按式(7.16)计算每个绕组的电抗：

$$X_{Ti} \approx Z_{Ti} = \frac{Z_{\%Ti} \cdot V_N^2}{100 \cdot S_N}, \quad i = 1,2,3 \tag{7.16}$$

(3)三绕组变压器的电纳和电导的估计方法与两绕组变压器的是相同的。

4. 同步发电机参数

在制造商的说明书中可以找到同步发电机的参数，其参数范围如表7.3所示[55,86,87]。值得注意的是，所有的电抗或电阻值是相对于发电机额定基准值的标幺值。每台发电机的参数可能很不相同。表 7.3 中的值提供一个数量级的概念，它们的大小一般满足式(7.17)～式(7.19)所表达的关系，即

$$X_d \geqslant X_q > X_q' \geqslant X_d' > X_q'' \geqslant X_2 \geqslant X_d'' > X_a > X_0 \tag{7.17}$$

$$T_{do}' > T_d' > T_{do}'' > T_d'' \tag{7.18}$$

$$T_{qo}' > T_q' > T_{qo}'' > T_q'' \tag{7.19}$$

表 7.3　同步发电机参数范围

参数	符号	单位	水电机组	火电机组	调相机组
定子漏抗	X_a	p.u.	0.1～0.2	0.1～0.2	0.10～0.16
定子电阻	R_a	p.u.	0.002～0.02	0.0015～0.005	—
同步电抗(d 轴)	X_d	p.u.	0.6～1.5	1.0～2.3	1.6～2.4
同步电抗(q 轴)	X_q	p.u.	0.4～1.0	1.0～2.3	0.8～1.2
暂态电抗(d 轴)	X_d'	p.u.	0.2～0.5	0.15～0.4	0.25～0.5
暂态电抗(q 轴)	X_q'	p.u.	0.4～0.9	0.3～1.0	—
次暂态电抗(d 轴)	X_d''	p.u.	0.14～0.35	0.10～0.25	0.15～0.30
次暂态电抗(q 轴)	X_q''	p.u.	0.2～0.45	0.10～0.25	0.15～0.30
负序电抗	X_2	p.u.	0.15～0.45	0.10～0.25	0.15～0.30
零序电抗	X_0	p.u.	0.04～0.15	0.04～0.15	0.05～0.10
暂态时间常数(d 轴)(开路)	T_{do}'	s	1.5～9.0	3.0～11.0	—
暂态时间常数(d 轴)(短路)	T_d'	s	0.8～3.0	0.4～1.6	0.8～2.4
次暂态时间常数(d 轴)(开路)	T_{do}''	s	0.01～0.3	0.02～0.2	—
次暂态时间常数(d 轴)(短路)	T_d''	s	0.01～0.06	0.02～0.11	0.01～0.03
暂态时间常数(q 轴)(开路)	T_{qo}'	s	—	0.5～2.5	—
暂态时间常数(q 轴)(短路)	T_q'	s	—	0.15～0.5	—
次暂态时间常数(q 轴)(开路)	T_{qo}''	s	0.01～0.3	0.02～0.2	—
次暂态时间常数(q 轴)(短路)	T_q''	s	0.01～0.06	0.02～0.11	0.01～0.03

5. 其他设备参数

一般来说，其他设备的参数可以从设备厂家的铭牌或说明书中获得。通过现场测试数据并使用与计算变压器参数相同的计算公式可以计算出电抗器的阻抗。并联电容器的电纳可以根据其额定电压(kV)和额定容量(MV·A)计算。

7.2.2　设备额定值

设备额定值在输电规划中是很重要的数据，这是因为大多数规划项目都是处理架空线、电缆、变压器或其他设备的过载问题。如果在正常或故障系统状态存在过载，则意味着系统需要加强。设备额定值可以从铭牌或制造商的说明书中获得，但下列情况除外：

(1) 架空线和电缆的额定值需要计算，这是因为这些值依赖于环境因素、允许的导体温度和架空线的安全距离。涉及这些因素的标准可能因不同的电力公司而不同，特别是对于安全距离的要求。

(2) 虽然制造商提供变压器额定值，不过变压器可以在一定的时间内运行在过载状态而不减少寿命。过载能力取决于变压器内部(顶油和最热点)和周围环境的温度。

可以利用普遍公认的行业标准，例如，IEEE 和国际电工委员会(International Electrotechnical Commission，IEC)标准，计算设备的额定值，也可利用基于这些标准的商用程序来估计架空线和电缆的额定值。本节概述架空线、电缆和变压器的容量限值。

1. 架空线载流能力

电流流过导体电阻产生的热量和由太阳辐射在导体上产生的热量通过对流消散到周围的空气，并辐射到周围的物体。因此，架空线的载流能力可以近似按式(7.20)[88]估计：

$$I = \sqrt{\frac{(W_c + W_r - W_s)S_1}{R_1}} \tag{7.20}$$

式中，I 是导体载流能力(A)；S_1 是导体的单位长度的表面积(cm²/m)；R_1 是在允许的导体温度下，导体单位长度的电阻(Ω/m)；W_c 和 W_r 分别是通过对流和辐射消散的功率(W/cm²)；W_s 是由太阳辐射在导体上的功率(W/cm²)。W_s 通常非常小，可以忽略不计。W_c 可以近似地由式(7.21)估计：

$$W_c = \frac{0.00573\sqrt{pv}}{(T_{avg} + 273)^{0.123}\sqrt{d}}(T_c - T_a) \tag{7.21}$$

式中，p 是大气压力(空气中 p=1.0)；v 是周围的空气速度(m/s)；T_{avg} 是导体温度和空气温度的平均值(℃)；d 是导体的外直径(cm)；T_a 是空气温度(℃)，依地点和季节不同而不同；T_c 是允许的导体温度(℃)，通常由电力公司的规定所确定(如按安全距离的要求确定)。

W_r 可由式(7.22)近似估计：

$$W_r = 5.704 \cdot E \cdot \left[\left(\frac{T_c + 273}{1000} \right)^4 - \left(\frac{T_a + 273}{1000} \right)^4 \right] \tag{7.22}$$

式中，E 是体表面的相对辐射率，对于氧化铜，E 的值是 0.5。

上述各式提供了近似估计架空线路载流能力的计算方法。在 IEEE 标准[89]中可以找到更精确的计算方法。

2. 电缆载流能力

这方面内容在 EPRI 报告[90]中有详细讨论。热流经过具有热阻的物质，可导致其温度上升。对于地下电缆，导体、其他电缆结构层、沟槽回填物或土壤都存在热阻。因此，存在以下关系：

$$T_c - T_a = \sum_i W_i \cdot (R_{th})_i \tag{7.23}$$

式中，W_i 是每单位长度由电缆结构中第 i 层(导体是其中一层)引起的热损失(W/m)；$(R_{th})_i$ 是第 i 层的热阻(℃·m/W)；T_a 是环境温度(℃)，随不同的地点和季节变化；T_c 是允许的导体温度(℃)，取决于电缆绝缘材料和运行条件，如表 7.4 所示。

表 7.4　电缆的允许导体温度(T_c)

绝缘材料	正常状态允许温度/℃	紧急状态允许温度/℃
低密度聚乙烯	75	90
其他	90	105

式(7.23)可改写为

$$T_c - T_a = W_o \cdot \sum_i Q_i \cdot (R_{th})_i \tag{7.24}$$

式中，Q_i 是第 i 层中的热损失相对于导体发热的热损失的比率；W_o 是导体造成的欧姆损耗，可以由式(7.25)计算：

$$W_o = I^2 R_l \tag{7.25}$$

式中，I 是电缆的载流能力(A)；R_l 是在允许的导体温度时每单位长度的导体电阻(Ω/m)。

合并式(7.24)和式(7.25)，电缆的载流能力可由式(7.26)估计：

$$I = \sqrt{\frac{T_c - T_a}{R_l \cdot \sum_i Q_i \cdot (R_{th})_i}} \tag{7.26}$$

式中，Q_i 和 $(R_{th})_i$ 因类型、结构和每一层电缆的材料而不同，可以从制造商所提供的信息获得。

更准确的地下电缆载流能力计算方法可以在 IEC 60287 标准[91]中找到。

3. 变压器带载能力

变压器的额定值可以在铭牌上找到。然而，重要的是要理解，变压器在正常和紧急情况都有承受高过载的能力。

变压器的带载限制取决于油温。油温上升与时间 t 的关系为

$$T_t = T_f(1 - e^{-t/\tau}) \tag{7.27}$$

式中，T_t 是在时间 t 时刻的油温温升（℃）；T_f 是带载条件下在 $t = \infty$ 时的最终温升（℃）；τ 为油的热时间常数，等于油的热容量除以辐射常数。

可以看出，油的温度是动态的，取决于多个因素，包括运行历史和运行条件。变压器的带载能力很难准确估计。对于输电规划，如果没有制造商提供的说明书，则变压器的带负载能力可以用下面的方法[88]近似估计。

1) 在正常运行条件下的过载能力

变压器在正常运行条件下的最大带载限制可由式(7.28)估计：

$$S_{max} = \{1 + \min[K, k(1.0 - ACF)]\} \cdot S_N \tag{7.28}$$

式中，S_N 是额定容量（MV·A）；平均负载率（average capacity factor，ACF）是变压器在正常运行条件下的平均容量系数（小于1.0），这个系数定义为变压器在 24h 内的平均运行功率（MV·A）除以其额定容量（S_N）；对于具有强制空气冷却或强制油冷却系统的变压器，k 是 0.4；对于具有自冷式或水冷系统的变压器，k 为 0.5；K 是最大允许过载比值（表示为 S_N 的百分比值），通常由制造商提供。如果制造商没有提供此类信息，对于一个强制空气冷却或强制油冷却系统的变压器，K 可近似选为 0.2；对于自冷却或水冷系统的变压器，K 可近似选为 0.25。在正常运行条件下，只要变压器运行在 S_{max} 之内，就不会导致变压器寿命减少。

2) 在短时间内过载但不影响寿命的带载能力

在一些紧急条件下，容许在任何 24h 期间发生一次短时间过载，而不会对变压器寿命有影响。图 7.2 给出了相对保守（安全）的不影响寿命的变压器短时间允许过载百分比。有些变压器可能有比图中给出的百分比值更高的过载能力，这取决于制造商提供的设计裕度和过载前的带载状态。图中的初始带载状态（initial loading condition，ILC）是指在过载前 24h 内相对于额定容量的平均负载率。应当指出，基于式(7.28)的平均容量系数计算方法与基于如图 7.2 所示的短时间过载计算方法不能同时应用，只能选择其中一个来计算。

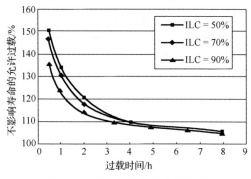

图 7.2　不影响寿命的允许过载

3）在短时间过载且影响寿命的带载能力

在一些紧急情况下，可能允许减少变压器寿命的短时间过载。假如延迟增加一个新变压器获得的经济利益大于一个旧变压器寿命降低造成的损失，则在不寻常的紧急情况下考虑接受短时间过载是输电系统概率规划中的一个可选方案。图 7.3 给出相对保守（安全）的短时间过载率与寿命降低的关系估计。图中的寿命降低的百分比值对应于每个过载事件。应急事件是不寻常的事件。在概率规划中，要对这类应急事件的频率和持续时间进行评估。有些变压器可能有比图中的值更高的过载率，这取决于变压器的设计裕度。

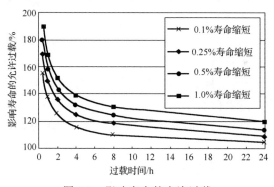

图 7.3　影响寿命的允许过载

7.2.3　系统运行限制

在 7.2.2 节中描述的设备最大容量基本上是受限于允许的温度范围，通常被称为热稳限制。系统运行安全限制不只包括热稳限制，还有其他限制，如电压限制、允许的频率波动、暂态稳定和电压稳定的裕度。由各种原因引起的系统运行限制的违反是输电规划中需要加强系统的根本原因。系统运行限制反映了系统的安全要求。表 7.5 是系统运行限制的一个例子，它基于北美电力可靠性管理机构（NERC）和西部电力协调委员会（Western Electricity Coordinating Council，WECC）制定的规划准则[1, 3]。这些限制是输电规划中对系统性能的强制性要求，但对每个公司可能会略有不同。

表 7.5　系统的性能要求

类别[①]	系统限制				电压稳定裕度/%	暂态失稳或连锁停运	切负荷或负荷转移
	设备额定限制	暂态电压降落	系统频率	电压或电压偏离			
A	正常限制范围	—	正常限制范围	正常限制范围	10	不允许	不允许
B	故障限制范围	在负荷节点不超过25%或在非负荷节点不超过 30%;在负荷节点不能连续 20 个周波以上超过 20%	在负荷节点不能连续 6 个周波以上低于59.6Hz	在任意节点,偏差不超过 5%	5	不允许	不允许
C	故障限制范围	在任何节点不超过30%;在负荷节点不能连续 40 个周波以上超过 20%	在负荷节点不能连续 6 个周波以上低于59.0Hz	在任意节点,偏差不超过 10%	2.5	不允许	有计划的或可控的
D	评估后果和系统风险						

① 类别定义:A-没有故障;B-一个元件故障;C-多个元件故障;D-极端事件,多个元件故障或连锁停运。有关故障类别 A、B、C 和 D 的详细描述,可以在 NERC 和 WECC 网站找到[1, 3]。

7.2.4　节点负荷同时系数

负荷预测及其建模方法已在第 3 章中讨论。但节点负荷同时系数的概念还没有论述。这是准备潮流数据中的重要概念。负荷预测通常为整个系统、区域和单个变电站提供年度和季节峰荷预测值。各个变电站负荷不可能在相同的时间点达到峰值,这被称为非同时性。换句话说,在潮流计算中不能也不应该简单地使用每个变电站自己的预测峰值作为节点负荷。往往是在系统峰值时(在对整个系统规划进行研究时)或区域峰值时(在对区域网络规划进行研究时)进行潮流研究。此时,需要计算对应于系统或区域峰荷的节点负荷水平。

用图 7.4 来解释节点负荷同时系数的概念。为简便起见,只考虑两个变电站的负荷曲线。总负荷曲线是两个变电站的负荷曲线之和,可以看成一个系统或区域的负荷曲线。点 A、E 和 D 分别是系统和两个变电站的负荷峰值。显然,它们不会发生在同一时间。点 C 和点 B 表示对应于系统或区域峰值时的两个变电站的负荷点。这两个变电站的节点负荷同时系数(load coincidence factor,LCF)被定义为

$$\mathrm{LCF}_1 = \frac{L_C}{L_E} \tag{7.29}$$

$$\mathrm{LCF}_2 = \frac{L_B}{L_D} \tag{7.30}$$

式中,L_C 和 L_E 是变电站 1 在负荷曲线 1 中 C 点和 E 点的负荷;L_B 和 L_D 是变电站 2 在负荷曲线 2 中 B 点和 D 点的负荷。

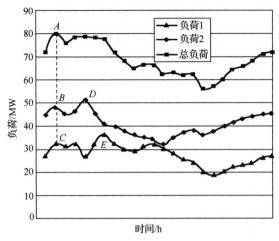

图 7.4　节点负荷同时系数的概念

可用历史负荷曲线数据计算节点负荷同时系数。在计算时,应注意以下几点[92]:

(1)用统计方法和相关规则,过滤掉由错误记录、不合理尖峰和不可重复的随机生产关停等造成的各变电站负荷曲线中的无效数据,以便捕捉负荷曲线的正常模式。

(2)对每个点(如图 7.4 中点 A、B、C、D 或 E)的负荷记录,应使用它周围的几个点的平均负荷值来替代,以减少在每个点的负荷值的不确定性影响。

(3)负荷曲线数据和节点负荷同时系数应该每年更新。

(4)可以针对系统或地区负荷曲线中不同的参考点(如年度峰值点、冬季或夏季峰值点、冬季或夏季最低值点),以及针对不同负荷类别(如工业、民用或商业用户或它们的组合)计算节点负荷同时系数。

在准备不同潮流数据时,一旦有了节点负荷同时系数(LCF),对应于系统或区域的负荷曲线上任何参考点的节点负荷,都可以使用这一点的 LCF 值和变电站峰荷预测值来进行计算。

7.3　概率规划的可靠性数据

7.3.1　可靠性数据的基本概念

在第 5 章中提到,可靠性指标分为两类:预测未来系统性能的指标和反映历史性能的指标。使用定量的可靠性评估方法评估未来指标的方法已在第 5 章进行了介绍。本节中讨论的可靠性数据是指历史指标和计算历史指标需要的统计记录。

历史性能可以用设备性能指标或系统在供电点的性能指标来表示。设备指标反映了个别设备或设备组的平均性能。这些指标是资产管理中的重要信息,并可作为评估未来系统可靠性需要的输入数据。供电点指标反映各个供电点、供电点组或整个系统的平均性能，因此包括了网络结构和负荷停电后果的影响。供电点指标也可以用来建立输电系统概率规划中的可靠性判据(即表示要达到的目标的指标)。

　　一个设备停运可能会也可能不会引起削减负荷。停运信息可以分为两组：一组是停运造成负荷削减；另一组是停运不造成负荷削减。系统供电点指标的计算只使用第一组中的停运数据，而设备指标的计算使用所有的设备停运数据，不管停运是否对用户造成影响。

　　数据采集过程中数据的质量是一个关键。停运统计涉及海量数据，不能完全避免其中的错误或无效记录。需要用数据验证流程来过滤无效数据。可靠性数据的另一个特点是它的动态特性。停运记录的数量随着时间而增加，因此反映历史性能的可靠性指标每年都在变。在大多数情况下，历史性能的可靠性指标用平均值的形式表达。不过，如果有足够的原始数据，那么也可以计算可靠性指标的离散概率分布。十分重要的一点是，平均值始终有不确定性。通常使用标准差来表示可靠性数据的不确定性。在分析历史停运数据中，标准差提供了数据分散程度的大致范围，这对可靠性评估中的灵敏度分析是非常有用的信息，也可以用统计记录来进行历史可靠性指标的区间估计。在第 8 章中将看到，区间估计的信息可用于构建设备可靠性指标的模糊模型，以处理系统可靠性评估中数据的不确定性。可靠性数据的上述特点非常不同于 7.2 节中讨论的电力系统分析数据。有必要建立一个专门的可靠性数据库，用于采集、存储、处理、计算和分析可靠性数据[93]。

7.3.2　设备停运指标

　　设备的历史性能包括三个基本指标：停运时间、停运频率和不可用概率。强迫停运和计划停运的指标是分开计算的。应该指出的是，关于停运和失效两个术语的定义可能存在一些混淆。根据不同的情况，它们有时指的是一个意思，但有时又可能指不同的含义。一般来说，失效是指一个元件本身的真正失效故障，而停运是指由于任何可能原因所引起的退出运行的状态。例如，一个健康的并未失效的元件可能由于一个开关动作而被切换到停运状态。在指标计算时需要判断哪个停运事件应该被计入，而哪个停运事件应该被排除。

　　停运经常被分成持续停运和瞬间停运。一个公认的定义是：时间等于或超过1min 的停运称为持续停运，而时间小于 1min 的停运称为瞬间停运。在一般情况下，瞬间停运只涉及自动重合闸或临时切换事件。在大多的可靠性数据库中，针对持续停运和瞬间停运事件分别计算停运频率指标，而在计算停电时间指标时，瞬间停运事件通常被忽略不计。

　　在一个高水平可靠性数据库里(如加拿大电力协会(Canadian Electrical Association，CEA)的可靠性数据库)，停运分为设备相关停运和终端相关停运两类。设备相关停运是指由设备本身失效引起的停运，而终端相关停运是指设备的终端装置失效所造成的停运。终端装置指的是其故障不被单独记录和报告的辅助设备。在停运数据库中每种类型设备的终端装置所包括的范围都是被清楚定义的。上述分类出于几个原因：首先，架空线或电缆的设备相关的停运指标和它们的终端装置相关的停运指标有不同的计算方法；其次，将所有停运事件都认定为设备相关的停运是不恰当的。例如，由于运行人员错误或保护装置误动所造成的停运应该属于终端相关的停运。此外，在第 5 章中已经知道，输电网络和变电站接线的可靠性评估通常是分开进行的。如果有必要，则变电站内设备引起的架空线或电缆停运可以并入架空线或电缆的终端相关的停运指标,近似表示在输电网络可靠性评估中变电站设备失效的影响。

1.　停运持续时间

停运持续时间(outage duration，OD)在一些文献中也称为平均停运时间或平均修复(恢复)时间(h/次)，可由式(7.31)计算：

$$OD = \frac{\sum_{i=1}^{M} D_i}{M} \qquad (7.31)$$

式中，D_i 是在一个给定的输电设备组中每个设备停运事件的停运时间(h)；M 是在所考虑的时间跨度内停运事件的数目。

设备组通常以电压等级来划分。式(7.31)也可以用于计算单个设备的停运持续时间指标。这只是设备组包含一台设备时的特殊情况。此式适用于计算设备相关停运指标或终端相关停运指标，或两者均被包括的混合停运指标。

2.　停运频率

该指标是在一年内的平均停运数。停运频率(outage frequency，OF)和停运率[6]是不同的概念。然而，这两个术语在许多文献和文章中被混淆了。停运率可以根据停运频率和停运持续时间计算，或反之亦然。附录 C 中的式(C.11)给出了停运频率和停运率之间的关系。从工程的角度来看，停运频率和停运率在数值上非常接近，这是因为在实际工程中，停运持续时间比运行时间短得多。因此停运频率和停运率之间互相不加区分使用经常是可以接受的。但是当停运时间很长时就必须小心，因为在这种情况下,用停运率代替停运频率或反过来代用都可能会导致相对大的误差。

架空线或电缆和其他设备相比，其停运频率的计算方法是不同的，这是因为架空线或电缆有一个长度的概念，而其他设备没有。

架空线或电缆的设备相关停运频率(次/100km/年)可按式(7.32)计算：

$$OF_1 = \frac{\sum_{i=1}^{K}\sum_{j=1}^{NY_i} (M_1)_{ij} \times 100}{\sum_{i=1}^{K} L_i \cdot NY_i} \qquad (7.32)$$

式中，L_i 是在一个给定的架空线 (或电缆) 组中第 i 条架空线或电缆的长度 (km)；K 是该线路组中的架空线 (或电缆) 数；$(M_l)_{ij}$ 是在第 j 年中第 i 条架空线或电缆的设备相关失效引起的停运数；NY_i 是架空线 (或电缆) 的运行年数。

式 (7.32) 仅适用于计算架空线 (或电缆) 的设备相关停运频率指标。一条架空线或电缆可能有多个终端 (变电站)。架空线或电缆的终端装置相关停运频率指标 (次/终端/年) 可按式 (7.33) 计算：

$$OF_t = \frac{\sum\limits_{i=1}^{K}\sum\limits_{j=1}^{NY_i}(M_t)_{ij}}{\sum\limits_{i=1}^{K}NT_i \cdot NY_i} \tag{7.33}$$

式中，K 和 NY_i 与式 (7.32) 中所定义的相同；NT_i 是第 i 条架空线 (或电缆) 上的终端数；$(M_t)_{ij}$ 是在第 j 年中第 i 条架空线 (或电缆) 的终端失效引起的停运次数。

应当指出，目前由于原始数据收集中的困难，多数现有的可靠性数据库都没有区分设备本身失效引起的停运和其终端装置失效引起的停运。在这种情况下，终端设备 (即变电站内与线路相关的设备) 所造成的线路停运 (如继电保护装置误动)，或者可能已被计入线路停运事件的统计数据，或者干脆没有被记录。即使被包含在线路停运记录中，概念上也是不正确的，因为终端装置引起的停运，在停运频率指标计算中是不能用架空线 (或电缆) 长度加权的。这种数据记录中的不准确性会导致可靠性数据处理中的误差。

其他设备 (如变压器、断路器、电容器、电抗器等) 的停运频率按式 (7.34) 计算：

$$OF_e = \frac{\sum\limits_{i=1}^{K}\sum\limits_{j=1}^{NY_i}(M_e)_{ij}}{\sum\limits_{i=1}^{K}NY_i} \tag{7.34}$$

式中，K 是在一个给定的设备组中设备的数量；$(M_e)_{ij}$ 是在第 j 年第 i 个设备的停运次数；NY_i 是第 i 个设备的运行年数。因为非线路设备一般只定义了一个终端，所以式 (7.34) 可以分别用于设备相关停运频率或其终端装置相关停运频率的计算。非线路设备的设备相关和终端相关的停运频率的单位分别为"次/设备/年"和"次/终端/年"。

3. 不可用概率

强迫停运不可用概率也被称为强迫停运率 (forced outage rate，FOR)。值得注意的是，强迫停运率是一个没有单位的概率值。强迫停运率这个术语可能会产生误解，因为它可能给人一个错误印象，好像它是停运率 (在单位时间内的停运次数)，而不是概率。不幸的是,很多年来强迫停运率这个术语已经被用来表示强迫不可用概率,因为它已经使用了很长时间,现在已经没有办法改变了。最重要的是认识到它的含义。

任何设备的不可用概率 U 由式(7.35)计算:

$$U = \frac{OD \times OF}{8760} \tag{7.35}$$

式中,停运频率在计算架空线或电缆的设备相关停运不可用概率时是 OF_l,在计算架空线或电缆的终端装置相关停运不可用概率时是 OF_t,在计算其他设备停运不可用概率时是 OF_e。在计算架空线或电缆的设备相关停运不可用概率时,OF_l 从方程(7.32)中得到,其单位是"次/100km/年",因此通过用 OF_l 计算得到的 U 也是以每 100km 为单位的。如果从一个线路组的平均不可用概率来计算某条架空线或电缆的不可用概率,则其不可用概率是每 100km 的平均不可用概率乘以其长度(km)再除以 100。同样,由于终端相关停运频率 OF_t 的单位是"次/终端/年",从 OF_t 计算得到的 U 也是以"每个终端"为单位的。应该指出,如果使用单独一条架空线或电缆的停运统计信息,则可直接计算该架空线或电缆的不可用概率,不需要使用"每100km"或"每个终端"的概念。

强迫停运或计划停运的不可用概率都可以用式(7.35)来计算,这取决于计算停运持续时间指标和停运频率指标时所考虑的停运类型。在停运持续时间指标、停运频率指标和不可用概率指标之间,只有两个是独立的。只要任何两个从统计数据中得到,另一个就可以被计算出来。

4. 设备停运指标计算

一般地,可靠性数据库中可以产生两种设备停运指标:单个设备的停运指标和一个设备组的平均停运指标,这些指标按电压等级和不同地区或整个系统分别计算。在可靠性评估中,只要是有充分的统计信息,一般最好用单个设备的停运指标。如果一些设备没有或只有少量的停运记录,则可以使用平均停运指标。在后一种情况下,每条架空线或电缆的设备相关停运频率,由单位为"次/100km/年"的设备相关平均停运频率乘以其线路长度得到;每条架空线或电缆的终端相关停运频率,由单位为"次/终端/年"的终端相关平均停运频率乘以线路所接终端数得到。对于其他设备,不需要这一步,因为其他设备没有长度的概念并且假定一台设备只有一个终端。结合设备相关和终端相关的指标,可以计算出架空线或电缆,以及其他设备的总等效停运指标。这包括以下内容:

(1)在大多数数据采集系统中,停运频率,而不是停运率,被作为原始数据所提供。停运率可以从停运频率计算,即

$$\lambda = \frac{OF}{1 - OF \cdot r} \tag{7.36}$$

式中，λ 为设备相关的(或终端相关的)停运率(次/年)；OF 是设备相关的(或终端相关的)停运频率(次/年)；$r =$ OD / 8760 是以"年/次"为单位的设备相关的(或终端相关的)停电持续时间。

(2)同时计及设备相关和终端相关的设备的总等效停运指标可以计算如下：

$$OF_{total} = OF_1(1 - OF_2 r_2) + OF_2(1 - OF_1 r_1) \tag{7.37}$$

$$\lambda_{total} = \lambda_1 + \lambda_2 \tag{7.38}$$

$$r_{total} = \frac{\lambda_1 r_1 + \lambda_2 r_2 + \lambda_1 r_1 \lambda_2 r_2}{\lambda_1 + \lambda_2} \tag{7.39}$$

$$U_{total} = OF_1 r_1 + OF_2 r_2 - OF_1 OF_2 r_1 r_2 \tag{7.40}$$

式中，U、λ、r 和 OF 分别代表不可用概率、停运率(次/年)、停电持续时间(年/次)和停运频率(次/年)；下标 1 和 2 分别代表设备相关和终端相关的指标。

如果停运频率和停电持续时间的值较小(这是大多数的情况)，则停运率在数值上非常接近停运频率。这样，停运频率可以代替停运率，于是可用以下的近似公式，即

$$\lambda_{total} \approx OF_{total} \approx OF_1 + OF_2 \tag{7.41}$$

$$r_{total} \approx \frac{OF_1 r_1 + OF_2 r_2}{OF_1 + OF_2} \tag{7.42}$$

$$U_{total} \approx OF_1 r_1 + OF_2 r_2 \tag{7.43}$$

应当指出，当停电持续时间很长时(如海底电缆修复的情况)，上述近似公式可能会产生较大的误差。在这种情况下应谨慎使用近似公式。

5. 设备停运指标举例

在表 7.6～表 7.14 中，列举了各类输电设备的三个停运指标[94]的例子。这些指标是 CEA 从加拿大各电力公司收集上来的统计数据计算出来的，它们是加拿大各电力公司三个指标的平均值。三个停运指标计算的时间跨度是 2001 年 1 月 1 日起到 2005 年 12 月 31 日的 5 年期间。基于历史停运记录的指标，随数据使用的起始和结束年，以及所考虑的期间长度不同而变化。架空线或电缆的设备相关指标和终端相关指标分别列于不同的表中，而对于其他设备给出了结合设备相关和终端相关指标的总停运指标。关于加拿大、美国和中国电力公司各种设备指标的更多信息，可参考文献[94]、[95]。

表 7.6 输电架空线的设备相关持续强迫停运指标（加拿大）

电压等级 /kV	停运频率 /(次/100km/年)	平均停运时间 /(h/次)	不可用概率 /每 100km
≤109	2.6151	11.0	0.003295
110～149	1.0089	8.5	0.000980
150～199	0.6836	78.7	0.006138
200～299	0.3396	35.2	0.001364
300～399	0.2026	15.4	0.000357
500～599	0.2199	14.2	0.000356
600～799	0.1965	43.1	0.000966

表 7.7 输电架空线的终端相关持续强迫停运指标（加拿大）

电压等级 /kV	停运频率 /(次/终端/年)	平均停运时间 /(h/次)	不可用概率 /每个终端
≤109	0.2735	28.7	0.000895
110～149	0.1421	23.5	0.000382
150～199	0.0491	20.2	0.000113
200～299	0.1648	17.3	0.000326
300～399	0.0925	62.5	0.000659
500～599	0.2012	18.9	0.000433
600～799	0.1607	23.3	0.000427

表 7.8 输电架空线路的设备相关瞬间强迫停运指标（加拿大）

电压等级 /kV	停运频率 /(次/100km/年)
<109	2.4686
110～149	0.9923
150～199	0.6064
200～299	0.4378
300～399	0.1435
500～599	0.6736
600～799	0.1107

表 7.9 输电电缆的设备相关持续强迫停运指标（加拿大）

电压等级 /kV	停运频率 /(次/100km/年)	平均停运时间 /(h/次)	不可用概率 /每 100km
≤109	1.4085	337.0	0.054184
110～149	1.6496	250.6	0.047188
200～299	1.6153	611.9	0.112831
300～399	12.9032	70.8	0.104213
500～599	1.0695	3.5	0.000427

表7.10　输电电缆的终端相关持续强迫停运指标（加拿大）

电压等级 /kV	停运频率 /(次/终端/年)	平均停运时间 /(h/次)	不可用概率 /每个终端
≤109	0.0056	2.0	0.000001
110～149	0.0361	304.3	0.001256
200～299	0.0588	2.1	0.000014
300～399	0.1275	49.5	0.000720
500～599	0.2500	0.8	0.000021

表7.11　变压器的持续强迫停运指标（加拿大）

电压等级 /kV	停运频率 /(次/年)	平均停运时间 /(h/次)	不可用概率
≤109	0.1073	210.2	0.002574
110～149	0.1439	188.6	0.003098
150～199	0.2349	341.1	0.009148
200～299	0.1284	167.1	0.002450
300～399	0.0825	163.4	0.001539
500～599	0.0841	153.4	0.001473
600～799	0.0424	279.4	0.001352

表7.12　断路器的持续强迫停运指标（加拿大）

电压等级 /kV	停运频率 /(次/年)	平均停运时间 /(h/次)	不可用概率
≤109	0.1297	494.9	0.007327
110～149	0.1015	160.1	0.001856
150～199	0.0502	213.9	0.001226
200～299	0.1530	132.5	0.002315
300～399	0.1200	211.2	0.002893
500～599	0.2658	100.1	0.003036
600～799	0.1794	138.3	0.002832

表7.13　并联电抗器的持续强迫停运指标（加拿大）

电压等级 /kV	停运频率 /(次/年)	平均停运时间 /(h/次)	不可用概率
≤109	0.0705	334.9	0.002694
110～149	—	—	—
150～199	—	—	—
200～299	0.0067	2.0	0.000002
300～399	0.0619	382.4	0.002700
500～599	0.0344	332.0	0.001302
600～799	0.0317	1059.8	0.003835

表 7.14　并联电容器的持续强迫停运指标(加拿大)

电压等级 /kV	停运频率 /(次/年)	平均停运时间 /(h/次)	不可用概率
≤109	0.0887	1248.2	0.012633
110～149	0.2440	261.6	0.007287
150～199	—	—	—
200～299	0.4015	52.3	0.002398
300～399	0.0656	27.4	0.000205
600～799	—	—	—

7.3.3　输电系统供电点指标

供电点(delivery point,DP)是电功率从输电系统传输到配电系统或输电用户的一个交接点。供电点通常定义在降压变电站的低电压侧。有两种类型的供电点。在第一种类型中,供电点处的功率通过一条单一的输电线路提供。在第二种类型中,供电点处的功率通过多条输电线路提供。供电点也可按照它们的电压水平分类。

供电点停电(电力中断)可以根据以下两种判据分类:①强迫停电或计划停电;②瞬间停电或持续停电(这可以使用与设备停运相同的判据,即短于一分钟为瞬间停电而超过一分钟为持续停电)。不同类别的供电点指标可以分别计算。

供电点的持续停电时间可以通过两种方法来考虑:系统意义上的停电时间和用户负荷停电时间。系统意义上的停电持续时间可能长于用户负荷停电时间,这是因为通过配电系统中的负荷转移或输电用户的自备发电设备,有些用户的电力供应可能提前恢复。

可靠性数据库收集造成供电点停电(失负荷)的设备停运事件的信息。必须建立基于供电点停电和设备停运之间关系的供电点模型。由每个停运事件所造成的停电持续时间、停运原因和停电量均可以在数据库中进行分析并产生相应报告。

1. 输电系统供电点指标定义

五个供电点指标[96]为:输电系统平均停电持续时间指标(system average interruption duration index (for transmission systems),T-SAIDI)、输电系统平均停电频率指标-瞬间停电(system average interruption frequency index-momentary interruptions(for transmission systems),T-SAIFI-MI)、输电系统平均停电频率指标-持续停电(system average interruption frequency index-sustained interruptions (for transmission systems),T-SAIFI-SI)、系统平均恢复供电时间指标(system average restoration index,SARI)和输电系统供电点不可靠性指标(delivery point unreliability index,DPUI)。这些指标是基于系统的指标,取决于在供电点处的停电状况。应当指出的是,这里讨论的用于输电系统的 SAIDI 和 SAIFI,与用于配电系统的 SAIDI 和 SAIFI 相比,虽然使用了相同的术语名称,但它们有不同的含义。为了避免可能出现的混淆,本书中在输电系统供电点指标的缩写中加入了一个前缀 T。

1) 输电系统平均停电持续时间指标 (T-SAIDI)

T-SAIDI 是对供电点在某一时段内所经历的平均停电时间的量度，单位是 "min/供电点/年"，可由式 (7.44) 计算：

$$T\text{-}SAIDI = \frac{\sum_{i=1}^{K_D} \sum_{j=1}^{N_y} D_{ij} \cdot 60}{K_D N_y} \tag{7.44}$$

式中，D_{ij} 是在第 j 年第 i 个供电点的停电时间 (h)；K_D 是系统中所监测的供电点的数目；N_y 是所考虑的年数。值得注意的是，这里的 N_y 与式 (7.32)～式 (7.34) 中的 NY_i 有完全不同的含义。

2) 输电系统平均停电频率指标-瞬间停电 (T-SAIFI-MI)

T-SAIFI-MI 是对供电点在某一时段内经历的瞬间停电平均次数的量度，单位是 "次/供电点/年"，可由式 (7.45) 计算：

$$T\text{-}SAIFI\text{-}MI = \frac{\sum_{i=1}^{K_D} \sum_{j=1}^{N_y} (M_m)_{ij}}{K_D N_y} \tag{7.45}$$

式中，K_D 和 N_y 与式 (7.44) 中所定义的相同；$(M_m)_{ij}$ 是在第 j 年第 i 个供电点的瞬间停电次数。

3) 输电系统平均停电频率指标-持续停电 (T-SAIFI-SI)

T-SAIFI-SI 是对供电点在某一时段内经历的持续停电平均次数的量度，单位是 "次/供电点/年"，可由式 (7.46) 计算：

$$T\text{-}SAIFI\text{-}SI = \frac{\sum_{i=1}^{K_D} \sum_{j=1}^{N_y} (M_s)_{ij}}{K_D N_y} \tag{7.46}$$

式中，$(M_s)_{ij}$ 是在第 j 年第 i 个供电点的持续停电次数，所有其他量与式 (7.45) 中定义的相同。值得注意的是，$(M_m)_{ij}$ 或 $(M_s)_{ij}$ 与式 (7.32) 中的 $(M_l)_{ij}$、式 (7.33) 中的 $(M_t)_{ij}$、式 (7.34) 中的 $(M_e)_{ij}$ 有着本质的不同。$(M_m)_{ij}$ 与供电点处的停电 (失负荷) 事件相关，而 $(M_l)_{ij}$ 或 $(M_t)_{ij}$ 或 $(M_e)_{ij}$ 与设备停运相关，设备停运可能会也可能不会造成供电点处停电。

4) 系统平均恢复供电时间指标 (SARI)

SARI 是对供电点每次停电的平均持续时间的量度。本质上它代表供电点停电的平均恢复时间，单位是 "min/次"，可由式 (7.47) 计算：

$$SARI = \frac{\sum_{i=1}^{K_D} \sum_{j=1}^{N_y} D_{ij} \cdot 60}{\sum_{i=1}^{K_D} \sum_{j=1}^{N_y} (M_s)_{ij}} \tag{7.47}$$

式中，所有量与式(7.44)和式(7.46)中所定义的相同。值得注意的是，在计算 SARI 时只计及持续停电事件。

5) 供电点不可靠性指标(DPUI)

DPUI 是在某一时段内，用组合不可靠性指标的形式表达的对整个输电系统性能的量度，单位是"系统分/年"，可由式(7.48)计算：

$$
\text{DPUI} = \frac{\sum\limits_{i=1}^{K_D} \sum\limits_{j=1}^{N_y} \sum\limits_{k=1}^{(M_s)_{ij}} C_{ijk} D_{ijk} \cdot 60}{P_s N_y}
\tag{7.48}
$$

式中，K_D、N_y 和 $(M_s)_{ij}$ 与式(7.46)中所定义的相同；C_{ijk} 和 D_{ijk} 分别是在第 j 年第 i 个供电点的第 k 个停电事件的平均负荷削减量(MW)和停电时间(h)；P_s 是所考虑的 N_y 年中的年均系统峰荷(MW)。

另一种计算年均供电点不可靠性指标的方法是首先计算每年的供电点不可靠性指标，然后取多年的平均值。如果每年的系统峰荷不同，则第二种方法得到的供电点不可靠性指标值与使用式(7.48)得到的值稍有不同。显然，供电点不可靠性指标是一个等效的停电持续时间(以 min 计)，它的含义是：如果整个系统在年度系统峰荷时停电，并且停电持续时间等于该等效时间长度，那么所导致的缺供电量将等于一年中在系统所有供电点处由于停电事件而造成的总缺供电量。

值得指出的是，虽然公式已经表达成可以处理多年的数据，但在计算五个供电点指标时所考虑的时段通常只是一年，即 $N_y = 1$。

2. 输电系统供电点指标举例

图 7.5～图 7.9 展示了 2001 年～2007 年加拿大主要电力公司的五个供电点平均指标的年趋势图[96]。图中的虚线表示的是包括所有停电事件在内的供电点指标，而实线表示的是剔除了 2003 年 8 月 14 日发生的北美东部大停电事件的供电点指标。

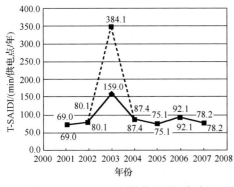

图 7.5　T-SAIDI 年趋势图(加拿大)

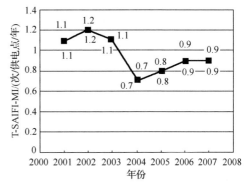

图 7.6　T-SAIFI-MI 年趋势图(加拿大)

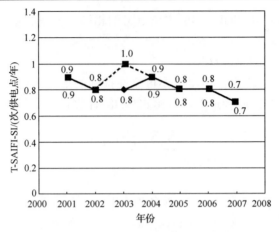

图 7.7 T-SAIFI-SI 年趋势图（加拿大）

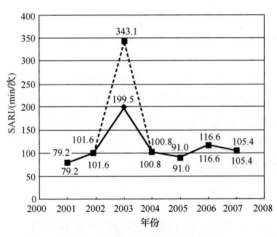

图 7.8 SARI 年趋势图（加拿大）

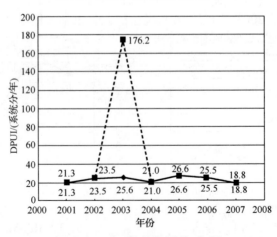

图 7.9 DPUI 年趋势图（加拿大）

7.4　其他数据

输电系统概率规划中所需的其他数据包括从发电规划中所得的电源数据、负荷、独立发电商和过网用户(参见 7.4.2 节第四段中的定义)的联网数据和经济数据。

7.4.1　电源数据

输电规划和发电规划是相互依赖的。发输电综合规划是一个反复迭代的过程。发电规划取得的初步结果是输电规划的输入信息。反过来,发电规划的最终决策又依赖于从输电规划取得的结果。

输电规划所需的电源数据包括发电机类型、位置、容量(MW)、月发电量(MW·h)、无功容量(P-Q 曲线)和所有新发电机的参数;发电机辅助设备(如励磁系统)的数据;发电机的可靠性数据(停运频率、停运时间和不可用概率)。如果考虑一个新的发电厂,则发电厂出口变电站的接线结构数据和相关变电设备(变压器、断路器等)的数据也是必需的。在长期规划中,这些数据往往是基于估计的,可能不准确。新发电机的类型和位置、容量范围、发电量曲线和发电机参数的概率信息也是需要的数据。如果可能,则应估算代表数据不确定性的主观概率值。例如,如果新发电机有两个或更多可能的类型或位置,则针对每种类型或每个位置的主观概率值也是输电系统概率规划中非常有用的信息。可靠性数据可以使用现有相同类型和类似大小的发电机数据的平均值。非传统发电机(风能或太阳能发电机)还需要其他附加数据,如需要收集和准备风电场每小时风速的历史记录。

7.4.2　联网数据

在 7.4.1 节中提及的发电机是指那些电力公司或发电公司所拥有的。除了电力公司的发电机,在电力市场环境下的输电公司还有其他类型的电力客户,如独立发电商、新接入系统的负荷和过网客户。

一方面,独立发电商是发电机,概念上可以按电力公司发电机同样的方式来对待。但另一方面,在输电规划研究中,独立发电商和电力公司的发电机有所不同:①一个独立发电商的发电机的类型和位置由业主决定,因而独立发电商并不是电力公司综合发输电规划的一部分;②独立发电商接入输电系统还存在特殊问题。例如,具有不同容量和位置的多个独立发电商发电机可能在同一时间要求接入输电系统。在这种情况下,输电规划者的一个任务就是要调查独立发电商接入的可行性和相关影响。可行性通常要求技术评估,而对影响的评估包括技术和经济两方面。调查是为了给决策者提供一个候选名单,以确定哪个独立发电商的接入被接受,哪一个被拒绝。这往往要涉及公众听证过程。独立发电商发电机的数据要求基本上与电力公司发电机的数据要求是相同的,但从独立发电商获得准确数据更加困难。

　　一个新负荷接入系统可能需要，也可能不需要对现有输电系统进行加强。这取决于新负荷接入的位置、大小和电压水平，也需要进行可行性和影响分析。所需的数据包括负荷的特点、接入位置、有功和无功的估计值、负荷系数、出口变电站(如果客户有自己的变电站)的信息，以及保护和谐波方面的要求。

　　过网客户是指请求点到点的电力传输服务的电力用户。它的功率从输电系统上的一个点注入，交付给在系统另一点上的它自己的用户。类似地，过网客户接入系统可能需要，也可能不需要对现有输电系统进行加强。规划研究的目的是调查其可行性和影响。所需的数据包括过网功率的大小(MW)、估计的带载模式、交易规定、注入和交付点，以及电压水平。在许多情况下，过网服务往往涉及把邻近的输电网络连接到大容量的输电系统。在这种情况下，必须有邻近系统的相关数据。

7.4.3　经济分析数据

　　从第 6 章的经济分析方法中可知，规划项目的经济分析需要如下数据：
　　(1)资本投资的构成；
　　(2)运行费用的构成；
　　(3)单位停电损失费用；
　　(4)不可靠性费用，可以用第 5 章中的可靠性价值评估技术进行估算；
　　(5)折现率及其概率分布，可用其历史统计和财务分析进行估算；
　　(6)经济寿命，可用 6.6.2 节中的方法进行估算；
　　(7)折旧年限，由电力公司的财务部门指定；
　　(8)规划年限，根据规划目标确定。

7.5　结　　论

　　本章讨论了输电系统概率规划中所需的数据。数据始终与规划方法一样重要。如果不能保证数据质量，那么系统研究、可靠性评估和经济分析的准确性就不能得到保证，从而可能导致在规划中做出误导性的决策。

　　数据准备与多方面的努力有关，有时显得单调乏味。然而，这是成功进行规划的一项重要任务。本章对电力系统分析和可靠性评估所需的数据进行了详细讨论，而对其他数据进行了简要总结。

　　设备参数是电力系统分析的基础数据。大部分设备参数可以直接从制造商的说明书中获得。然而，需要进行附加计算来获取架空线、电缆和变压器的参数。设备额定值和系统运行限制是决定一个系统是否需要加强的关键判据。在一般情况下，需要附加的评估来计算架空线、电缆和变压器的最大传输能力，而系统的运行限制是由电力公司基于系统安全性要求设定的阈值。虽然可利用一些国际标准(如 IEEE 和 IEC 标准)和商用计算程序来计算设备最大承载能力，但是对规划人员，理解程序中使用的计算方法仍旧是十分重要的。本章也阐述了节点负荷同时系数的概念。在许多电力公司的现行做法中，对一个给定的系统(或地区)负荷水平，潮流分析中的节点负荷通常是用按比例缩放的方法获得，这显然是不准确的。节点负荷同时系数的使用可以帮助提高潮流计算中节点负荷模型的准确性。

可靠性数据是输电系统可靠性定量评估必不可少的数据。可靠性数据是指历史停运统计和基于统计的可靠性指标。历史可靠性指标分为设备指标和供电点指标。设备指标(停运频率、停运时间和不可用概率)是在使用第 5 章中讨论的可靠性评估方法时必需的输入数据。供电点指标是系统历史性能的表征指标，对投资决策和制定概率规划标准提供非常有价值的信息。在第 12 章中将会讲解供电点指标的一个应用实例。应该认识到，在本章中讨论的历史供电点指标和在第 5 章中讨论的用来衡量未来系统性能的可靠性指标是不同的。可靠性数据的两个最显著的特点是动态性和不确定性。与电力系统分析中的数据不同，可靠性数据必须不断更新，因为新的停运事件会改变统计数据，所以改变设备可靠性指标和供电点可靠性指标。可靠性数据的不确定性可以使用模糊变量来模拟，这将在第 8 章中讨论。

有了本章和以前各章中提出的方法和数据准备，就可以实施输电系统概率规划。在后面的章节中，将展示几个实际的应用。

第8章 处理数据不确定性的模糊方法

8.1 引　言

由第7章可见，输电系统概率规划需要大量数据。一个成功的规划决策方案不仅取决于所采用的方法是否合适，还取决于数据是否足够准确。这些数据，尤其是负荷预测数据和可靠性评估中所用的数据，具有不确定性。如何处理数据的不确定性已经成为输电系统概率规划中的一个挑战性问题。

电力系统的不确定性有两种：随机性和模糊性。概率模型可以用来描述随机性，但不能描述模糊性。例如，负荷预测中就存在这两种不确定性因素：一种是可以用概率模型来描述的不确定性，如用户的有规律的用电模式；另一种不确定性因素并不服从任何概率分布，如工业用户在未来是增产还是减产或者搬迁。由于存在第二种不确定性因素，用模糊模型来描述峰荷预测中存在的不确定性是一种比较合适的方法。再举一例，可靠性评估中的停运数据(停运频率、停运持续时间和不可用概率)一般采用均值。在很多研究中，这种做法是可以接受的，然而，有些情况下，如果停运数据的不确定性对研究结果有较大影响，那么仅有均值还不够。从理论上讲，停运数据的概率分布肯定比均值能更好表达停运数据的特性。但是，由于每个元件的统计数据有限，要想获取这种概率分布并不容易。此外，在原始停运数据中还存在着模糊性，而模糊性不能用概率分布进行描述。多年前就已经证实，架空输电线路的停运频率或不可用概率与天气条件有很强的相关性。遗憾的是，由于描述天气时采用的是一种很含糊的语言，例如，正常天气或恶劣天气、小雨或大雨，以及小雪或大雪等描述，表明天气条件的分类在本质上是模糊的。统计数据时，某个停运事件被归为正常天气还是恶劣天气下的事件，全凭人的模糊判断。输电设备停运频率或不可用概率的大小同样也受其他环境因素(如动物的活动)和运行条件(如负荷水平)的影响。要想应用概率模型来准确区分这些因素或条件对单个元件停运数据的影响是非常困难的，因为反映这种相关性的统计数据很少甚至没有。此外，其他一些数据，如线路容量甚至线路参数，同样受天气条件影响。很多电力公司可能都没有足够的统计数据，但是工程人员一般都能很好地判断这些不确定性数据所处的范围。对于上述种种情况，为了应对输电系统概率规划输入数据中存在的这两种不确定性，有必要用模糊模型来补充概率模型。

本章的目的在于说明如何应用模糊模型来描述负荷预测数据和停运数据的不确定性。类似的模糊建模思想同样可用于描述其他数据的不确定性，如受各种环境因素影响的设备参数和设备容量。尽管本章重点讨论模糊集和概率论相结合的方法在输电系统可靠性评估中的应用，但是所述模糊建模的思想和方法同样可以很方便地推广应用于输电系统概率规划的其他方面，如模糊潮流、模糊预想事故分析、模糊最优潮流和模糊线损评估等。

8.2 节和 8.3 节分别阐述系统元件停运的模糊模型和负荷的模糊概率混合模型。8.4 节提出一种结合模糊集和蒙特卡罗模拟的可靠性评估方法。8.5 节和 8.6 节给出两个算例。算例 1 是一个实际电力系统的应用算例，而算例 2 考虑了模糊天气条件的影响。

8.2 系统元件停运模糊模型

停运频率和修复时间(停运持续时间)是系统元件停运事件的两个参数，这两个参数可以通过数据采集系统直接获取。由这两个参数，可以计算不可用概率等其他参数。尽管停运率和停运频率是两个不同的概念[6, 11]，但对于输电元件，两者的数值很接近。因此，在电力系统可靠性评估的工程计算中，往往忽略输电元件停运频率和停运率的差别。为简单起见，本章对两者不予区分，并用停运率来替代停运频率。在有必要对两者进行区分时(例如，对于海底电缆，其修复时间很长)，由其中一个参数计算另一个参数也并不困难(参见附录 C 的式(C.11)，该式给出了停运频率和停运率的关系)。

8.2.1 基本模糊模型

参考文献[97]对这些模型进行了详细讨论。

1. 修复时间的模糊模型

对不同停运事件的修复时间直接进行算术平均，可以很容易计算得到修复时间的样本均值：

$$\bar{r} = \frac{1}{n}\sum_{i=1}^{n} r_i \tag{8.1}$$

式中，$\bar{r}$ 是修复时间的点估计值(h)；r_i 和 n 是统计数据中的第 i 次修复时间和记录的修复次数。

应用 t 分布或正态分布准则可以估计期望修复时间的置信区间[98]。估计方法如下：假设 μ 为期望修复时间的真值，s 为修复时间的样本标准差。如果应用 t 分布准则，那么可以证明，对于给定的显著性水平 α，随机变量 $(\bar{r} - \mu)\sqrt{n}/s$ 以概率 $1-\alpha$ 位于 $-t_{\alpha/2}(n-1)$ 和 $+t_{\alpha/2}(n-1)$ 之间。其中，$t_{\alpha/2}(n-1)$ 的取值满足：自由度为 $n-1$ 的 t 分布概率密度函数从 $t_{\alpha/2}(n-1)$ 到 ∞ 的积分等于 $\alpha/2$。因此，有

$$-t_{\alpha/2}(n-1) \leqslant \frac{\bar{r} - \mu}{s/\sqrt{n}} \leqslant t_{\alpha/2}(n-1) \tag{8.2}$$

式(8.2)可等效变换为

$$r' = \bar{r} - t_{\alpha/2}(n-1)\frac{s}{\sqrt{n}} \leqslant \mu \leqslant \bar{r} + t_{\alpha/2}(n-1)\frac{s}{\sqrt{n}} = r'' \tag{8.3}$$

式(8.3)表明期望修复时间真值有上下限，且该上下限由修复时间的样本确定。如果采用正态分布准则，则期望修复时间真值的上下限可计算如下：

$$r' = \bar{r} - z_{\alpha/2}\frac{s}{\sqrt{n}} \leqslant \mu \leqslant \bar{r} + z_{\alpha/2}\frac{s}{\sqrt{n}} = r'' \tag{8.4}$$

式中，$z_{\alpha/2}$ 的取值满足：标准正态分布概率密度函数从 $z_{\alpha/2}$ 到∞的积分等于 $\alpha/2$。

t 分布和正态分布准则给出了不同的估计区间。一般而言，式(8.3)用于样本数比较少的情况，而式(8.4)用于样本数较多的情况。实际应用中，可以同时采用两种估计方法并确定一个比较保守（范围更大）的估计区间。

根据以上点估计值和区间估计，可以很容易建立修复时间 r（单位为 h）的三角形隶属函数，如图 8.1 所示。点估计值（图中的 $\bar{r}$）对应于隶属度 1.0。显著性水平 α 往往是一个较小的数，如 0.05（5%）。$\alpha/2$ 对应于 t 分布或正态分布概率密度曲线任意一侧一块很小的区域。从概念上讲，显著性水平与小隶属度表示的模糊度类似，两者都反映了一种主观的可信程度。因此，可以认为，式(8.3)和式(8.4)确定的下限和上限对应于隶属函数中隶属度为 $\alpha/2$（如 0.025）的两点（图中的 r' 和 r''）。通过（r',$\alpha/2$），（$\bar{r}$, 1.0）和（r'', $\alpha/2$）三点，可以构造两个以 $y = a + bx$ 表达的线性代数方程，从而计算出隶属函数的两个端点（r_1, 0.0）及（r_u, 0.0），如图 8.1 所示。$\alpha/2$ 的数值很小（0.025），r_1 和 r' 很接近，而 r_u 和 r'' 很接近，也可以直接将 r' 和 r'' 取为隶属函数的两个端点。可见，由式(8.1)与式(8.3)或式(8.4)确定的修复时间的隶属函数是对称的。需要注意的是，必要时可以根据维修人员的经验来确定或者修正修复时间的上下限。例如，当维修资源和/或修复条件发生很大变化时，应用历史修复数据并不能很好地估计未来所需的修复时间。此时，维修人员对修复时间范围的估计或者对修复时间范围计算结果所进行的调整可能会更接近实际情况。

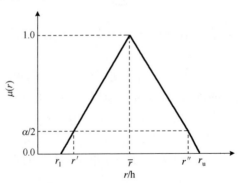

图 8.1 修复时间的隶属函数

2. 停运率的模糊模型

各元件的平均停运率不能通过所记录的元件的多个停运率的样本均值获得。停运率可以估计为元件在某个时段上的年平均停运次数，即

$$\bar{\lambda} = \frac{n}{T} \tag{8.5}$$

式中，$\bar{\lambda}$ 为停运率的点估计值(次/年)；n 为元件在暴露时段 T(年)内的停运次数；T 为时段全长与总停运时间之差。多数情况下，停运时间只占很小一部分，可以近似认为 T 等于所考虑的时段全长。这意味着用停运频率来近似停运率。

期望停运率的置信区间可以用以下方法进行估计。根据统计理论，χ^2 分布与泊松分布存在以下关系[99]：

$$\chi^2(2F) = 2\lambda T \tag{8.6}$$

式中，λ 为期望停运率；T 为所考虑的总时段；F 为时段 T 内的停运次数。

式(8.6)表明时段 T 内停运次数的 2 倍服从自由度为 $2F$ 的 χ^2 分布。因此，对于给定的置信水平 α，可以认为停运率 λ 以概率 $1-\alpha$ 落入以下随机置信区间内，即

$$\lambda' = \frac{\chi^2_{1-\alpha/2}(2F)}{2T} \leqslant \lambda \leqslant \frac{\chi^2_{\alpha/2}(2F)}{2T} = \lambda'' \tag{8.7}$$

式(8.7)给出了停运率的上下限，该上下限可以由停运数据确定。上限的一个更保守(更大)的估计值为

$$\lambda' = \frac{\chi^2_{1-\alpha/2}(2F)}{2T} \leqslant \lambda \leqslant \frac{\chi^2_{\alpha/2}(2F+2)}{2T} = \lambda'' \tag{8.8}$$

类似地，λ 的隶属函数的两个端点(λ_1 和 λ_u)可以由 λ'、λ''、$\bar{\lambda}$ 和 $\alpha/2$ 来计算。两个端点所表示的范围同样可以由有经验的运行人员进行调整(尤其是当需要考虑天气、环境或者运行条件对停运率的影响时)，在这种情况下，停运率的范围可偏离由历史统计数据估计得到的范围。

根据停运率的点估计值和估计区间，可以很容易建立停运率的三角形隶属函数，如图 8.2 所示。注意停运率的隶属函数并不对称。一般来说，点估计值与上限之间的距离大于点估计值与下限之间的距离。

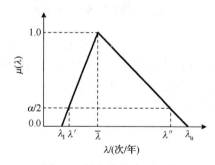

图 8.2　停运率的隶属函数

3. 不可用概率的模糊模型

系统元件的不可用概率 U 可以根据停运频率 f(或停运率 λ)和修复时间按式(8.9)计算：

$$U = \frac{f \cdot r}{8760} \approx \frac{\lambda \cdot r}{8760} \tag{8.9}$$

式中，停运频率 f(或停运率 λ)和修复时间 r 的单位分别为"次/年"和"h/次"。式(8.9)假设停运频率 f 近似等于停运率 λ。由于与元件的运行时间相比，修复时间 r 非常短，这一假设通常是合理的。否则，需要应用附录 C 中的式(C.11)，由 λ 来计算 f。

由图 8.1 中的 r 和图 8.2 中的 λ，可以计算得到不可用概率的隶属函数。计算过程要用到对给定隶属度进行区间运算的法则(参见附录 B.2.2)。应该注意，由两个三角形隶属函数的乘法运算得到的不可用概率的隶属函数已不再是严格的三角形，而是略向左边弯曲，如图 8.3 所示。

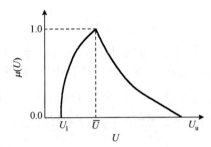

图 8.3　不可用概率的隶属函数

8.2.2　气候相关模糊模型

参考文献[100]、[101]对这些模型进行了详细讨论。

1. 单一气候条件下的模型

特定的气候条件对元件的停运和修复有很大影响。有些输电系统的停运数据库可以提供停运事件发生期间的气象信息。一般将气候分为正常气候和恶劣气候两大类。如果整条输电线路只处于其中一种气候条件，则可以直接应用上述基本模糊模型。将统计得到的停运事件样本按其气候条件进行分组，再分别估计不同气候条件下的停运率、修复时间和不可用概率的隶属函数。

2. 两种不同气候条件下的模型

实际系统中的输电线路可能处于两种不同气候条件。假设一条输电线路跨越两个不同气候区域，区域 1 中部分所占比例为 R 且区域 1 为正常气候，区域 2 为恶劣气候，则由串联网络的可靠性关系，总的等效停运率 λ_E 和等效修复时间 r_E 可以按以下两式进行估计：

$$\lambda_E = \varphi_1(\lambda_N, \lambda_A, R) = \lambda_N R + \lambda_A(1-R) \tag{8.10}$$

$$r_E = \varphi_2(\lambda_N, r_N, \lambda_A, r_A, R) = \frac{\lambda_N R \cdot r_N + \lambda_A(1-R) \cdot r_A}{\lambda_N R + \lambda_A(1-R)} \tag{8.11}$$

式中，λ_N 和 λ_A 分别是正常气候和恶劣气候条件下的停运率；r_N 和 r_A 分别是正常和恶劣气候条件下的修复时间。这些参数可以根据 8.2.1 节的基本模糊模型进行估计。应该注意，这四个参数是模糊变量，R 也是模糊变量。这是因为，虽然天气预报信息是按每个地理区域给出的，但两种不同气候状况的边界不可能像行政地理区域的边界那样明确划分。换言之，恶劣天气可能会延伸到相邻区域，也可能达不到本区域的地理边界，而这种延伸或缩减的程度在本质上都是一个模糊范围。

模糊数运算的实质是确定模糊函数的上下界。用以下方法对式 (8.10) 式和式 (8.11) 进行模糊运算。由式 (8.10) 可见，λ_E 随 λ_N、λ_A 和 R 中的任意一个单调变化，且如果 λ_E 到达上界，则 λ_N 和 λ_A 需要同时取最大值；而如果 λ_E 要到达下界，则 λ_N 和 λ_A 需要同时取最小值。对于 λ_N、λ_A 和 R 的隶属函数中给定的隶属度，λ_E 的上下界由式 (8.12) 确定，即

$$[\lambda_{E\min}, \lambda_{E\max}] = [\min\{\varphi_1(\lambda_{N\min}, \lambda_{A\min}, R_{\min}), \varphi_1(\lambda_{N\min}, \lambda_{A\min}, R_{\max})\},$$
$$\max\{\varphi_1(\lambda_{N\max}, \lambda_{A\max}, R_{\min}), \varphi_1(\lambda_{N\max}, \lambda_{A\max}, R_{\max})\}] \tag{8.12}$$

式 (8.11) 可改写为

$$r_E = \varphi_3(r_N, r_A, S) = \frac{r_N + S \cdot r_A}{1 + S} \tag{8.13}$$

式中

$$S = \varphi_4(\lambda_A, \lambda_N, R) = \frac{\lambda_A}{\lambda_N}\left(\frac{1}{R} - 1\right) \tag{8.14}$$

显然，S 随 λ_N、λ_A 和 R 中的任意一个单调变化，而 r_E 随 r_N、r_A 和 S 中的任意一个单调变化，通过计算一阶导数可以证明这一点。首先，由式 (8.15) 确定 S 的上下界：

$$[S_{\min}, S_{\max}] = [\varphi_4(\lambda_{N\max}, \lambda_{A\min}, R_{\max}), \varphi_4(\lambda_{N\min}, \lambda_{A\max}, R_{\min})] \tag{8.15}$$

然后，对于 r_N、r_A 和 S 的隶属函数中给定的隶属度，可以由式 (8.16) 计算 r_E 的上下界，即

$$[r_{E\min}, r_{E\max}] = [\min\{\varphi_3(r_{N\min}, r_{A\min}, S_{\min}), \varphi_3(r_{N\min}, r_{A\min}, S_{\max})\},$$
$$\max\{\varphi_3(r_{N\max}, r_{A\max}, S_{\min}), \varphi_3(r_{N\max}, r_{A\max}, S_{\max})\}] \tag{8.16}$$

3. 多种不同气候条件下的模型

8.2.2 节的第 2 部分的方法可以推广到输电线路跨越多个区域或者输电线路处于多种不同气候条件的情况。以三个气候区域为例，假设一条输电线路跨越三个区域，每个区域的气候条件都不同，线路位于区域 1 和区域 2 的部分所占比例分别用 R_1

和 R_2 表示，线路在三种不同气候条件下的停运率和修复时间分别为 λ_1、λ_2、λ_3 和 r_1、r_2、r_3，则总的等效停运率和修复时间可以估计如下：

$$\lambda_E = \varphi_5(\lambda_1, \lambda_2, \lambda_3, R_1, R_2) = \lambda_1 R_1 + \lambda_2 R_2 + \lambda_3 (1 - R_1 - R_2) \tag{8.17}$$

$$r_E = \varphi_6(r_1, r_2, r_3, S_1, S_2) = \frac{r_1 \lambda_1 R_1 + r_2 \lambda_2 R_2 + r_3 \lambda_3 (1 - R_1 - R_2)}{\lambda_1 R_1 + \lambda_2 R_2 + \lambda_3 (1 - R_1 - R_2)} = \frac{r_1 + r_2 S_1 + r_3 S_2}{1 + S_1 + S_2} \tag{8.18}$$

式中

$$S_1 = \varphi_7(\lambda_1, \lambda_2, R_1, R_2) = \frac{\lambda_2 R_2}{\lambda_1 R_1} \tag{8.19}$$

$$S_2 = \varphi_8(\lambda_1, \lambda_3, R_1, R_2) = \frac{\lambda_3}{\lambda_1}\left(\frac{1}{R_1} - \frac{R_2}{R_1} - 1\right) \tag{8.20}$$

类似地，可以证明，φ_5、φ_6、φ_7 和 φ_8 在各个参数的定义域内均为各参数的单调函数。对于 λ_1、λ_2、λ_3、R_1 和 R_2 的隶属函数中给定的隶属度，λ_E 的上下界为

$$[\lambda_{Emin}, \lambda_{Emax}] = [\min\{\varphi_5(\lambda_{1min}, \lambda_{2min}, \lambda_{3min}, R_{1min}, R_{2min}), \varphi_5(\lambda_{1min}, \lambda_{2min}, \lambda_{3min}, R_{1min}, R_{2max}),$$
$$\varphi_5(\lambda_{1min}, \lambda_{2min}, \lambda_{3min}, R_{1max}, R_{2min}), \varphi_5(\lambda_{1min}, \lambda_{2min}, \lambda_{3min}, R_{1max}, R_{2max})\},$$
$$\max\{\varphi_5(\lambda_{1max}, \lambda_{2max}, \lambda_{3max}, R_{1min}, R_{2min}), \varphi_5(\lambda_{1max}, \lambda_{2max}, \lambda_{3max}, R_{1min}, R_{2max}),$$
$$\varphi_5(\lambda_{1max}, \lambda_{2max}, \lambda_{3max}, R_{1max}, R_{2min}), \varphi_5(\lambda_{1max}, \lambda_{2max}, \lambda_{3max}, R_{1max}, R_{2max})\}] \tag{8.21}$$

S_1 和 S_2 的上下界为

$$[S_{1min}, S_{1max}] = [\varphi_7(\lambda_{1max}, \lambda_{2min}, R_{1max}, R_{2min}), \varphi_7(\lambda_{1min}, \lambda_{2max}, R_{1min}, R_{2max})] \tag{8.22}$$

$$[S_{2min}, S_{2max}] = [\min\{\varphi_8(\lambda_{1max}, \lambda_{3min}, R_{1min}, R_{2max}), \varphi_8(\lambda_{1max}, \lambda_{3min}, R_{1max}, R_{2max})\},$$
$$\max\{\varphi_8(\lambda_{1min}, \lambda_{3max}, R_{1min}, R_{2min}), \varphi_8(\lambda_{1min}, \lambda_{3max}, R_{1max}, R_{2min})\}] \tag{8.23}$$

对于 r_1、r_2、r_3、S_1 和 S_2 的隶属函数中所给定的隶属度，r_E 的上下界为

$$[r_{Emin}, r_{Emax}] = [\min\{\varphi_6(r_{1min}, r_{2min}, r_{3min}, S_{1min}, S_{2min}), \varphi_6(r_{1min}, r_{2min}, r_{3min}, S_{1min}, S_{2max}),$$
$$\varphi_6(r_{1min}, r_{2min}, r_{3min}, S_{1max}, S_{2min}), \varphi_6(r_{1min}, r_{2min}, r_{3min}, S_{1max}, S_{2max})\},$$
$$\max\{\varphi_6(r_{1max}, r_{2max}, r_{3max}, S_{1min}, S_{2min}), \varphi_6(r_{1max}, r_{2max}, r_{3max}, S_{1min}, S_{2max}),$$
$$\varphi_6(r_{1max}, r_{2max}, r_{3max}, S_{1max}, S_{2min}), \varphi_6(r_{1max}, r_{2max}, r_{3max}, S_{1max}, S_{2max})\}] \tag{8.24}$$

对于跨越多个不同气候区域的线路，确定其停运率和修复时间上下界的一种通用运算法则总结如下：假设 $Y = \varphi(X_1, X_2, \cdots, X_i, \cdots, X_m)$，$X_1 = [x_{1min}, x_{1max}], \cdots, X_i = [x_{imin}, x_{imax}], \cdots, X_m = [x_{mmin}, x_{mmax}]$，其中，$X_1, X_2, \cdots, X_i, \cdots, X_m$ 是不同气候条件下的模糊停运率或修复时间，或者表示不同气候区域划分的模糊比例系数，Y 为线路总等效停运率或修复时间的模糊函数表达式。对于一个给定的隶属度（用 μ 表示），$Y(\mu)$ 的上下限由式 (8.25) 计算：

$$[Y(\mu)_{min}, Y(\mu)_{max}] = [\inf\{\varphi(X_1(\mu), X_2(\mu), \cdots, X_m(\mu))\},$$
$$\sup\{\varphi(X_1(\mu), X_2(\mu), \cdots, X_m(\mu))\}] \tag{8.25}$$

符号 inf{} 和 sup{} 表示取 $\varphi(X_1, X_2, \cdots, X_m)$ 的下界和上界，计算过程中要考虑每个 $X_i (i=1, 2, \cdots, m)$ 在给定隶属度下取最小值 $x_{i\min}$ 或最大值 $x_{i\max}$ 的所有可能组合。如前所述，如果适当引入类似 S_1 和 S_2 这样的中间变量，则这一计算过程只需要进行部分枚举。

需要注意，根据现有停运数据库中的统计数据所能提供的信息，也许只能将气候条件分为两大类(正常气候和恶劣气候)。但是我们相信，如果将来能收集到更多更详细的气象信息，则完全可以将气候分为更多类型。

8.3　负荷的模糊和概率混合模型

8.3.1　峰荷的模糊模型

电力公司提供最有可能出现的峰荷预测值及其上下限。这些预测值可以很自然地与模糊概念关联起来。设最可能出现峰荷 (L_p) 的隶属度为 1.0，上限 (L_h) 和下限 (L_l) 的隶属度为 0(或者一个很小的值)，则可以建立峰荷的不对称三角形隶属函数，如图 8.4 所示。需要指出的是，不对称的上下限不能用正态分布来模拟。

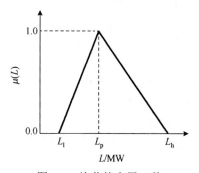

图 8.4　峰荷的隶属函数

8.3.2　负荷曲线的概率模型

文献[102]对该模型进行了详细讨论。负荷曲线反映一个时段(如一年)内各个时刻负荷的大小。根据每小时负荷的历史数据可以形成持续负荷曲线，从而得到负荷曲线的离散概率分布。假设持续负荷曲线有 NP 个小时负荷点，可以分为 NL 级负荷水平。通常将各级负荷水平表示为相对于峰荷的标幺值。每级负荷的概率计算如下：

$$p_i = \frac{NS_i}{NP} \tag{8.26}$$

式中，NS_i 是处于第 i 级和下一级负荷水平之间的负荷点数。

负荷曲线的离散概率分布可表示为

$$p[load = L_i(\text{per unit})] = p_i, \quad i = 1, 2, \cdots, NL \tag{8.27}$$

式中，$L_i(\text{per unit})$表示第 i 级负荷水平相对于峰荷的标幺值。

一种改进方法是应用 3.3.1 节所述的 K-均值聚类方法来计算各级负荷水平及其样本标准差。每一级负荷水平是某一聚类中各负荷点的均值，同时每级负荷水平都有其样本标准差。该方法的步骤如下：

(1) 选取聚类均值的初值 $M_i(\text{MW})$，其中 i 表示第 i 个聚类($i=1, 2, \cdots, NL$)。

(2) 用式 (8.28) 计算每小时负荷点 $L_k(k=1, 2, \cdots, NP)$ 到每个聚类中心 M_i 的距离 D_{ki}，即

$$D_{ki} = \left| M_i - L_k \right| \tag{8.28}$$

(3) 将负荷点分配给距离最近的聚类，并用式 (8.29) 计算新的聚类均值，即

$$M_i = \frac{1}{NS_i} \sum_{k=1}^{NS_i} L_k, \quad i = 1, 2, \cdots, NL \tag{8.29}$$

式中，NS_i 是第 i 个聚类中的负荷点数。

(4) 重复第 (2) 步和第 (3) 步，直到全部聚类均值在迭代中保持不变。

(5) 计算每级负荷水平的标幺值，即

$$L_i(\text{per unit}) = \frac{M_i}{L(\text{peak})}, \quad i = 1, 2, \cdots, NL \tag{8.30}$$

式中，$L(\text{peak})$表示持续负荷曲线的峰荷(MW)。

(6) 计算每级负荷水平的样本标准差，即

$$\sigma_i = \sqrt{\frac{1}{NS_i - 1} \sum_{k=1}^{NS_i} (L_k - M_i)^2}, \quad i = 1, 2, \cdots, NL \tag{8.31}$$

可以用 σ_i 来考虑负荷相对于各级负荷水平的不确定性。例如，如果采用蒙特卡罗法，应用近似逆变换方法(参见附录 A.5.4 的第 2 部分)产生一个服从标准正态分布的随机数 Z_m。系统负荷在第 i 级负荷水平下的第 m 个抽样值计算如下：

$$L_{im} = Z_m \sigma_i + L_i(\text{MW}) \tag{8.32}$$

式中，$L_i(\text{MW})$是第 i 级负荷水平的以 MW 为单位的负荷值。

可见，上述方法用一种组合概率模型来描述负荷曲线，该模型结合了多级水平负荷的离散概率分布，以及考虑每级负荷水平不确定性的正态分布。当只是单纯考虑负荷的概率模型时，$L_i(\text{MW})$就是第 i 级负荷水平的聚类均值 M_i。若要把负荷曲线的概率模型和如图 8.4 所示的峰荷预测值的模糊模型结合起来，则 $L(\text{peak})$为每个隶属度所对应的范围。此时，可根据 $L_i(\text{per unit})$和峰荷的隶属函数计算 $L_i(\text{MW})$(参见式 (8.34))。其中隐含的一个假设条件是，每级负荷隶属函数中各隶属度对应的上下

限按持续负荷曲线中每级负荷水平的均值成比例变化。这是一个合理的假设。当然，只要有足够的数据，必要时也可以对不同的负荷水平采用不同的隶属函数。

8.4　概率和模糊相结合的方法

系统峰荷和元件停运的模糊模型可以引入输电系统的传统分析方法中，包括潮流、预想事故分析、最优潮流和稳定性评估。本节以模糊模型在输电系统可靠性评估中的应用为例进行讨论，8.5 节和 8.6 节给出两个算例。

8.4.1　按区域划分的天气状态概率模型

一个输电系统可能跨越若干个区域，每个区域都有各自的天气预报信息。图 8.5 表示一个跨越 5 个气象区域的输电系统范围。根据天气预报或气象记录，输电系统范围内按区域划分的天气状态可以分为以下几种情况：单个区域处于恶劣天气，两个相邻区域处于恶劣天气，三个相邻区域处于恶劣天气，以此类推。对于有 5 个区域的输电系统，按区域划分的天气状态的最大数目为 $C_5^0 + C_5^1 + C_5^2 + C_5^3 + C_5^4 + C_5^5 = 32$，其中，$C_5^i$ 表示 5 个元素中取 i 个元素的组合数。

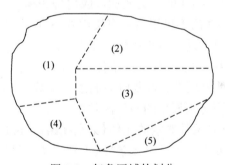

图 8.5　气象区域的划分

从气象记录中可以得到每个按区域划分的天气状态的概率。区域数基本上取决于可用的数据而不是输电系统的地域大小。假设有 N 个概率不为零的按区域划分的天气状态，其概率分别为 $P_1, P_2, \cdots, P_N$。一般而言，所有区域（整个输电系统）处于正常天气的概率要比其他所有天气状态（至少一个区域处于恶劣天气）的概率之和大得多。可以用枚举法或蒙特卡罗法来选取输电系统所处的天气状态。应用蒙特卡罗法时，将 $P_1, P_2, \cdots, P_N$ 依次排列于[0,1]区间。产生一个在[0,1]区间均匀分布的随机数。如果随机数落入 P_i 代表的区间，则表示本次抽样输电系统处于第 i 个按区域划分的天气状态。应用枚举法时，只需要逐一考虑每个按区域划分的天气状态。处于同一气候条件的地域面积一般比较大，因此输电系统所跨越的气象区域不会太多。即便气象区域比较多，很多按区域划分的天气状态在现实生活中也不会出现。从这个角度讲，用枚举法来选取天气状态的效率更高。需要强调的是，天气状态的出现是随机的，而正如 8.2.2 节所述，与多区域天气状态相关的架空输电线路模型是模糊的。

8.4.2　混合可靠性评估方法

1. 计算可靠性指标的隶属函数

由前所述，输入数据(系统元件的停运参数和系统负荷)是随机模糊变量，因此可靠性指标也是随机模糊变量。模糊变量的隶属函数表明在不同隶属度下该变量的模糊范围(下限和上限)。在电力系统可靠性评估中，系统的不可靠程度与每个元件的不可用概率或系统负荷之间存在单调关系。换言之，系统的可靠性指标，如EENS(期望缺供电量)或 PLC(负荷削减概率)，随任一元件的不可用概率或系统负荷单调变化。当所有输入数据均取为某一个隶属度对应的上下限时，所得可靠性指标即为对应于该隶属度的可靠性指标的上下限。因此，可以用传统的可靠性评估方法来计算给定隶属度对应的可靠性指标，只要考虑足够多的隶属度，就可以建立可靠性指标的隶属函数。

(1)准备全部系统元件的停运参数，包括以下三种类型：

① 对于用非模糊模型描述的一类元件，应用传统模型(以一个平均值表示停运率和修复时间)。该类元件的不可用概率直接由式(8.9)计算。它们的不可用概率都是一个单一的数值，在以下迭代过程中保持不变。

② 对于用模糊模型描述但不计气候条件影响的元件，应用 8.2.1 节给出的基本模糊模型，建立这类元件停运率和修复时间的隶属函数，并应用式(8.9)和模糊数的运算法则计算这类元件不可用概率的隶属函数。

③ 对于需要计入气候条件影响的元件(架空线路)，应用 8.2.2 节给出的与气候相关的模糊模型，建立元件在单一气候条件(正常或恶劣气候)下停运率和修复时间的隶属函数。

(2)分别应用8.3.1节和8.3.2节给出的模型建立系统峰荷的隶属函数和系统负荷曲线的离散概率分布模型。

(3)应用 8.4.1 节所述方法选取输电系统所处的按区域划分的天气状态。根据所选天气状态，更新第三类元件(架空线路)停运率和修复时间的隶属函数。如果线路全线处于一种气候条件，则采用与该气候条件对应的停运参数的隶属函数；如果线路跨越多种气候区域，则应用 8.2.2 节的第 2 部分和第 3 部分给出的模型来计算停运参数的隶属函数。

(4)应用式(8.9)和模糊数运算规则计算第三类元件不可用概率的隶属函数，该隶属函数会随第(3)步中所选天气状态的不同而不同。

(5)对一个给定的隶属度，由第(2)步所建立系统峰荷的模糊模型，计算峰荷隶属函数 $\mu(L)$ 的反函数 $\mu^{-1}(\mu(L))$ 的两个值。

(6)对于同一个隶属度，由元件不可用概率的模糊模型，按式(8.33)计算每个元件不可用概率隶属函数 $\mu_j(U)$ 的反函数的两个值：

$$U_j = \mu_j^{-1}(\mu_j(U)) \tag{8.33}$$

式中，U_j 是当前隶属度下第 j 个元件的不可用概率。对于每个隶属度，不可用概率有两个值，分别对应于上下限。为简单起见，式(8.33)在表达形式上并没有区分这两个值。

(7)对第(2)步所建立的负荷曲线离散概率模型中的负荷水平 L_i(per unit)，由式(8.34)计算该级负荷水平以 MW 为单位的负荷值的上下限：

$$L_i(\text{MW}) = L_i(\text{per unit}) \cdot \mu^{-1}(\mu(L)) \tag{8.34}$$

类似地，式(8.34)未从表达形式上对两个值予以区分。

(8)应用传统的蒙特卡罗法(与 5.5.6 节给出的方法类似)，在第(7)步所得的负荷水平下，进行概率可靠性评估，包括以下步骤：

① 根据第(1)步(对于第一类元件)或第(6)步(对于第二、三类元件)所得元件的不可用概率，抽取所有元件的状态(运行或停运状态)以确定系统失效状态。

② 由式(8.32)抽取系统负荷状态以计入负荷水平的不确定性。

③ 进行系统分析，检查是否有越限情况(如线路容量越限、节点电压越限等)。

④ 如果存在任何越限情况，则求解 5.5.5 节给出的最优潮流模型来确定满足所有约束和限制条件所需的最小负荷削减量。

⑤ 计算蒙特卡罗模拟过程中随机抽取的全部系统状态的可靠性指标的平均值。

(9)第(8)步所得可靠性指标以概率 p_i 对应于负荷水平 L_i(MW)。重复第(7)步和第(8)步，以考虑负荷离散概率分布模型中所有的负荷水平。总的可靠性指标按式(8.35)计算：

$$RI_l = \sum_{i=1}^{NL} RI(L_i) \cdot p_i \tag{8.35}$$

式中，RI_l 是对应于隶属度 l 的总可靠性指标；$RI(L_i)$ 是对应于负荷水平 L_i(MW)的可靠性指标；NL 是负荷水平数。值得注意的是，对于每一隶属度，RI_l 有两个值，要分别计算。

(10)重复步骤(5)～步骤(9)，取隶属函数 $\mu(L)$ 和 $\mu_j(U)$ 的多个隶属度，计算与所选天气状态对应的可靠性指标的隶属函数。

(11)重复步骤(3)～步骤(10)，计算所有按区域划分的天气状态对应的可靠性指标的隶属函数。再用相应天气状态的概率对这些计及天气影响的可靠性指标的隶属函数进行加权求和，得到总的可靠性指标的隶属函数。

2. 隶属函数去模糊化

模糊理论中主要有两种去模糊化方法：重心法和综合最大值法。对于由上述方法所得到的可靠性指标的隶属函数，重心法是一种比较合适的方法。该方法与概率理论中的加权平均值概念比较类似,通过计算模糊函数的加权平均值来获取平衡点,计算公式如下：

$$RI(\text{mean}) = \frac{\sum_{l \in V} RI_l \cdot \mu(RI_l)}{\sum_{l \in V} \mu(RI_l)} \tag{8.36}$$

式中，$RI(\text{mean})$是可靠性指标的均值；RI_l是可靠性指标隶属函数的第 l 个域点(隶属函数横坐标上的点)的值；$\mu(RI_l)$是该域点的隶属度；V 是所考虑的域点集合。显然，$RI(\text{mean})$对应的点为可靠性指标隶属函数的重心。

8.5　算例1：不考虑气候影响的算例

8.5.1　算例描述

应用 8.4 节所述方法，不考虑与气候相关的模型，对加拿大 BC Hydro(不列颠哥伦比亚水电公司)一个区域电网的可靠性进行了计算。气候的影响在 8.6 节中用第二个算例进行说明。该区域电网的单线图如图 8.6 所示。该系统有 104 个节点，167 条支路和本地的 8 台发电机组，总发电容量为 4580MW(包含从外部主电源输入的功率)。按 8.3.1 节所述方法，根据最可能出现的峰荷预测值及其上下限建立峰荷的隶属函数。由历史记录，按 8.3.2 节所述聚类方法建立负荷曲线的离散概率分布模型。由历史统计数据，按 8.2.1 节所述基本模糊模型，建立系统各元件停运率和修复时间的隶属函数。

研究以下三种情况：

(1)考虑系统元件停运参数的模糊概率模型,但只用概率分布模型来描述负荷曲线而不考虑峰荷的模糊模型。

(2)考虑负荷的模糊概率混合模型,但只用传统概率方法来描述系统元件的停运参数(固定不变的停运率和修复时间均值)。

(3)同时考虑负荷和系统元件停运参数的模糊概率模型。

8.5.2　可靠性指标的隶属函数

应用 8.4.2 节提出的方法，不考虑天气的影响，计算以下两个可靠性指标的隶属函数：

(1)EENS——期望缺供电量(MW·h/年)；

(2)PLC——负荷削减概率。

计算三种情况下两个可靠性指标的隶属函数并绘制曲线,如图 8.7~图 8.12 所示。

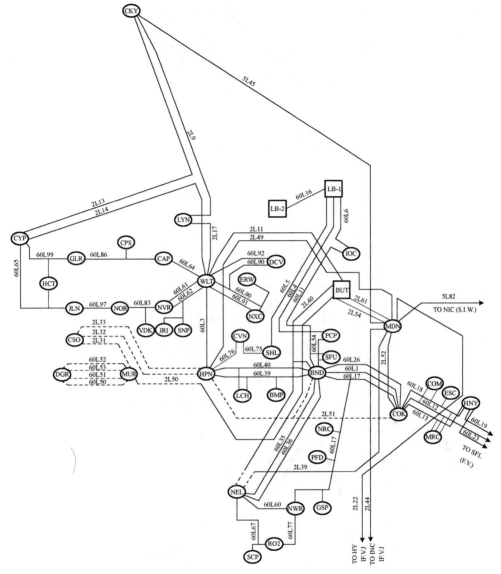

图 8.6　某区域电网的单线图

表 8.1 和表 8.2 分别给出了 5 个隶属度对应的 EENS 和 PLC 指标的上下限。表中结果对应于选取 0.25 作为隶属度的步长。根据隶属函数的计算精度要求，可以选取更大或更小的步长。同时考虑随机性(概率模型)和模糊性(模糊模型)，并在计算中考虑更多隶属度值得到的 EENS 和 PLC 指标的总平均值，如表 8.3 所示。为比较的目的，表 8.3 中还列出了不考虑模糊模型，只应用传统概率方法所得的指标均值，该均值对应于本例的隶属函数中隶属度为 1.0 的点。蒙特卡罗模拟中以 EENS 的方差系数小于 0.05 作为收敛判据。

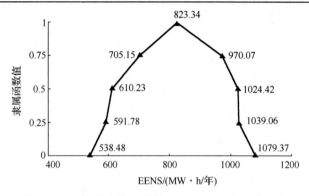

图 8.7　8.5.1 节中第一种情况下 EENS 的隶属函数

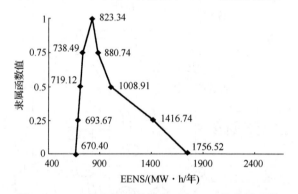

图 8.8　8.5.1 节中第二种情况下 EENS 的隶属函数

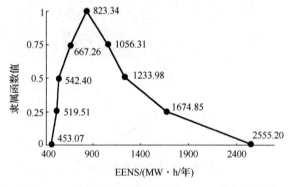

图 8.9　8.5.1 节中第三种情况下 EENS 的隶属函数

　　输入数据为随机模糊数，因此可靠性指标也是随机模糊变量。换言之，指标中同时包含了由概率特性描述的随机性和由模糊集描述的模糊性。三种情况的概率模型相同，因此其计算结果的差异是由于采用了不同的模糊模型来描述数据的模糊不确定性。由计算结果可知以下几点：

　　(1)模糊输入数据(模糊负荷和模糊停运参数)产生具有不同隶属函数的模糊可靠性指标。对本例而言，负荷的模糊性比系统元件停运参数的模糊性对可靠性指标

模糊范围的影响更大。这两种模糊不确定性的共同作用，使可靠性指标的模糊范围
达到最大。

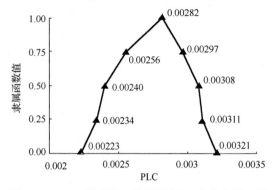

图 8.10 8.5.1 节中第一种情况下 PLC 的隶属函数

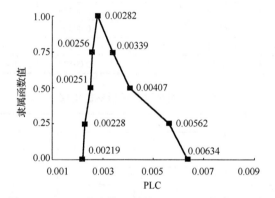

图 8.11 8.5.1 节中第二种情况下 PLC 的隶属函数

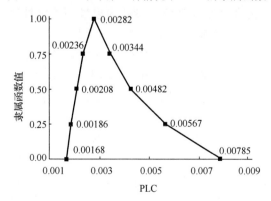

图 8.12 8.5.1 节中第三种情况下 PLC 的隶属函数

(2)尽管峰荷的隶属函数是对称的，但相应可靠性指标隶属函数是高度不对称
的，其上限要大得多。这说明可靠性指标的模糊性对峰荷模糊不确定性模型中负荷
的上限侧比对下限侧更为敏感。这应该是一种普遍现象。

表 8.1　EENS 的隶属函数　　　　　　　　　　　　　　（单位：MW·h/年）

隶属度	第一种情况		第二种情况		第三种情况	
	下限	上限	下限	上限	下限	上限
1	823.34	823.34	823.34	823.34	823.34	823.34
0.75	705.15	970.07	738.49	880.74	667.26	1056.31
0.5	610.23	1024.42	719.12	1008.91	542.40	1233.98
0.25	591.78	1039.06	693.67	1416.74	519.51	1674.85
0	538.48	1079.37	670.40	1756.52	453.07	2555.20

表 8.2　PLC 的隶属函数

隶属度	第一种情况		第二种情况		第三种情况	
	下限	上限	下限	上限	下限	上限
1	0.00282	0.00282	0.00282	0.00282	0.00282	0.00282
0.75	0.00256	0.00297	0.00256	0.00339	0.00236	0.00344
0.5	0.00240	0.00308	0.00251	0.00407	0.00208	0.00428
0.25	0.00234	0.00311	0.00228	0.00562	0.00186	0.00567
0	0.00223	0.00321	0.00219	0.00634	0.00168	0.00785

表 8.3　两个可靠性指标的均值

计算条件	EENS/(MW·h/年)	PLC
第一种情况	825.18	0.00277
第二种情况	861.55	0.00315
第三种情况	895.30	0.00308
不计模糊性	823.34	0.00282

(3) 当同时考虑负荷和系统元件停运参数的模糊不确定性时,对可靠性指标所产生的综合影响并非两种模糊不确定性的简单线性叠加。

(4) 一个有趣的现象是,尽管可靠性指标的模糊范围都很大,但去模糊化后每个指标的均值与隶属度 1.0 对应的指标值相差并不大。本例中,三种情况下 EENS 的均值都大于隶属度 1.0 对应的指标值,第二种和第三种情况下的 PLC 指标的均值大于隶属度 1.0 对应的指标值,而第一种情况的 PLC 指标的均值小于隶属度 1.0 对应的指标值。这一现象取决于隶属函数的形状,以及计算中所考虑的隶属度取值的步长。

(5) 另一个关于 PLC 指标的现象是,指标均值与隶属度 1.0 对应指标值的靠近程度并不一定与指标的模糊范围成比例。本例中,第三种情况下 PLC 的模糊范围较第二种情况大,但是第三种情况的 PLC 指标均值较第二种情况更接近于隶属度 1.0 对应的指标值。这一现象同样取决于隶属函数的形状,以及计算中所考虑的隶属度取值的步长。

8.6 算例 2：考虑气候影响的算例

8.6.1 算例描述

文献[103]设计了一个称为 RBTS(Roy Billinton 测试系统)的可靠性测试系统，多年来该系统被用来测试发输电组合系统可靠性评估的新模型或新方法。本节用 RBTS 说明当计及气候对数据不确定性的影响时如何应用所提出的方法。RBTS 的单线图及其气象区域的划分如图 8.13 所示，基本数据参见文献[103]。

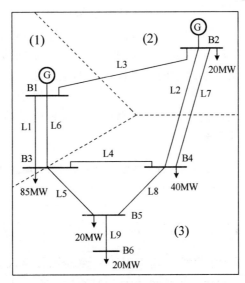

图 8.13 RBTS 的单线图及其气象区域的划分

除了基本数据，要引入模糊气候模型，还需要一些其他数据。假设整个输电系统的地域分为三个气象区域，如图 8.13 所示(用虚线分隔，并标注数字(1)、(2)和(3))。每个区域都可能处于正常或恶劣气候条件。表 8.4 给出了按区域划分的天气状态的概率。符号 W0 表示整个系统(所有 3 个区域)处于正常天气，W123 表示整个系统处于恶劣天气。W1 表示只有区域 1 处于恶劣天气，W12 表示区域 1 和 2 均处于恶劣天气而区域 3 处于正常天气。 其余符号的含义类似。线路 3 有 30%位于区域 1、70%位于区域 2(即 $R=0.3$)，而线路 2 和 7 有 40%位于区域 3、60%位于区域 2(即 $R=0.4$)。线路 1 和 6 全部位于区域 1，线路 4、5、8 和 9 全部位于区域 3。所有线路在正常气候和恶劣气候条件下停运数据的三角形模糊模型如表 8.5 所示。取基本数据中的停运率作为两种气候条件的平均停运率，并假设线路 1、4、5、6、8 和 9 的停运事件中有 40%出现在恶劣气候条件下，而线路 2、3 和 7 的这一比例为 50%，由此计算得到停运率模糊模型的中点值。用正常气候和恶劣气候条件下线路

表 8.4　天气状态的概率

天气状态	概率
W0	0.84
W1	0.02
W2	0.02
W3	0.02
W12	0.03
W13	0.03
W23	0.03
W123	0.01

停运率模糊模型的中点值和线路处于正常和恶劣气候条件的概率，计算得到每条线路的总的平均停运率，其值与文献[103]给出的停运率相同，从这个意义上讲，可以认为这些模糊数据与 RBTS 的原始数据是一致的。假设正常气候条件下修复时间模糊模型的中点值为文献[103]给出的原始修复时间(10h)，恶劣气候条件下修复时间模糊模型的中点值增大 50%(15h)，以反映恶劣气候条件下修复工作更困难的事实。假设两种气候条件的比例系数(即 R)满足矩形模糊模型，对于线路 3，R 的模糊模型为[0.2, 0.2, 0.4, 0.4]，而对于线路 2 和 7，R 的模糊模型为[0.3, 0.3, 0.5, 0.5]。与前述地理区域的划分有明确的边界不同，这些模糊模型意味着天气状况并不会严格遵守两个气候区域的地理边界，而会以相同的可能性(10%)超出本区域或者达不到本区域的边界。为了重点讨论天气对元件停运参数的影响，这里不考虑峰荷的模糊性，但仍然考虑年负荷曲线的概率模型，该模型从某电力公司的典型负荷曲线得到。

表 8.5　不同天气条件下停运率和修复时间的模糊模型

线路	正常天气条件	恶劣天气条件
停运率/(次/年)		
L1, L6	[0.7253, 0.9890, 1.3187]	[4.8889, 6.6667, 8.8889]
L4, L5, L8, L9	[0.3956, 0.6593, 1.1868]	[2.6667, 4.4444, 8.0000]
L3	[1.3736, 2.1978, 3.2967]	[13.8889, 22.2222, 33.3333]
L2, L7	[1.6484, 2.7473, 4.1209]	[16.6667, 27.7778, 41.6667]
修复时间/(h/次)		
所有线路	[7.5, 10, 12.5]	[10, 15, 20]

8.6.2　可靠性指标的隶属函数

应用 8.4 节的方法，重点关注天气的影响，计算以下三个指标的隶属函数：

(1)EENS——期望缺供电量(MW·h/年)；

(2)PLC——负荷削减概率；

(3)ENLC——期望削减负荷次数(次/年)。

8 种天气状态下三个指标隶属函数的计算结果如表 8.6～表 8.13 所示。图 8.14～图 8.19 给出了整个系统处于正常气候条件(状态 W0)和恶劣气候条件(状态 W123)下三个指标的隶属函数曲线。综合考虑 8 种天气状态，三个指标隶属函数的概率平均值如表 8.14 所示，对应的曲线如图 8.20～图 8.22 所示。由计算结果可知以下几点：

表 8.6　天气状态 W0 下可靠性指标的隶属函数

隶属度	EENS/(MW·h/年)		PLC		ENLC/(次/年)	
	下限	上限	下限	上限	下限	上限
1	131.8	131.8	0.00119	0.00119	1.05809	1.05809
0.75	111.6	149.7	0.00101	0.00135	0.93129	1.15187
0.5	93.7	158.8	0.00085	0.00143	0.81059	1.17054
0.25	80.2	210.5	0.00073	0.00182	0.72289	1.46146
0	60.1	219.5	0.00055	0.00198	0.54526	1.53449

表 8.7　天气状态 W1 下可靠性指标的隶属函数

隶属度	EENS/(MW·h/年)		PLC		ENLC/(次/年)	
	下限	上限	下限	上限	下限	上限
1	133.5	133.5	0.00123	0.00123	1.14050	1.14476
0.75	113.1	153.2	0.00104	0.00141	0.99627	1.27463
0.5	95.1	162.7	0.00088	0.00150	0.86028	1.30501
0.25	81.2	205.6	0.00075	0.00189	0.76151	1.60736
0	60.8	224.3	0.00057	0.00206	0.57678	1.70045

表 8.8　天气状态 W2 下可靠性指标隶属函数

隶属度	EENS/(MW·h/年)		PLC		ENLC/(次/年)	
	下限	上限	下限	上限	下限	上限
1	132.8	136.1	0.00121	0.00123	1.18440	1.25183
0.75	112.4	154.5	0.00102	0.00140	1.01078	1.40802
0.5	93.8	170.0	0.00085	0.00152	0.87299	1.50432
0.25	80.3	220.0	0.00073	0.00196	0.76700	1.90490
0	60.1	250.7	0.00055	0.00221	0.58337	2.10465

表 8.9　天气状态 W3 下可靠性指标隶属函数

隶属度	EENS/(MW·h/年)		PLC		ENLC/(次/年)	
	下限	上限	下限	上限	下限	上限
1	909.5	909.5	0.00807	0.00808	6.00357	6.18933
0.75	763.8	1147.3	0.00677	0.01018	5.35231	7.41023
0.5	611.5	1445.5	0.00543	0.01280	4.57435	9.00516
0.25	499.4	1750.8	0.00443	0.01546	3.99167	10.58921
0	380.6	2147.9	0.00341	0.01891	3.31165	12.76528

表 8.10　天气状态 W12 下可靠性指标隶属函数

隶属度	EENS/(MW·h/年)		PLC		ENLC/(次/年)	
	下限	上限	下限	上限	下限	上限
1	144.0	151.6	0.00132	0.00137	1.38998	1.49633
0.75	115.1	183.6	0.00109	0.00164	1.12892	1.78766
0.5	96.8	200.9	0.00092	0.00179	0.97577	1.89475
0.25	82.5	267.1	0.00078	0.00233	0.84188	2.42368
0	61.1	298.7	0.00058	0.00262	0.63431	2.70341

表 8.11 天气状态 W13 下可靠性指标隶属函数

隶属度	EENS/(MW·h/年)		PLC		ENLC/(次/年)	
	下限	上限	下限	上限	下限	上限
1	912.1	920.7	0.00814	0.00819	6.32382	6.66289
0.75	766.0	1163.1	0.00683	0.01036	5.58725	8.07407
0.5	613.4	1472.7	0.00548	0.01306	4.73212	9.95216
0.25	500.5	1783.0	0.00446	0.01575	4.07963	11.70180
0	381.5	2190.3	0.00344	0.01928	3.37778	14.17432

表 8.12 天气状态 W23 下可靠性指标隶属函数

隶属度	EENS/(MW·h/年)		PLC		ENLC/(次/年)	
	下限	上限	下限	上限	下限	上限
1	912.8	915.8	0.00811	0.00813	6.83599	6.90025
0.75	766.6	1161.3	0.00680	0.01028	5.99875	8.53997
0.5	613.4	1467.2	0.00545	0.01296	5.05401	10.67055
0.25	499.5	1781.4	0.00444	0.01568	4.32847	12.71015
0	380.7	2199.0	0.00341	0.01924	3.53526	15.40769

表 8.13 天气状态 W123 下可靠性指标隶属函数

隶属度	EENS/(MW·h/年)		PLC		ENLC/(次/年)	
	下限	上限	下限	上限	下限	上限
1	939.9	939.9	0.00832	0.00832	7.44439	7.44439
0.75	787.4	1193.6	0.00697	0.01056	6.44321	9.28763
0.5	620.8	1516.3	0.00555	0.01334	5.30333	11.65119
0.25	502.2	1844.8	0.00450	0.01615	4.49659	13.89544
0	382.0	2284.7	0.00345	0.01985	3.67106	16.99034

表 8.14 考虑各种天气状态时可靠性指标的隶属函数

隶属度	EENS/(MW·h/年)		PLC		ENLC/(次/年)	
	下限	上限	下限	上限	下限	上限
1	202.7	203.3	0.00182	0.00182	1.56630	1.58674
0.75	170.8	242.0	0.00154	0.00217	1.37535	1.81436
0.5	140.6	278.3	0.00127	0.00249	1.18294	2.01158
0.25	118.1	353.7	0.00107	0.00309	1.04010	2.45368
0	89.0	400.3	0.00081	0.00356	0.81059	2.75885

(1)本例中,区域 1 或区域 2 处于恶劣气候条件时所对应的可靠性指标,与整个系统处于正常气候条件下的可靠性指标相比,差距并不大。这是因为,尽管区域 1 的恶劣气候增大了两回并列线路 L1 和 L6 的停运概率,但由于母线 3 处的 85MW 负荷由 L1 和 L6 共同供电,所以任何一回线路停运都不会出现削减负荷的情况,而母线 2 处的 20MW 负荷直接由该母线所连接的发电机供电,也不受线路停运的影响。

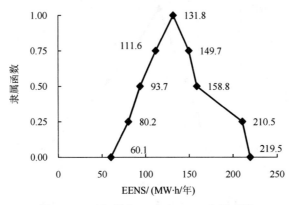

图 8.14　天气状态 W0 下 EENS 隶属函数

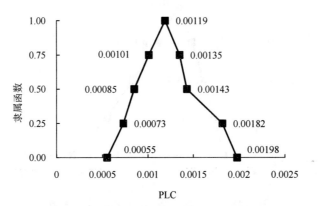

图 8.15　天气状态 W0 下 PLC 隶属函数

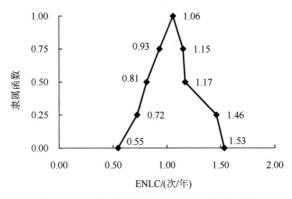

图 8.16　天气状态 W0 下 ENLC 隶属函数

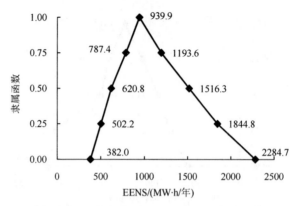

图 8.17　天气状态 W123 下 EENS 隶属函数

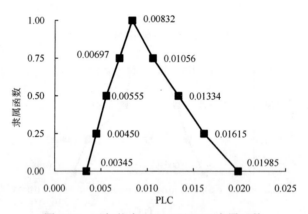

图 8.18　天气状态 W123 下 PLC 隶属函数

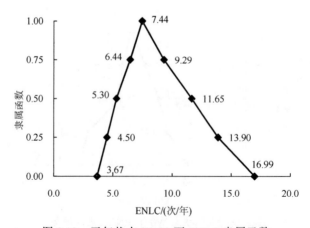

图 8.19　天气状态 W123 下 ENLC 隶属函数

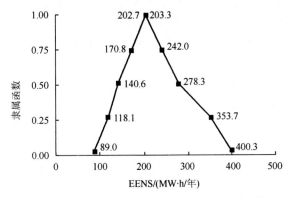

图 8.20　考虑各种天气状态时 EENS 隶属函数

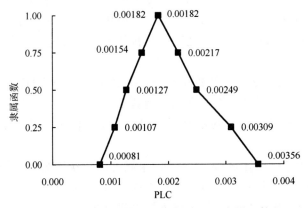

图 8.21　考虑各种天气状态时 PLC 隶属函数

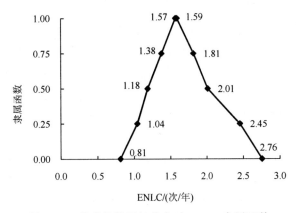

图 8.22　考虑各种天气状态时 ENLC 隶属函数

(2)所有天气状态中，只要区域 3 为恶劣气候，相应的系统可靠性指标就会大幅度恶化。主要原因是区域 3 中有一条辐射形线路 L9，而且该区域中所有负荷都位于输电线路末端。恶劣天气造成该区域线路的停运概率增大，这对可靠性指标产生很大影响。对比表 8.6 和表 8.14 的指标可见，恶劣天气状态对可靠性指标的贡献达 30%～45%，具体数值随指标和模糊程度(隶属度)不同而不同。

(3)本例中三个指标模糊函数的形状比较相似。另外，整个系统处于正常天气状态和处于恶劣天气状态时，隶属函数的形状有很大差距，而考虑各种天气状态时平均隶属函数的形状处于两者之间。

(4)尽管输入数据(停运率和修复时间)的隶属函数为三角形函数，但可靠性指标的隶属函数并不是三角形函数。这是一个具有普遍性的结论。

(5)当整个系统处于一种天气状态(均为正常天气或均为恶劣天气)时，如图 8.14～图 8.19 所示，其隶属函数只有一个峰值，这是因为不存在不同天气状况之间的模糊边界(本例用矩形隶属函数进行模拟)对这些隶属函数的影响。另外，正是由于采用矩形隶属函数来模拟不同天气状况之间的模糊边界，图 8.20～图 8.22 的隶属函数有两个峰值。

(6)线路 3 以及线路 2 和 7 跨越了不同天气状态边界，然而描述这些边界模糊性的隶属函数的矩形形状对可靠性指标隶属函数形状的影响不大。特别是对于图 8.21 中 PLC 隶属函数的中点，这种影响甚至体现不出来。但是，这一结论仅限于本例，并不具有普遍性。

(7)可靠性指标的隶属函数表明了不同隶属度下指标所处的范围，有助于深入认识气候条件对线路停运和系统可靠性所产生的不确定性影响。有必要再次强调，这种不确定性是模糊不确定性，不能用概率模型进行描述。

8.6.3　模糊模型和传统模型的对比

传统概率方法在考虑天气的影响时，假设架空线路在每种气候条件下的停运率或修复时间都是一个确定的值，并且线路所处的不同天气状况有明确分界。对不考虑天气影响和应用传统的非模糊模型[10]考虑天气影响情况下的 RBTS 的可靠性指标也进行了计算。计算中除了不需要模糊模型的数据，其余数据均相同。不同情况下的可靠性指标的均值列于表 8.15 和表 8.16 中。由计算结果可知以下几点：

(1)对于恶劣天气状况影响较大的情况(当区域 3 处于恶劣天气时)，应用模糊和非模糊气候模型所得的可靠性指标的差距较大，而对于正常天气，以及恶劣天气影响较小的情况(当区域 1 或 2 处于恶劣天气时)，两种模型的计算结果非常接近，这是因为恶劣气候条件下元件停运参数的模糊范围较正常气候条件的范围要大得多。

(2)当考虑所有天气状态影响时，应用模糊和非模糊气候模型计算得到的总指标的平均值没有显著差别。这是因为区域 3 为恶劣天气所对应的天气状态的概率很小。另外，与不考虑天气影响的指标相比，考虑天气影响时的可靠性指标大幅度恶化。

(3)一般而言，模糊气候模型和非模糊气候模型都可以用于计算平均指标。采用模糊气候模型的主要优点在于可以给出可靠性指标的隶属函数。由于隶属函数给出了不同隶属度下可靠性指标的范围，而不只是给出一个平均值，所以可以为一些分析(尤其是为分析各种天气状态对系统可靠性的影响)提供非常有用的信息。

表 8.15　考虑各种天气状态时模糊模型和非模糊模型所得指标的对比

天气状态	EENS/(MW·h/年)		PLC		ENLC/(次/年)	
	非模糊	模糊	非模糊	模糊	非模糊	模糊
W0	131.8	131.7	0.00119	0.00119	1.05809	1.04304
W1	133.5	133.5	0.00123	0.00123	1.14253	1.13266
W2	133.0	135.2	0.00121	0.00122	1.19725	1.22139
W3	909.5	968.7	0.00808	0.00859	6.07870	6.43996
W12	145.9	151.2	0.00134	0.00137	1.42581	1.46508
W13	912.5	978.7	0.00815	0.00871	6.46432	6.90404
W23	914.3	977.0	0.00812	0.00866	6.86801	7.35244
W123	939.9	1004.2	0.00832	0.00888	7.44439	7.95244

表 8.16　考虑各种天气状态时三种方法所得总指标平均值的对比

气候模型	EENS/(MW·h/年)	PLC	ENLC/(次/年)
不计天气影响的模型	156.0	0.00141	1.27622
非模糊气候模型	202.8	0.00182	1.57435
模糊气候模型	209.0	0.00188	1.60627

8.7　结　　论

对于系统规划人员，如何处理输电系统概率规划中数据的不确定性是一个具有挑战性的任务。本章通过负荷和系统元件停运参数的模糊模型对这一问题进行了探讨。以输电系统可靠性评估为例，还提出了一种用于输电系统分析的混合概率模糊方法。所述模型和方法可以推广应用于输电系统概率规划中的其他系统分析问题。

现实生活中的负荷和系统元件停运参数都有两种不确定性(随机性和模糊性)。随机性可以用概率模型来描述，而模糊性需要用模糊模型来描述。在以下两种情况下需要应用模糊模型：

(1)模糊因素真实存在的情况。例如，系统元件的停运参数受天气状态影响，而描述天气的语言是模糊的，而且不同天气状态之间也不存在截然分明的边界。由于各种原因，负荷预测也存在模糊性。

(2)需要进行主观判断或主观判断更为合适的情况。例如，有些情况下，没有足够的统计数据来准确建立元件停运参数或峰荷的概率模型，但是运行人员可以估计出停运参数或峰荷的大致范围。

本章所提模型的核心数学思想是建立随机模糊变量的混合概率模糊模型。基于概率模糊模型，提出了一种包含隶属函数和蒙特卡罗模拟的混合方法来模拟系统负荷和元件停运参数的随机性和模糊性。建立输入数据模糊隶属函数所需的区间估计值，可以由统计数据或者运行人员的经验来确定。在所提方法中，蒙特卡罗模拟是一个独立的模块，而模糊建模是在蒙特卡罗模拟过程的外部完成的。利用这一特点，可以方便地将该方法嵌入已有的用于输电系统分析的概率方法之中，特别是用于可靠性评估的概率方法之中。

重要的是应该认识到，引入模糊模型的目的不是取代概率方法，而是提供一种新的工具来处理输电系统概率规划数据中所存在的两种不确定性。

第 9 章　网架加强规划

9.1　引　　言

网架加强规划的基本任务是对输电系统增加设备或重构的项目或方案进行决策（认可或拒绝）。这项工作要求对不同方案进行综合比较，涉及技术、经济、环境和社会各方面的评估。网架加强概率规划的重点在于概率可靠性评估和概率经济性分析，而选取初始规划方案的其他评估基本上还是用常规方法进行。显然，概率规划是整个规划过程的重要组成部分。本章中"网架"一词指输电系统，但不含每个变电站的主接线详细结构。关于变电站主接线规划的问题将在第 11 章中进行讨论。

输电网架规划问题的任务分为两大类：骨干电网的网架规划和地区电网的网架规划。骨干网架规划涉及发电厂和高压输电电源点到每个地区电网的供电充裕性，而地区网架规划涉及区内电源到负荷点（母线）的供电充裕性。电力公司在实际规划中往往将这两项任务区分开来考虑，尽管某些情况下有必要对两者进行协调处理。

本章阐述网架概率规划在加拿大 BC Hydro 的两个应用实例。9.2 节给出的第一个实例是骨干网架规划问题，关注的重点是电源到一个大型岛屿地区的供电充裕性。9.3 节给出的第二个实例是一个地区内的网架规划问题，该地区电网由于设备热容量限制值违限问题而需要加强系统。

9.2　骨干网架的概率规划

关于该问题的更多资料可以参见文献[104]～[107]。

9.2.1　问题描述

如图 9.1 所示，温哥华岛地区由两条 500kV 线路、两条高压直流（HVDC）线路和当地的发电机群供电。到 2006 年，两条 HVDC 线路（极 1 和极 2）已分别运行了 36 年和 30 年，接近寿命终止阶段。根据扩展规划研究和设备状态调查的结果，已经决定在 2008 年对 HVDC 子系统实施退役。现有 HVDC 子系统的替代方案为：①一条新的 230kV 交流输电线路；②一条新的应用电压源换流技术的 HVDC 线路，称为轻型 HVDC 线路。

整个规划过程涉及经济、技术、社会和环境评估[108]。在技术方面，进行了传统的潮流和暂态稳定性分析，并研究了一些特定预想事故的紧急安全控制措施。两个方案都通过了社会和环境评估。整个方案的经济性和供电可靠性成为最终决策的关键问题。这里有以下两个主要问题：

(1) 哪个方案更可靠，并且在经济性方面更有竞争力？

(2) 在网架加强工程投运前和投运后，现有的 HVDC 系统的影响是什么？

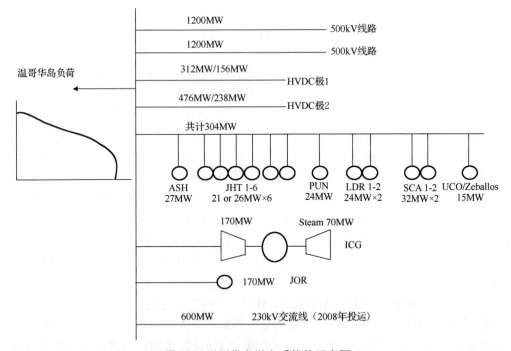

图 9.1　温哥华岛送电系统的示意图

9.2.2　两种方案的经济性对比

应用第 6 章给出的资金流和现值方法分析两种方案的经济性。两种方案投资和运行费用(百万加元)的比较如表 9.1 所示[108]。表中项目立项费用反映项目实施前准备阶段所产生费用的现值，包括可行性研究和新技术测试费用。项目实施费用指主要资金投入的现值。应急支出是计划外支出的估计值。OMA(运行、维修和管理)费用的现值通过不同设备可用寿命和折现率6%计算得到。税金现值是一个近似的估计值。基于潮流的网损分析表明230kV 交流线路方案的网损小于轻型 HVDC 方案。表中的间接费用一项中包含相对网损费用，即假设 230kV 交流线路方案的网损费用为零，而轻型 HVDC 方案的网损费用为两个方案网损费用之差。相对网损费用是根据 230kV 交流线路和轻型直流线路的可用寿命和折现率 6%计算得到的现值，采用相对网损费用仅用于两个方案的比较。

表 9.1　两个方案的投资费用和运行费用的对比　（单位：百万加元）

费用	230 kV 交流	轻型 HVDC	差值
项目立项	0.0	24.5	24.5
项目实施	208.0	311.0	103.0
应急支出	12.0	10.5	−1.5
OMA 的现值	2.5	13.5	11.0
税金的现值	27.5	27.5	0.0
间接费用	35.5	48.0	12.5
总计	285.5	435.0	149.5

9.2.3　可靠性评估方法

应用多电源发电系统的可靠性模型，可以对温哥华岛送电系统的可靠性进行评估。如图 9.1 所示，500kV 输电线路、HVDC 线路和当地的发电机群都可以用容量和不可用概率各不相同的独立电源进行模拟。用年负荷曲线表示一年内不同时刻温哥华岛总的负荷需求。由于岛内地区网络不影响所模拟的送电系统可靠性，所以该模型没有考虑岛内地区网络。

可靠性评估包含以下步骤[109]：

(1) 由全年的时序小时负荷记录建立多级负荷模型（参见 3.3.1 节）。

(2) 针对每一级负荷，应用蒙特卡罗法选取系统状态。这一步包括以下内容：

① 新的轻型单极 HVDC 线路用一个两状态（投运和停运状态）随机变量模拟，而现有的两极 HVDC 子系统用多状态（全额状态、停运状态和降额状态）随机变量模拟。

② 根据每台发电机组的运行特性，用多状态随机变量或两状态随机变量模拟。

③ 交流输电线路用两状态随机变量模拟。

HVDC 线路、交流线路和发电机组是本模型的电源变量。以三状态随机变量为例，对每个电源产生一个在[0,1]区间均匀分布的随机数。第 j 个电源的状态由式 (9.1) 确定，即

$$s_j = \begin{cases} 0 & (\text{运行}), & R_j > (P_{dr})_j + (P_{dw})_j \\ 1 & (\text{停运}), & (P_{dr})_j < R_j \le (P_{dr})_j + (P_{dw})_j \\ 2 & (\text{降额}), & 0 \le R_j \le (P_{dr})_j \end{cases} \tag{9.1}$$

式中，R_j 是第 j 个电源对应的均匀分布随机数；$(P_{dw})_j$ 和 $(P_{dr})_j$ 分别为第 j 个电源处于停运状态和降额状态的概率。对于两状态随机变量的情况，不考虑降额状态，只需要令 $(P_{dr})_j = 0.0$，随机抽样的概念是类似的。

(3) 根据抽取的各电源状态（投运、停运或降额）确定每个电源的可用容量，从而可得整个系统的总电源可用容量。对于给定的负荷水平，第 k 次抽样的缺供电力（DNS）由式 (9.2) 计算：

$$DNS_k = \max\left\{0,\ L_i - \sum_{j=1}^{m} G_{jk}\right\} \tag{9.2}$$

式中，L_i 为第 i 级负荷的功率；G_{jk} 为第 k 次抽样第 j 个电源的可用容量；m 为向温哥华岛供电的电力系统的电源数。

(4) 针对负荷模型中的所有负荷水平，重复第 (2) 步和第 (3) 步的计算。

(5) 表征系统供电可靠性的 EENS (期望缺供电量，MW·h/年) 指标由式 (9.3) 计算：

$$EENS = \sum_{i=1}^{NL}\left(\frac{T_i}{N_i}\sum_{k=1}^{N_i} DNS_k\right) \tag{9.3}$$

式中，NL 为年负荷曲线多级负荷模型的负荷级数；T_i 为第 i 级负荷的持续时间；N_i 为在第 i 级负荷水平时抽取的系统电源状态样本数。

(6) 期望损失费用 (expected damage cost，EDC) 由式 (9.4) 计算：

$$EDC = EENS \times UIC \tag{9.4}$$

式中，UIC 为单位停电损失费用 (元/(kW·h))，可用 5.3.1 节给出的方法进行估算。

9.2.4　两种方案的可靠性对比

1. 数据准备

温哥华岛送电系统的可靠性取决于两个因素：送电系统电源的容量和它们的不可用概率。230kV 交流线路方案的容量为 600MW，而轻型 HVDC 方案的容量为 540MW。轻型 HVDC 方案包含地下电缆、海底电缆和换流站设备 (晶闸管阀组、变压器、电抗器、电容器和控制设备)，而 230kV 交流线路包含架空线路、海底电缆和移相变压器。除了以上两个方案各自增加的电源，送电系统的其他电源均相同。但是，这并不意味着两种送电方案可靠性的差别就是增加的 230kV 交流线路本身和轻型 HVDC 线路本身可靠性之间的差别。

研究中所用 HVDC 元件的失效数据基于世界上类似的 HVDC 工程项目中的统计停运数据。为了计及 HVDC 电缆统计数据的不确定性，对轻型 HVDC 的失效数据同时进行了偏乐观和偏保守的估计。230kV 交流线路的失效数据来自 BC Hydro 的 230kV 架空线路的统计失效数据和对海底电缆工程的经验估计 (考虑到水下修复工作的巨大困难，修复时间估计为 3 个月)。移相变压器的失效数据以 BC Hydro 的另外一台类似移相变压器的失效数据为基础。230kV 交流线路和轻型 HVDC 两个方案的失效数据分别如表 9.2～表 9.4 所示。两个送电方案中，500kV 线路和当地发电机的数据相同，相关数据参见文献 [106]。需要注意，由于原始数据收集方法有区别，230kV 交流方案的失效数据以失效频率和修复时间给出，而轻型 HVDC 方案的失效数据以不可用概率和修复时间给出。正如第 7 章所述，这三个设备指标中的任何一个均可以用其余两个计算得到。

2. 期望缺供电量指标

用 EENS 指标表征系统的不可靠性。评估中同时使用了轻型 HVDC 线路偏乐观和偏保守的失效数据。轻型 HVDC 和 230kV 交流线路方案在 2008 年～2022 年的 15 年间的 EENS 指标如表 9.5 所示。从表中可见，采用 230kV 交流线路方案时，温哥华岛送电系统的可靠性比采用轻型 HVDC 方案更好。按照 EENS 指标，与采用乐观失效数据的轻型 HVDC 方案相比，230kV 交流方案的可靠性提高 15%～18%；如果轻型 HVDC 方案采用保守失效数据，则 230kV 交流方案可靠性的提高幅度为 26%～32%。

对本例而言，230kV 交流方案比轻型 HVDC 方案更可靠，投资和运行费用也更低，因此没有必要将 EENS 指标转化为不可靠性费用再来比较总费用。但是，需要指出的是，在一般情况下，如果不同方案的可靠性(EENS 指标)和经济性(投资和运行费用)出现矛盾，则需要将 EENS 指标转换为不可靠性费用，再对方案的总费用(包括投资、运行费用和不可靠性费用)进行比较。

表 9.2　230kV 交流线路方案的失效数据

元件	失效频率/(次/年)	修复时间/h
架空线路(线路相关)	0.2778	16.85
架空线路(终端相关)	0.2136	16.40
海底电缆(HVDC)	0.1	2190
移相变压器	0.3333	3.06

表 9.3　轻型 HVDC 方案的失效数据(乐观估计)

元件	不可用概率	修复时间/h
换流站设备	0.010769	49.01
地下电缆	0.000251	288
海底电缆(HVDC)	0.019323	936
整个轻型 HVDC 系统(等效数据)	0.030344	125.79

表 9.4　轻型 HVDC 方案的失效数据(保守估计)

元件	不可用概率	修复时间/h
换流站设备	0.010769	49.01
地下电缆	0.005761	312
海底电缆(HVDC)	0.054164	2190
整个轻型 HVDC 系统(等效数据)	0.070694	268.85

表 9.5　两种方案的 EENS　　　　　　　　　（单位：MW·h/年）

年份	230kV 交流线路	轻型 HVDC（乐观估计）		轻型 HVDC（保守估计）	
	EENS	EENS	Δ[①]/%	EENS	Δ[①]/%
2008	2870	3454	16.91	3888	26.18
2009	2779	3349	17.02	3767	26.23
2010	2969	3566	16.74	4047	26.64
2011	3085	3693	16.46	4211	26.74
2012	3281	3904	15.96	4522	27.44
2013	3523	4193	15.98	4824	26.97
2014	3769	4435	15.02	5167	27.06
2015	3991	4719	15.43	5468	27.01
2016	4348	5146	15.51	6020	27.77
2017	4692	5650	16.96	6716	30.14
2018	5152	6127	15.91	7329	29.70
2019	5710	6746	15.36	8059	29.15
2020	6238	7535	17.21	9150	31.83
2021	6989	8493	17.71	10299	32.14
2022	7807	9375	16.73	11385	31.43

① 代表差值百分比。

9.2.5　现有高压直流输电子系统的影响

在研究加强方案时，分析现有 HVDC 系统对温哥华岛送电系统可靠性的影响是非常重要的一项内容，原因是规划中需要考虑以下问题：

(1)在 230kV 交流线路投运之前，现有的 HVDC 线路仍然是供给温哥华岛负荷的主要电源之一。另外，由于老化原因，现有 HVDC 系统的性能已大大降低。有必要定量评估送电系统在 230kV 交流线路投运前和投运后的风险。

(2)230kV 交流线路预计于 2008 年投运，也有可能会延迟一年。需要对延期投运制定应急预案。

(3)是否可能有意延迟 230kV 交流线路的投运而继续使用现有的 HVDC 系统？如果可能，则这一延迟将节省项目的投资。

1. 现有高压直流输电子系统运行和退出的情况对比

对 230kV 交流线路投运之前(2006 年和 2007 年)和投运之后(2008 年～2010 年)，现有 HVDC 系统运行和退出两种情况下送电系统的可靠性进行了评估。两种情况的差异可以反映现有 HVDC 系统所产生的效益。用 EENS 指标进行比较，结果如表 9.6 和表 9.7 所示。从表中可见，230kV 交流线路投运之前，现有 HVDC 的运行可以大幅减小送电系统的 EENS 指标，而 230kV 交流线路投运之后，现有 HVDC 对 EENS 指标的改善非常有限。同时，改善的幅度逐年减少。这一结果说明当 230kV

交流线路投入运行之后，一旦现有 HVDC 子系统所带来的收益不足以抵消其运行和维护费用时，现有的 HVDC 子系统就应该立即退役。

表 9.6　230kV 线路投运之前送电系统的 EENS　（单位：MW·h/年）

年份	HVDC 退出	HVDC 运行	差值
2006	13016	4850	8166
2007	13839	5655	8184
合计	26855	10505	16350

表 9.7　230kV 线路投运之后送电系统的 EENS　（单位：MW·h/年）

年份	HVDC 退出	HVDC 运行	差值
2008	2870	1140	1730
2009	2779	1271	1508
2010	2969	1542	1427
合计	8618	3953	4665

EENS 指标的增长趋势是由于温哥华岛地区每年的负荷增长。需要注意的是，在现有 HVDC 子系统退出的情况下，EENS 指标在 2009 年出现小幅下降，这是因为 2009 年当地投运了一台容量为 30MW 的发电机组。但是，如果现有 HVDC 子系统投入运行，则这台发电机的作用就显示不出来了，原因是现有 HVDC 子系统的容量远大于 30MW。

2. 更换现有高压直流输电子系统中电抗器的作用

对现有 HVDC 子系统可靠性进行研究，结果表明，如果更换 HVDC 第 2 极的电抗器，并将换下的旧电抗器作为就地备用，则可以提高现有 HVDC 子系统的可用概率，从而提高温哥华岛送电系统的可靠性[110]。表 9.8 给出了继续使用现有 HVDC 子系统条件下，不进行任何更换和更换第 2 极电抗器两种情况的送电系统的 EENS 指标。需要注意的是，为了制定应急方案，上述影响分析中假设了 230kV 交流线路未投入运行。可以看到，在 230kV 交流新线路投运前，更换现有 HVDC 子系统第 2 极的电抗器并将换下的旧电抗器用于就地备用元件，由此带来的 EENS 指标的改善（降低）作用相当于将温哥华岛送电系统可靠性的恶化趋势延迟一年。因此，该措施可以作为 230kV 交流线路方案不能按时投入时的应急方案。在输电系统规划中经常需要准备应急方案。

表 9.8　230kV 交流线路未投运、继续使用现有 HVDC 子系统的 EENS 指标（单位：MW·h/年）

年份	不更换电抗器	更换电抗器	差值
2007	5655	5002	653
2008	6677	5858	819
2009	7261	6207	1054
2010	8809	7478	1331
合计	28402	24545	3857

3. 230kV 交流线路方案和现有高压直流输电子系统的对比

如前所述,230kV 交流线路预计于 2008 年投运。是否可能延迟该项目以节省项目投资? 类似这样的问题在输电系统规划中是一个普遍问题。进行含可靠性价值定量评估的经济性分析有助于回答这一问题。

表 9.9 给出了使用现有 HVDC 子系统,以及使用 230kV 新线路时送电系统的 EENS 指标。可见,继续使用现有 HVDC 子系统,与使用新的 230kV 交流线路相比,将导致温哥华岛送电系统面临高得多的风险。

为比较 230kV 交流线路方案和继续使用现有 HVDC 子系统两种方案的总费用,对两种方案进行了进一步的包含可靠性价值评估在内的概率经济性分析。计算结果如表 9.10 所示。每年的总费用为每年的投资费用、OMA 费用和风险(不可靠性)费用之和。计算等年值费用的方法参见第 6 章。230kV 交流线路方案的年度投资费用为 1689 万加元,在计算投资费用中,折现率为 6%,架空线路的可用寿命为 50 年,海底电缆的可用寿命为 40 年。假设现有 HVDC 子系统已到达使用寿命期限,因而不再有折旧剩余的年资本费用。现有 HVDC 子系统的 OMA 为每年 500 万加元,而 230kV 交流线路的 OMA 仅为每年 16 万加元。风险费用等于单位停电损失费用与 EENS 之积,由于 EENS 逐年增长,风险费用也逐渐增加。由计算结果可见,230kV 交流线路应该尽早投入运行,不仅是因为继续使用老化的 HVDC 子系统所导致的年费用总额较投入 230kV 交流线路所需总费用更高,更重要的是,随着年份增加,总费用的差值急剧增长(每年成倍增长)。需要注意的是,表 9.10 中的风险成本是按比

表 9.9　使用现有 HVDC 子系统和 230kV 交流线路两种

情况下送电系统的 EENS 指标　　　　　　　　　(单位: MW·h/年)

年份	现有 HVDC	230 kV 线路	差值
2008	6677	2870	3807
2009	7261	2779	4482
2010	8809	2969	5840
合计	22747	8618	14129

表 9.10　230kV 交流新线路和现有 HVDC 子系统的概率经济性分析

年份	风险费用 /(百万加元/年)		年度投资费用 /(百万加元/年)		OMA 费用 /(百万加元/年)		总费用 /(百万加元/年)		
	230kV 线路	现有 HVDC	230kV 线路	现有 HVDC	230kV 线路	现有 HVDC	230kV 线路	现有 HVDC	差值
2008	10.93	25.44	16.89	0.00	0.16	5.00	27.98	30.44	2.46
2009	10.59	27.66	16.89	0.00	0.16	5.00	27.64	32.66	5.02
2010	11.31	33.56	16.89	0.00	0.16	5.00	28.36	38.56	10.20

较保守的单位停电损失费用(3.81 加元/(kW·h))计算的。文献[104]、[107]针对更高的单位停电损失费用进行了灵敏度分析。当单位停电损失费用较高时,230kV 交流线路方案相对于继续使用现有 HVDC 子系统的优势更为明显。因此,230kV 交流线路应该按照预期的 2008 年投入运行,而不应该有任何人为的延迟。

9.2.6 小结

以电力公司的一个实例说明了概率规划方法在向地区电网送电的骨干网架加强规划中的应用。方法的核心在于概率可靠性评估和概率经济性分析。规划步骤包括对比不同加强方案的总费用和可靠性水平、分析退役元件或子系统的作用、制定加强方案可能延期时的应急方案,以及对投运年份进行概率经济性分析。

结果表明,对本例而言,当温哥华岛现有的 HVDC 子系统退役后,新增 230kV 交流线路的方案不仅比采用轻型 HVDC 系统的费用更低,可靠性还更高。但是,这并不意味着交流线路任何时候都优于 HVDC 方案。现有的 HVDC 子系统已经达到寿命终止阶段,失效概率很高,从系统可靠性或综合经济性考虑,该子系统应尽早退役。如果由于某些原因,新的 230kV 交流线路不能按时投运,则可以考虑的应急方案是替换现有 HVDC 子系统的电抗器,该方案可以使系统可靠性水平在逐年恶化的进程中减缓一年。

9.3 输电环网的概率规划

输电环网加强规划概率方法的基本概念已提出多年[6, 111-113]。本节用一个新实例[114]说明该方法的应用。

9.3.1 问题描述

BC Hydro 的温哥华岛中南地区电网的单线图如图 9.2 所示。该区域的负荷增长导致地区输电系统出现设备功率超过热容量限制值的问题。线路 1L115 和 1L116 的负荷很重,冬季峰荷期间,即便系统处于正常状态,这两条线路也接近其容量限值。在一些单元件故障情况下,1L115 和 1L116 的其中一条或者两条线路将出现过载。两条线路都配置有特殊保护系统(紧急安全控制方案),当监测到过载时会同时断开两回线路。这样,更多的负荷将由 VIT 变电站承担,这又会导致该变电站的 4 台230/138kV 变压器过载。需要对该地区电网进行改造以解决 138kV 网络和 VIT 变电站 4 台变压器的功率在系统发生事故的情况下超过其热容量限制值的问题。

9.3.2 规划方案

通过传统的潮流和预想事故分析,确定了以下五个加强方案:
(1)在变电站 JPT 和 VIT 之间新建一座变电站(在图 9.2 中用粗实线表示),新建两条 230kV 短线路(用虚线表示),并接入线路 2L123、2L128 和新建变电站,构成环形接线。

(2)变电站 DMR 的 138kV 侧安装两台移相变压器以控制或限制线路 1L115 和 1L116 的潮流。将变电站 VIT 的两台变压器(单台容量为 180MV·A)更换为两台容量更大的变压器(单台容量为 300MV·A),以便承载因安装移相变压器而出现的更大潮流。

(3)将连接变电站 DMR 和 SAT 的两条 230kV 线路 2L123 和 2L128 升级为 500kV 线路。在变电站 SAT 安装两台 500/230kV 变压器。变电站 VIT 的两台 180MV·A 变压器更换为两台 300MV·A 变压器。

(4)将两条 138kV 线路 1L115 和 1L116 进行扩容,将每条线路的额定容量增加至 367MV·A。变电站 VIT 的两台变压器更换为 300MV·A 的变压器。

(5)变电站 DMR 的 138kV 侧安装两台移相变压器以控制或限制线路 1L115 和 1L116 的潮流。在变电站 SAT 安装两台 230/138kV 的变压器和一台 138kV 的开关。在变电站 SAT 和现有的三条 138kV 线路 1L10、1L11 和 1L14 之间架设三条 138kV 短线路(图 9.2 中未示出)。

每个方案都能解决设备热容量违限的问题(N-1 问题),但是各方案对可靠性的改善作用和投资费用是不同的。规划人员必须回答的问题是:根据系统可靠性和经济性的综合评估,哪一个方案更好?显然,传统的 N-1 准则不能回答这个问题。

9.3.3　规划方法

1. 基本步骤

基本过程包含以下步骤:

(1)应用输电系统可靠性评估工具[115],对现有系统和所选方案在规划期内的各年进行不可靠性费用的概率评估。现有系统与每一方案的不可靠性费用指标的差值就是每个方案所产生的以货币(元)表示的可靠性效益。

(2)不同方案的网损是不同的。应用基于潮流的计算工具,考虑年负荷曲线,计算相同规划期内现有系统和所选方案的年电能损耗(MW·h)[116]。现有系统与每一方案的年电能损耗费用的差值代表了各方案的以货币(元)表示的运行费用收益。

(3)计算所选方案的投资并将其转换为规划期内的年度投资费用。

(4)计算所选方案年度投资费用和效益(不可靠性费用和网损费用的减少量)的资金流的现值。

(5)进行效益/成本分析以确定最优方案。

2. 不可靠性费用评估

不可靠性费用评估包含以下内容:

(1)由全年的时序小时负荷记录建立多级负荷模型。依次考虑每一级负荷水平,用各级负荷的出现概率对每级负荷对应的可靠性指标进行加权得到年度指标。

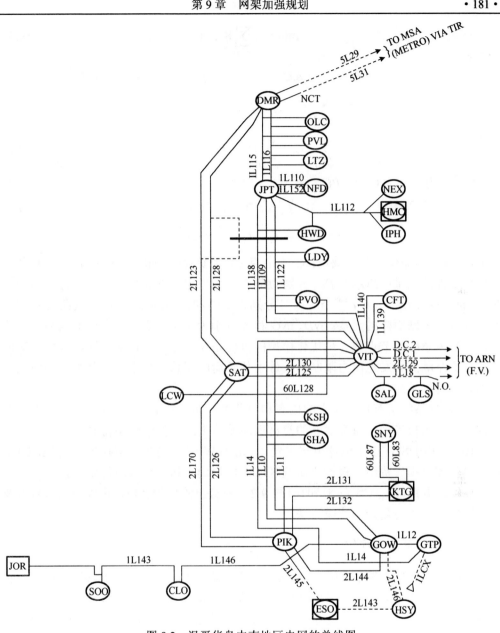

图 9.2　温哥华岛中南地区电网的单线图

(2)应用蒙特卡罗法抽取在每级负荷水平下的系统状态,发电机组用多状态随机变量模拟,输电元件(线路和变压器)用两状态随机变量模拟。

(3)对抽取的每个状态进行潮流分析以确定是否存在过载问题。

(4)应用以下最优化模型实现发电再调度、消除线路过载,并且尽可能避免负荷削减,如果负荷削减不可避免,则使负荷削减量最小,即

$$\min f = \sum_{i \in ND} W_i C_i \tag{9.5}$$

s.t.

$$T_k = \sum_{i=1}^{N} A_{ki}(PG_i - PD_i + C_i), \quad k \in L \tag{9.6}$$

$$\sum_{i \in NG} PG_i + \sum_{i \in ND}(C_i - PD_i) = 0 \tag{9.7}$$

$$PG_i^{\min} \leqslant PG_i \leqslant PG_i^{\max}, \quad i \in NG \tag{9.8}$$

$$0 \leqslant C_i \leqslant PD_i, \quad i \in ND \tag{9.9}$$

$$-T_k^{\max} \leqslant T_k \leqslant T_k^{\max}, \quad k \in L \tag{9.10}$$

式中，f 为总的加权负荷削减量；C_i 为节点 i 处的负荷削减量(MW)；W_i 为反映节点负荷重要性的权重；PG_i 和 PD_i 分别为节点 i 的发电功率和负荷需求；T_k 为线路 k 的有功潮流；$PG_i^{\min}$、$PG_i^{\max}$ 和 $T_k^{\max}$ 分别为 PG_i 和 T_k 的限值；A_{ki} 为支路有功和节点注入有功关联矩阵的元素；ND、NG 和 L 分别为负荷节点、发电机节点和线路的集合；N 为系统的节点数。最优化模型的目标是在满足系统功率平衡、线性化潮流关系、支路潮流和发电出力限制的条件下使负荷削减总量最小。模型可以采用线性规划算法进行求解。

(5)根据系统所有抽样状态的概率和负荷削减量计算 EENS 指标，抽样状态概率由蒙特卡罗模拟确定，每个状态的负荷削减量由上述最优化模型得到。

(6)将 EENS 乘以单位停电损失费用(元/(kW·h))得到期望损失费用(EDC)指标，单位停电损失费用是根据所研究区域的用户调查和用户构成得到的。

显然，步骤(1)、(2)、(5)和(6)与9.2.3节给出的步骤类似，步骤(3)、(4)涉及环形输电网络更为复杂的建模方法。

3. 电能损耗费用评估

年电能损耗指的是全年的电量(MW·h)损耗。传统的潮流分析只计算在一个负荷水平的功率(MW)损耗。计算年电能损耗要求自动计入年负荷曲线和负荷曲线中每一级负荷所对应的所有节点负荷的同时系数。电能损耗费用评估包含以下两个步骤：

(1)应用计及年负荷曲线的潮流模型计算年电能损耗[116]。必要时，可以应用概率潮流方法来计入随机因素对电能损耗的影响。概率潮流方法参见 4.3 节的讨论。

(2)将电能损耗与单位为元/(MW·h)的电价相乘，得到电能损耗费用。

4. 年度投资费用评估

应用资金回收系数(capital return factor，CRF，参见 6.3.4 节的第 3 部分的讨论)计算年度投资费用的资金流：

$$AI = V \cdot \text{CRF} \tag{9.11}$$

$$\text{CRF} = \frac{r(1+r)^n}{(1+r)^n - 1} \tag{9.12}$$

式中，AI 为等年度投资费用；V 为第一年的实际投资；r 为折现率；n 为投资 V 的可用寿命(年)。

5. 费用现值计算

通过逐年计算得到不可靠性费用和电能损耗费用的资金流，而投资费用的等年值资金流由式(9.11)和式(9.12)计算。投资费用、不可靠性费用或者电能损耗费用的现值由式(9.13)计算：

$$PV = \sum_{j=1}^{m} \frac{A_j}{(1+r)^{j-1}} \tag{9.13}$$

式中，PV 为现值；A_j 为第 j 年的年度费用；r 为折现率；m 为系统规划中考虑的年数。值得注意的是，式(9.13)中的基准年为第 1 年，而第 6 章相应公式中的基准年为第 0 年。

在效益/成本分析中，每个规划方案所减少的不可靠性费用或电能损耗费用的现值为收益，而投资费用的现值为成本。

9.3.4 算例结果

1. 不可靠性费用

应用 9.3.3 节的第 2 部分的可靠性评估方法计算现有系统和五个加强方案的 EDC 指标。现有系统与每个方案的 EDC 的差值即为每个方案所减少的不可靠性费用。规划的时间跨度为 2010 年～2020 年的 11 年间。系统负荷基于这 11 年的负荷预测。系统中所有输电线路和变压器的失效频率与修复时间以前十年的历史停运记录为依据，这些记录取自公司的称为可靠性决策管理系统(reliability decision management system，RDMS)[93]的数据库。当地的 JOR 电站的发电机是径流式水电机组，其不可用概率基本取决于来水状况而不是机组的物理失效。根据该发电机输出功率的历史数据估算机组的可用概率。

五个加强方案 2010 年～2020 年所降低的 EENS 如表 9.11 所示。值得注意的是，评估中使用的是财务年度(每年的 4 月 1 日到次年的 3 月 31 日)。

五个方案的 EDC 的减少量由 EENS 的减少量与单位停电损失费用(UIC)的乘积计算。根据表 9.12 给出的各类用户的 UIC，以及区内各变电站的用户构成来计算每个变电站的组合 UIC(加元/(kW·h))。用户的负荷构成和组合 UIC(加元/(kW·h))如表 9.13 所示。用货币表达的五个加强方案的可靠性收益(即 EDC 的降低)如表 9.14 所示。

表 9.11　五个加强方案所降低的 EENS　　　　（单位：MW·h/年）

年份	方案 1	方案 2	方案 3	方案 4	方案 5
2010/11	2490	1844	1889	1828	1874
2011/12	2882	2218	2269	2206	2255
2012/13	3184	2518	2564	2497	2548
2013/14	3658	2975	3029	2957	3010
2014/15	4151	3453	3516	3438	3506
2015/16	4654	3995	4059	3986	4042
2016/17	5217	4542	4613	4538	4594
2017/18	6025	5334	5410	5338	5407
2018/19	6999	6286	6373	6302	6373
2019/20	8035	7300	7400	7329	7401
2020/21	9305	8553	8665	8599	8672

表 9.12　各类用户的单位停电损失费用　　　（单位：加元/(kW·h)）

持续时间/min	居民用户	商业用户	工业用户
10	1.2	68.4	33
40	0.9	39.6	12.9
90	1.9	26.7	13.1
180	1.7	24.2	11.2
360	1.2	24.6	8.6
平均值	1.38	36.7	15.76

表 9.13　温哥华岛中南地区各变电站的用户构成和组合单位停电损失费用

变电站	居民用户	商业用户	工业用户	组合 UIC/(加元/(kW·h))
PVO	80%	13%	7%	6.98
LDY	71%	12%	17%	8.06
HWD	67%	20%	13%	10.31
KTG	84%	12%	4%	6.19
NFD	75%	21%	4%	9.37
PVL	81%	16%	3%	7.46
KSH	60%	21%	19%	11.53
SNY	76%	18%	6%	8.60
SHA	88%	10%	2%	5.20
GOW	84%	16%	0%	7.03
GTP	80%	19%	1%	8.23
HSY	60%	39%	2%	15.46
CLD	80%	17%	3%	7.82
SOO	91%	7%	2%	4.14
SAL	88%	10%	2%	5.20

续表

变电站	居民用户	商业用户	工业用户	组合 UIC/(加元/(kW·h))
LCW	83%	14%	3%	6.76
GLS	91%	8%	1%	4.35
LTZ	76%	23%	1%	9.65
QLC	88%	9%	3%	4.99
温哥华岛中南地区电网的平均值				9.04

表 9.14 五个加强方案所减少的 EDC   (单位：百万加元/年)

年份	方案 1	方案 2	方案 3	方案 4	方案 5
2010/11	22.51	16.67	17.08	16.53	16.94
2011/12	26.05	20.05	20.51	19.94	20.39
2012/13	28.79	22.77	23.18	22.57	23.03
2013/14	33.06	26.90	27.38	26.73	27.21
2014/15	37.53	31.21	31.78	31.08	31.69
2015/16	42.07	36.11	36.69	36.04	36.54
2016/17	47.16	41.06	41.70	41.02	41.53
2017/18	54.47	48.22	48.91	48.25	48.88
2018/19	63.27	56.82	57.61	56.97	57.61
2019/20	72.63	65.99	66.90	66.26	66.90
2020/21	84.12	77.32	78.33	77.74	78.39

2. 电能损耗费用

应用 9.3.3 节的第 3 部分的电能损耗费用计算方法评估现有系统和五个加强方案的电能损耗费用。现有系统和每个方案电能损耗费用的差值即为各方案所减少的电能损耗费用。计算中采用了各变电站季节性负荷同时系数(load coincidence factor, LCF)以提高电能损耗计算的精度。2010 年～2020 年五个加强方案所减少的电能损耗如表 9.15 所示。电能损耗减小量乘以电价(所研究地区为 88 加元/(MW·h))即为所减少的电能损耗费用。用货币表达的五个加强方案因降低电能损耗而产生的效益如表 9.16 所示。

表 9.15 五个加强方案所减少的年电能损耗   (单位：MW·h/年)

年份	方案 1	方案 2	方案 3	方案 4	方案 5
2010/11	25367	11255	55217	31043	11175
2011/12	26007	11526	62046	32439	12140
2012/13	26252	11744	57977	32913	11840
2013/14	26638	12027	58776	33971	13957
2014/15	27394	12502	66262	35196	15464
2015/16	27207	12701	60753	35805	14095

续表

年份	方案1	方案2	方案3	方案4	方案5
2016/17	27944	12868	64265	36643	13132
2017/18	28687	12994	67138	37402	14851
2018/19	29431	13101	72057	38155	13240
2019/20	29679	13217	75281	38950	13010
2020/21	32331	13351	77247	39783	13095

表 9.16　五个加强方案所减少的电能损耗费用　（单位：百万加元/年）

年份	方案1	方案2	方案3	方案4	方案5
2010/11	2.23	0.99	4.86	2.73	0.98
2011/12	2.29	1.01	5.46	2.85	1.07
2012/13	2.31	1.03	5.10	2.90	1.04
2013/14	2.34	1.06	5.17	2.99	1.23
2014/15	2.41	1.10	5.83	3.10	1.36
2015/16	2.39	1.12	5.35	3.15	1.24
2016/17	2.46	1.13	5.66	3.22	1.16
2017/18	2.52	1.14	5.91	3.29	1.31
2018/19	2.59	1.15	6.34	3.36	1.17
2019/20	2.61	1.16	6.62	3.43	1.14
2020/21	2.85	1.17	6.80	3.50	1.15

3. 年度投资资金流

根据工程和财务方面的综合评估，五个加强方案投资费用的估计结果如表 9.17 所示。应用 9.3.3 节的第 4 部分所述的资金回收系数法计算五个加强方案的等年度投资。计算中假设折现率为 6%，可用寿命为 40 年。五个加强方案在 2010 年~2020 年的年度投资费用如表 9.18 所示。

表 9.17　五个加强方案的投资费用　（单位：百万加元）

	方案1	方案2	方案3	方案4	方案5
总投资	82.2	114.7	153.0	169.5	78.0

表 9.18　五个加强方案年度投资费用的资金流　（单位：百万加元/年）

年份	方案1	方案2	方案3	方案4	方案5
2010/11	5.46	7.62	10.17	11.26	5.18
2011/12	5.46	7.62	10.17	11.26	5.18
2012/13	5.46	7.62	10.17	11.26	5.18
2013/14	5.46	7.62	10.17	11.26	5.18
2014/15	5.46	7.62	10.17	11.26	5.18

续表

年份	方案 1	方案 2	方案 3	方案 4	方案 5
2015/16	5.46	7.62	10.17	11.26	5.18
2016/17	5.46	7.62	10.17	11.26	5.18
2017/18	5.46	7.62	10.17	11.26	5.18
2018/19	5.46	7.62	10.17	11.26	5.18
2019/20	5.46	7.62	10.17	11.26	5.18
2020/21	5.46	7.62	10.17	11.26	5.18

4. 效益/成本分析

每个方案的总收益为提高可靠性和降低电能损耗所产生的收益之和。表 9.14 和表 9.16 中所示的用货币表达的收益对应相加,得到五个加强方案年度总收益的资金流,如表 9.19 所示。五个方案年度投资费用的资金流如表 9.18 所示。应用 9.3.3 节的第 5 部分给出的现值法对五个加强方案进行效益/成本分析。"效益/成本比率"定义为年度收益资金流的现值与年度投资费用资金流的现值之比。"净收益现值"定义为年度收益资金流的现值与年度投资费用资金流的现值之差。五个加强方案的收益、成本和净收益的现值及其效益/成本比率如表 9.20 所示。

表 9.19 五个加强方案的年度总收益 (单位:百万加元/年)

年份	方案 1	方案 2	方案 3	方案 4	方案 5
2010/11	24.74	17.66	21.94	19.26	17.92
2011/12	28.34	21.06	25.97	22.79	21.46
2012/13	31.10	23.80	28.28	25.47	24.07
2013/14	35.40	27.96	32.55	29.72	28.44
2014/15	39.94	32.31	37.61	34.18	33.05
2015/16	44.46	37.23	42.04	39.19	37.78
2016/17	49.62	42.19	47.36	44.24	42.69
2017/18	56.99	49.36	54.82	51.54	50.19
2018/19	65.86	57.97	63.95	60.33	58.78
2019/20	75.24	67.15	73.52	69.69	68.04
2020/21	86.97	78.49	85.13	81.24	79.54

表 9.20 五个加强方案收益、成本和净收益的现值及其效益/成本比率

指标	方案 1	方案 2	方案 3	方案 4	方案 5
收益现值/百万加元	319.93	267.10	303.24	281.00	271.13
成本现值/百万加元	38.33	53.49	71.39	79.04	36.36
净收益现值/百万加元	281.60	213.61	231.85	201.96	234.77
效益/成本比	8.35	4.99	4.25	3.56	7.46

由以上结果可知以下几点：

(1)由于五个方案的效益/成本比率均大于 3.0，而净收益都高于 2 亿加元，五个方案在经济性方面都是合理的。

(2)方案 1(在 230kV 和 138kV 之间新建线路)的效益/成本比率最高，净收益也最大，其次为方案 5(新增移相变压器和在变电站 SAT 安装 230/138kV 变压器)。

(3)尽管方案 5 的投资费用最低，但不如方案 1 有竞争力。

(4)有些方案的电能损耗更小，但是，对本例而言，降低电能损耗费用对总收益的贡献比降低不可靠性费用的贡献要小很多。

(5)按效益/成本比率和净收益对方案进行排序的结果略有差异。按净收益排序，方案 3 优于方案 2，若按效益/成本比率排序，则刚好相反。但是，这些排序差异并不影响将最优方案(即方案 1)选定为最终的决策方案。

9.3.5　小结

以实际电力公司的一个地区电网为例(该电网由于负荷增长而导致在一些系统事故时设备热容量违限)，说明了概率规划方法在输电系统的应用。该方法的核心仍然是概率可靠性评估和综合经济性评估。本例的可靠性模型比第一个例子中的大型送电系统的可靠性模型更复杂。经济性分析包括对投资费用、运行费用和不可靠性费用的评估。由于没有任何一个备选方案的上述三项费用均为最低，所以需要进行效益/成本分析。分析中，不可靠性费用和电能损耗费用的减少量为效益，而投资费用为成本。

应用传统的潮流和预想事故分析方法选出了五个有代表性的加强方案，再用概率效益/成本分析方法对各方案进行了对比分析。这些方案包含在 230kV 和 138kV 线路之间增加联络线路的网络重构方案(方案 1)，新增移相变压器和变压器扩容的方案(方案 2)，将线路电压等级从 230kV 提高到 500kV 的方案(方案 3)，提高 138kV 线路热容量限制值的方案(方案 4)，以及新增移相变压器和变电站中新增 230/138kV 变压器的方案(方案 5)。结果表明方案 1 的效益/成本比率最高，净收益也最大。该方案被规划人员和决策者选定为最终方案。

9.4　结　　论

加强输电网的动因包括负荷增长、设备老化、新增发电机或负荷的接入需要，以及向系统外输出电量的增加。网架加强规划的基本任务是对网络中新增设备的项目进行决策，这样的决策要求对不同方案进行综合比较。作为整个规划过程的一个重要部分，网络加强概率规划的重点在于定量的可靠性评估和综合的经济性分析，包括对投资费用、运行费用(网络损耗)和不可靠性费用的分析。

本章通过两个实例说明了网架加强概率规划的概念、方法和步骤。第一个实例是一个向地区电网供电的大型送电系统的规划问题，该问题中可以不考虑地区电网内的约束。第二个实例是一个地区电网的规划问题，该地区电网由于设备热容量违限问题而引发加强电网的需求。这两个例子是两个典型的网架加强问题。在实例一中可以使用简化的发电-负荷需求系统的可靠性模型，而实例二中需要进行发输电组合系统的可靠性评估。应该认识到实例二中的可靠性模型具有通用性，可以应用于任何电网(地区电网或全局电网)的可靠性评估，该模型包含了潮流方程约束和最优削减负荷模型。对于综合经济性评估，实例一无须进行效益/成本分析，这是因为230kV 交流线路方案无论在可靠性指标方面还是在投资和运行费用方面均优于轻型HVDC 系统方案。但是，对于实例二的五个备选加强方案必须进行效益/成本分析，因为没有任何一个方案在投资费用、运行费用和不可靠性费用三个方面都是最优的。在这种更有一般性的情况下，不可靠性费用和电能损耗费用的减少是收益，而投资费用是成本。在实例二中，电能损耗费用的减少是次要的，收益的主要部分源自不可靠性费用的减少。对于地区电网规划，设备热容量违限经常是需要解决的一个主要问题。但是应该知道，对于其他系统规划问题，尤其是对远距离输电的大型电网，设备热容量违限有可能并不是主要问题。

效益/成本分析有两种方法：效益/成本比率和净收益。按这两种方法对备选方案进行排序，其结果可能相同，也可能不同。如第 6 章所述，效益/成本比率表示相对经济回报，而净收益表示绝对经济效益。对于实例二这样的情况，由于按两种方法进行排序，方案 1 都是最优的，在决策时不会产生矛盾。否则，就需要进行更多的工程和财务分析。

第10章 网络元件的退役规划

10.1 引　　言

尽管输电规划的大多数内容是关于新增元件或系统重构,但是网络元件的退役和更换规划也是输电规划的基本任务之一。传统做法是将元件退役或更换视为一个资产管理问题,决策时只考虑设备自身的状况。电力公司目前采取的策略有以下三种:

(1)继续使用某个老化设备直至其寿命终止或停止工作。该策略的问题是,当输电系统的主设备(如电缆或变压器)出现寿命终止失效时,可能需要一年以上的时间来完成整个更换工作,包括新设备的购买、运输、安装和试运行。显然,任何输电系统在缺少关键元件的情况下长期运行都是不可接受的,因为系统在这一年以上的时间内将面临很大的失效风险,甚至不能满足安全约束条件。

(2)在密切进行现场监测的条件下继续使用某个老化设备。一旦发现重大失效现象,即开始购买用于替换的新设备。遗憾的是,有些设备不能通过该方式进行监测。例如,要想监测电缆的老化过程几乎是不可能的。显然,部分电缆的状态不能代表整条电缆的状态,对部分电缆进行监测的方法不会起作用。一条老化电缆可能多个地方同时出现漏油,从而导致严重失效事件,现实生活中有很多这样的例子。对于电力变压器,尽管可以通过对变压器油取样的方法在一定程度上监测变压器的老化状态,但仍然不可能及时完成变压器的更换,因为新变压器的购买、运输和安装需要一年以上的时间,而监测变压器油的方法不可能提前这么长时间就预测到变压器的寿命终止失效。

(3)第三种策略是设置退役年限,通常设置为设备的估计寿命。一旦某个设备达到该年限就强制退役。设备的购买和运输可以提前进行。该策略的主要问题是设备的真实寿命可能比退役年限短,也可能超过退役年限。如果比退役年限短,则会出现以上两种策略同样的问题。如果超过退役年限,那么由于不必要的提早投资,设备的提前退役将造成资金浪费。

以上三种策略都忽略了一个重要问题,即任何设备都是安装在输电系统中的一个元件,因此,设备的退役或更换决策都不应该只考虑设备自身的状态,还应该考虑设备对系统的影响。从这个角度上讲,网络元件的退役或更换实际上是系统规划的任务之一,需要回答以下问题:

(1)从系统风险的角度讲,是否应该退役某个设备?

(2)如果要退役某个设备,要保证系统的可靠性和安全性,则应该更换该设备还是对系统采取其他加强措施?

(3)如果考虑对设备进行更换，那么应该在什么时间进行更换？

本章用两个实例说明如何用概率分析方法解决设备退役规划问题。10.2 节给出的实例一为某输电系统中老化交流电缆的退役时间决策问题。10.3 节给出的实例二为大型送电系统中一条破损高压直流(high-voltage direct current，HVDC)电缆的更换决策问题。

10.2　老化交流电缆的退役时间

大多数情况下，当某个设备从输电系统中退役时，需要对其进行更换。本例以一条老化交流电缆为例，说明如何对输电系统中设备的退役和更换时间进行决策[117]。

10.2.1　问题描述

某实际 230kV 系统的单线图如图 10.1 所示。除了当地的发电厂，500kV 系统为该地区的主电源。有三个 60kV 子系统与该 230kV 系统相联，三个 60kV 子系统都有大量负荷。分析中也包括了 500kV 和 60kV 系统，但为了简明起见，单线图中没有显示这些系统的网络连接情况。

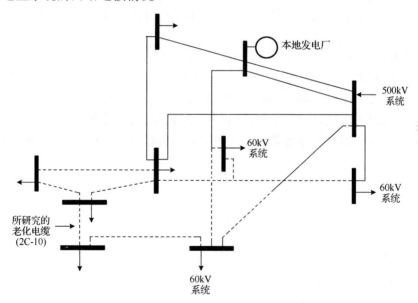

图 10.1　某实际 230kV 系统的单线图

系统的南部区域由地下电缆构成，图 10.1 中以虚线标识，而北部区域为架空线路，用实线标识。所研究的老化电缆 2C-10，如图 10.1 所示，到 2005 年已运行 45 年，达到寿命末期。电力公司面临的问题是：这条电缆应该立即(在 2005 年)退役还是继续运行？如果继续运行，那么应该什么时间对其进行退役和更换？

10.2.2　退役规划方法

1. 基本步骤

电缆 2C-10 的老化状态是该问题的起因，因此必须对该电缆的老化失效概率进行建模。基本思想是评估由老化电缆的寿命终止失效产生的期望损失费用，并与推迟更换所节省的投资费用进行比较。期望损失费用不仅取决于寿命终止失效所产生的后果，还取决于失效发生的概率。所提方法包含以下步骤：

(1)对设备寿命终止失效的韦布尔分布模型的尺度参数和形状参数进行估计。

(2)应用韦布尔模型，估算老化设备因寿命终止失效导致的不可用概率。

(3)定量计算由寿命终止失效产生的期望系统损失费用。

(4)进行经济性对比分析。

2. 韦布尔模型参数估计

估计韦布尔分布模型尺度参数和形状参数的方法总结如下[118]：

(1)准备相似运行条件下同一类设备(本例为地下电缆)的数据。大多数设备处于在役状态，需要收集其投运年份。对于已经退役的设备，需要收集投运年份和退役年份。

(2)对考虑的所有设备，建立包含如下两列的表格：第 1 列为服役年份；第 2 列为服役年份对应的设备存活概率。对于已经退役的设备，其服役年份为退役年份与投运年份之差。对于在役设备，其服役年份为当前年份与投运年份之差。由第(1)步收集的数据，可以方便地得到每个年份的暴露设备数和退役设备数。每个年份的离散失效概率为该年的退役设备数除以对应的暴露设备数。每个年份的存活概率等于 1.0 与该年的累积失效概率之差。

(3)韦布尔分布模型的可靠性函数为[119]

$$R = \exp\left[-\left(\frac{t}{\alpha}\right)^{\beta}\right] \tag{10.1}$$

式中，α 和 β 分别为尺度参数和形状参数；R 为存活概率；t 为年龄。由第(2)步建立的表格数据，每一对 R 和 t 以一定误差满足式(10.1)，可以得到总数为 M 对的 R 和 t 对应的所有误差的平方和如下：

$$L = \sum_{i=1}^{M}\left[\ln R_i + \left(\frac{t_i}{\alpha}\right)^{\beta}\right]^2 \tag{10.2}$$

当 L 取得最小值时，α 和 β 的估计值为最优估计值。可以应用优化方法来求解该最小化模型。优化过程中需要形状参数和尺度参数的初始估计值，可以根据设备平均寿命和标准差来计算它们的初始估计值[118]。由模型可见，不仅已退役设备对参数估计的结果有贡献，在役设备也有贡献。

3. 系统元件不可用概率估计

估算期望系统损失费用时，基本的输入数据包括系统元件的可修复失效导致的不可用概率和老化设备的寿命终止失效所导致的不可用概率。

系统元件可修复失效导致的不可用概率由式(10.3)计算：

$$U_r = \frac{f \cdot \mathrm{MTTR}}{8760} \tag{10.3}$$

式中，f 为平均失效频率(次/年)；MTTR(mean time to repair)为平均修复时间(h/次)。

由老化设备寿命终止失效引起的不可用概率取决于设备的服役年龄和需要考虑的后续时间区间。用 T 和 t 分别表示服役年龄和后续时间区间，将 t 等分为 N 个时段，每个时段的长度为 D，应用韦布尔分布模型，可以按式(10.4)计算寿命终止失效引起的不可用概率[120]：

$$U_a = \frac{1}{t} \sum_{i=1}^{N} P_i \cdot [t - (2i-1)D/2] \tag{10.4}$$

$$P_i = \frac{\exp\left[-\frac{T+(i-1)D}{\alpha}\right]^{\beta} - \exp\left(-\frac{T+iD}{\alpha}\right)^{\beta}}{\exp\left(-\frac{T}{\alpha}\right)^{\beta}}, \quad i = 1, 2, \cdots, N \tag{10.5}$$

式中，α 和 β 为尺度参数和形状参数，由 10.2.2 节的第 2 部分所述方法估计得到。式(10.5)中的 P_i 实际上是第 i 个时段内的失效概率。如果 N 足够大，则该式的估算结果将足够准确。寿命终止失效引起的不可用概率是在给定老化设备已服役 T 年的条件下的条件概率，该条件概率随着 T 的增加而增加。

应用并集的概念，两种失效模式引起的总的不可用概率为

$$U_t = U_r + U_a - U_r U_a \tag{10.6}$$

4. 寿命终止失效引起的期望损失费用评估

可靠性经济学的一个基本观点是，系统中一个元件的价值并不取决于其自身的状态，而是取决于该元件从系统退出而产生的影响，应该由设备不可用所导致的系统损失费用来评估设备的价值。换言之，如果某个老化设备可能出现的失效不会引起严重的系统风险，则没有必要立刻更换该设备。反之，如果其失效将导致很大的系统风险，则应该尽早考虑设备的更换。

应用系统不可靠性费用(可靠性价值)评估方法，可以定量计算老化输电设备寿

命终止失效引起的期望损失费用(EDC)。评估以下两种情况：第一种情况只考虑所有输电元件(包括考虑进行更换的老化设备)可修复失效引起的不可用概率；第二种情况是在第一种情况的基础上再同时考虑需要更换的老化设备寿命终止失效引起的不可用概率。两种情况下期望系统损失费用的差值即为老化设备寿命终止失效所引起的期望系统损失费用。

可以应用9.3.3节的第2部分所述系统不可靠性费用评估方法来计算两种情况下的 EDC。根据单位停电损失费用(UIC)的不同形式，可以用下列三种方法之一来计算 EDC：

(1)仅已知整个系统或区域电网的平均 UIC，而每个节点的 UIC 是未知的。此时，式(9.5)所示目标函数中的 W_i 可以取为表征不同节点负荷相对重要性的权重因子。应用 9.3.3 节的第 2 部分给出的优化模型，首先计算 EENS 指标，再将 EENS 与所考虑的整个系统或地区电网的平均 UIC(元/(kW·h))相乘得到 EDC，可表示为

$$EDC = b \cdot \sum_{j \in V} \sum_{i \in ND} C_{ij} F_j D_j \tag{10.7}$$

式中，b 为整个系统或地区电网的平均 UIC，单位为元/(kW·h)；F_j 和 D_j 分别为系统第 j 个状态的频率(次/年)和持续时间(h)，F_j 和 D_j 由蒙特卡罗模拟确定；C_{ij} 为系统第 j 个抽样状态下在节点 i 的负荷削减量；ND 为负荷节点数；V 为需要削减负荷的全部系统抽样状态构成的集合。显然，式(10.7)右端除 b 之外的部分就是总的 EENS。此时，无须对式(9.5)中目标函数的形式进行改动，按式(9.5)先算出总的 EENS 再乘以 b 也可以得到 EDC。

(2)每个节点的 UIC 已知。此时，式(9.5)中目标函数的 W_i 用在每个节点的 UIC(元/(kW·h))进行替换。EDC 的计算如下：

$$EDC = \sum_{j \in V} \sum_{i \in ND} b_i C_{ij} F_j D_j \tag{10.8}$$

式中，b_i 为节点 i 的 UIC，单位为元/(kW·h)。这种情况下，为了计算 EDC，需要单独记录每个系统抽样状态 j 的 C_{ij}、F_j 和 D_j。

(3)每个节点的 UIC 不是一个定值，而是停电持续时间的函数。此时，式(9.5)中目标函数修改为直接使用在每个节点的用户损失函数(CDF)，单位为元/kW。

$$\min f = \sum_{i \in ND} W_i(D_j) \cdot C_i \tag{10.9}$$

式中，$W_i(D_j)$ 为节点 i 的 CDF，是系统状态 j 的持续时间 D_j 的函数。关于 CDF 的更多信息参见 5.3.2 节。EDC 的计算如下：

$$EDC = \sum_{j \in V} \sum_{i \in ND} C_{ij} F_j W_i(D_j) \tag{10.10}$$

第一种方法最容易实现，因为该方法对数据的要求最低。应用第三种方法要求已知所有负荷节点的 CDF（单位为元/kW），这通常是很困难的。目前该方法在实际系统中的应用还很少。

5. 经济分析方法

针对从当前年开始到未来某年的一段时间，计算该时间跨度上每年因老化设备寿命终止失效引起的期望系统损失费用。显然，由于寿命终止失效引起的不可用概率随设备服役年龄增长而增加，该损失费用也将逐年增加。每年的期望系统损失费用代表因老化设备不退役、不被新设备替换而逐年增加的因老化设备寿命终止失效引起的风险费用。另外，老化设备的更换需要投资。设备更换是迟早的事。将老化设备的退役推迟一年所节省的费用为投资费用在当年的利息，可以由投资费用与利率的乘积得到。

取当前年份为基准年（第一年）。经济性比较的准则可以表述为寻找满足以下不等式的 n 的最小值：

$$\sum_{i=1}^{n} E_i > n \cdot rI \tag{10.11}$$

式中，E_i 为第 i 年中由老化设备寿命终止失效引起的期望系统损失费用；I 为用新设备更换老化设备所需的投资；r 为利率；n 为老化设备应该退役和更换的年份。

如果考虑复利，则式（10.11）变为

$$\sum_{i=1}^{n} E_i > \sum_{i=1}^{n} (1+r)^{i-1} \cdot rI \tag{10.12}$$

应用式（10.11）或式（10.12）进行经济性比较的步骤如下：

（1）当 $n=1$ 时，该不等式表明若第一年中老化设备寿命终止失效引起的期望损失费用大于将设备退役推迟一年所节省的投资费用利息，则老化设备应该在第一年退役；反之，不应该在第一年退役设备。接下来考察第二年。

（2）当 $n=2$ 时，该不等式表明若前两年内老化设备寿命终止失效引起的期望损失费用之和大于将设备退役推迟两年所节省的投资费用的总利息，则老化设备应该在第二年退役；反之，考察第三年。

继续该过程，直到找出 n，使得前 n 年内老化设备寿命终止失效引起的期望损失费用之和刚好大于将设备退役推迟 n 年所节省的投资费用的总利息。

10.2.3　在老化交流电缆退役决策中的应用

应用上述方法，对图 10.1 中交流电缆 2C-10 的退役进行决策。

1. 韦布尔模型中的 α 和 β 参数

图 10.1 所示系统及其相邻子系统中共有 18 条电缆，这些电缆的类型和电压等

级相同，运行条件相似。其中 4 条电缆已经退役。表 10.1 给出了这些电缆的数据。所考虑的老化电缆的代号 (ID) 为 2C-10。选 2005 年为计算电缆服役年龄的参照年。应用 10.2.2 节的第 2 部分所述的估计方法，得到韦布尔分布模型中的尺度参数和形状参数的估计值为 $\alpha = 47.30$，$\beta = 27.96$。对应的平均寿命和标准差为 $\mu = 46.34$ 年，$\sigma = 2.55$ 年。值得一提的是，由于退役电缆和在役电缆对模型的估计值都有贡献，由前述方法估计得到的平均寿命比已退役 4 条电缆的平均寿命要长。

表 10.1　电缆数据

电缆代号 ID	投运年份	退役年份
2C-1	1981	—
2C-2	1974	—
2C-3	1974	—
2C-4	1957	2001
2C-5	1957	2003
2C-6	1962	—
2C-7	1957	2003
2C-8	1962	—
2C-9	1975	—
2C-10	1960	—
2C-11	1965	2004
2C-12	1969	—
2C-13	1980	—
2C-14	1980	—
2C-15	1980	—
2C-16	1980	—
2C-17	1982	—
2C-18	1987	—

2. 寿命终止失效引起的不可用概率

由 α 和 β 参数，根据式 (10.4) 和式 (10.5) 计算电缆 2C-10 在 2005 年~2010 年由于寿命终止失效引起的不可用概率。电缆 2C-10 于 1960 年投运，容易计算得到式 (10.5) 中的 T 在 2005 年~2010 年的每年的取值。式 (10.4) 中的 t 取为一年。电缆 2C-10 的寿命终止失效引起的不可用概率如表 10.2 所示。为便于对比，电缆 2C-10 的可修复失效对应的不可用概率也列于表 10.2，该不可用概率由平均失效频率和修复时间计算得到。可见，可修复失效引起的不可用概率是不随时间变化的，而当电缆 2C-10 的服役年龄超过平均寿命后，由寿命终止失效引起的不可用概率逐年显著增加。

表 10.2　电缆 2C-10 的不可用概率

年份	服役年龄	不可用概率(可修复失效)	不可用概率(寿命终止失效)
2005	45	0.01517	0.08879
2006	46	0.01517	0.15204
2007	47	0.01517	0.24829
2008	48	0.01517	0.37999
2009	49	0.01517	0.53453
2010	50	0.01517	0.68262

3. 期望损失费用

应用 10.2.2 节的第 4 部分所述方法,评估电缆 2C-10 寿命终止失效引起的期望损失费用。评估以下两种情况:

(1)只考虑系统中所有元件(包括电缆 2C-10)的可修复失效引起的不可用概率。

(2)在第一种情况的基础上,同时考虑电缆 2C-10 的寿命终止失效引起的不可用概率。

由式(10.3)计算可修复失效引起的不可用概率。每个输电元件的平均失效频率和修复时间由前 10 年的历史数据统计得到。假设系统每年的负荷增长率为 3%。由于 500kV 系统形成的等效注入电源,以及当地发电机的失效不影响电缆 2C-10 寿命终止失效引起的期望损失费用,所以这个等效注入电源和当地发电机在评估计算中被假定为 100%可靠。电缆 2C-10 寿命终止失效引起的期望损失费用为上述两种情况的损失费用之差,计算结果如表 10.3 所示。

表 10.3　期望系统损失费用 EDC　　　　　　　　　　(单位:千加元)

年份	情况 1	情况 2	2C-10 寿命终止失效引起的 EDC (情况 2 与情况 1 的 EDC 之差)
2005	273.2	512.9	239.7
2006	287.5	830.1	542.6
2007	303.7	1516.2	1212.5
2008	321.5	2649.1	2327.6
2009	342.5	4320.8	3978.3
2010	368.0	6785.0	6417.0

从表 10.3 中结果可见,仅考虑所有输电元件的可修复失效时,期望系统损失费用逐年略有增加。这是由负荷增长造成的。当同时考虑电缆 2C-10 的寿命终止失效时,期望系统损失费用将逐年大幅增加,主要原因是电缆 2C-10 的寿命终止失效引起的不可用概率逐年显著增加。显然,随着时间推移,电缆 2C-10 的寿命终止失效逐渐成为期望损失费用的决定性因素。

4. 经济性对比

用新电缆替换电缆 2C-10 所需的投资费用，在 2005 年的资金价值估计为 3000 万加元。取利率为 5%。根据投资费用、利率和表 10.3 的计算结果，可计算电缆 2C-10 寿命终止失效引起的累积期望系统损失费用(即累积的增量系统风险费用)，以及由式(10.11)和式(10.12)可计算得到的 2005 年～2010 年电缆 2C-10 每推迟退役一年累积节省的利息，这些结果如表 10.4 所示。表中累积节省利息有两列：一列为非复利情况；另一列对应复利情况。可见，累积的增量系统风险费用和推迟电缆 2C-10 退役所节省的累积利息都逐年增加。但是，累积的增量系统风险费用的增长幅度比累积的利息增长幅度更大。表 10.4 的计算结果表明，从当前(2005 年)所进行的分析来看，到 2009 年系统的累积风险费用将超过累积节省的利息。因此，电缆 2C-10 应该在 2009 年，当其服役年龄达到 49 年时退役和更换。值得注意的是，2005 年以后的每一年都应该重新进行上述计算，这是因为一些因素(包括利率和由在役电缆服役年龄所决定的韦布尔模型的 α 和 β 参数)会随时间变化。通常需要在估计的更换时间前 1.0～1.5 年做出设备更换的最终决定。

表 10.4　累积系统风险费用和推迟 2C-10 退役所节省的累积利息

年份	系统风险费用/千加元	节省的利息/千加元	
		非复利	复利
2005	239.7	1500	1500.0
2006	782.3	3000	3075.0
2007	1994.8	4500	4728.8
2008	4322.4	6000	6465.2
2009	8300.7	7500	8288.5
2010	14717.7	9000	10202.9

10.2.4　小结

本实例阐述了概率分析方法在输电系统老化设备退役和更换时间决策中的应用。基本思想是定量计算并比较由老化设备寿命终止失效引起的期望系统损失费用和推迟退役，以及更换老化设备而节省的投资费用利息。该方法应用韦布尔分布来模拟老化设备寿命终止失效引起的不可用概率，由可靠性评估方法计算寿命终止失效造成的期望损失费用，并通过对比累积的增量系统风险费用和节省的投资费用累积利息来进行经济性分析。

以某电力公司地区电网中一条老化地下交流电缆为实例，说明了所提方法的具体应用步骤。从 2005 年所进行的研究结果来看，尽管该老化电缆在 2006 年就达到平均寿命，但其退役和更换应该推迟到 2009 年。由表 10.4 可见，推迟退役 3 年(由 2006 年推迟到 2009 年)可节省 450 万～520 万加元。

10.3　高压直流电缆的更换策略

本节讨论一条老化 HVDC 电缆的更换策略[121]。由于 HVDC 线路不仅包含架空线路或地下/海底电缆，还包括若干换流站设备，如晶闸管阀组、换流变压器、平波电抗器、滤波器以及辅助保护和控制设备，HVDC 线路远比交流线路复杂。HVDC 线路实际上是一个含有多个元件的子系统。

10.3.1　问题描述

BC Hydro 系统中的温哥华岛区域由两条 500kV 线路、一条双极 HVDC 线路和若干当地的发电机供电。该岛屿送电系统的示意图如图 9.1 所示。HVDC 线路是一个老化系统，其中极 1 已服役 36 年，而极 2 服役了 30 年。HVDC 子系统的示意图如图 10.2 所示。如 9.2 节所述，另一个系统概率规划研究项目表明：在 2008 年应该新增一条 230kV 交流电缆以取代老化的 HVDC 子系统。另外，现有 HVDC 子系

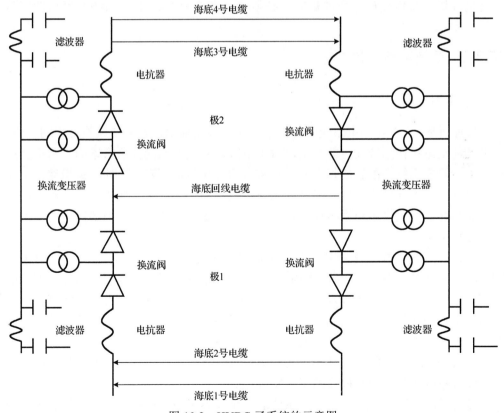

图 10.2　HVDC 子系统的示意图

统在新的 230kV 交流线路投运之前还必须继续使用,而且在 230kV 交流线路投运后并能够持续稳定运行之前,还要再继续保留 HVDC 子系统若干年。遗憾的是,2005年进行的现场检测发现,HVDC 子系统极 1 的 1 号电缆的一段出现铠甲破损,三股导线断裂。电缆专家估计 1 号电缆可以继续使用,但其破损段(5km)在新的 230kV线路投运之前的几年内发生致命性失效的概率非常高。电力公司面临的问题是:是否应该更换破损段?如果需要更换,那么是在其完全失效之前还是之后更换?换言之,有以下三种更换方案:

(1)不更换。

(2)出现致命性失效前更换。

(3)出现致命性失效后更换。

显然,本例的问题与第一个实例有一些不同,尽管两个例子都是有关更换的问题。实例一中,必须要用一条新电缆更换老化交流电缆,问题仅是应该何时进行更换。本例中,整个 HVDC 子系统在几年后就会全部退出运行,因此,如果不更换 1 号电缆的破损段而增加的系统风险可以接受,则不更换也是一种可选方案。此外,为了定量分析 1 号电缆破损段的影响,必须建立详细的 HVDC 子系统的可靠性评估模型。

10.3.2　更换策略中的方法

1. 基本步骤

如前所述,元件在输电系统中的价值取决于该元件退出给系统风险带来的变化。如果元件退出只使系统的可靠性出现微小下降,则更换该元件所带来的收益也会很小。由于输电系统中配置的每个元件对电力的可靠传输都有各自的特定用途,上述这种情况可能不会经常出现。但是,当输电系统的结构发生了变化,或者对系统进行了加强时,一些设备对系统而言可能就变得不那么重要。接下来要讨论的实例就属于这种情况。

显然,三种更换方案对整个系统风险的影响是不同的。所考虑的更换对象是HVDC 子系统的一条电缆,而 HVDC 子系统含有多个元件,并且可以运行于不同的容量水平。直接评估含有 HVDC 子系统的整个输电系统的可靠性是比较困难的。基本思路是首先计算 HVDC 子系统的容量概率分布,再将其作为一个多状态等效元件嵌入整个系统的可靠性评估中。所提方法包含以下步骤:

(1)计算系统元件(尤其是 HVDC 的各个元件)的平均不可用概率,包括可修复失效和寿命终止失效两种模式的不可用概率。

(2)计算三种情况下 HVDC 子系统的容量和容量概率分布:第一种情况考虑全部现有元件,包括局部破损的电缆;第二种情况假设受损电缆被更换;第三种情况假设受损电缆退出运行但不进行更换。

(3) 评估三种情况下包含 HVDC 子系统的整个输电系统的不可靠性费用或风险费用。

(4) 对所考虑的三种电缆更换方案，进行效益/成本分析。

前两步的目的是得到三种情况下 HVDC 子系统的等效元件。若系统不含 HVDC 线路，则步骤要简单一些。交流元件一般可以采用两状态(投运和停运)模型，而且只需准备交流元件的不可用概率。不过，当更换策略考虑的更换对象是交流元件时，同样需要对类似的上述三种情况进行评估。

2. 高压直流输电子系统容量状态概率评估

计算系统元件(包括各 HVDC 元件)平均不可用概率的方法与 10.2.2 节的第 3 部分所述方法相同。可修复失效引起的不可用概率由式(10.3)计算。寿命终止失效引起的不可用概率用韦布尔分布进行模拟，并由式(10.4)和式(10.5)进行计算。韦布尔模型的参数用 10.2.2 节的第 3 部分的方法进行估计。总的不可用概率由式(10.6)进行计算。

交流元件的两状态模型只需要不可用概率，而对于 HVDC 线路，需要建立等效的多容量状态模型。只要 HVDC 各个元件的不可用概率已知，可以采用各种不同方法计算 HVDC 每一极的多容量概率分布[122,123]。以下为其中一种方法：

当 HVDC 某一极中的全部元件正常时，该极处于全额容量状态。全额容量状态的概率由式(10.13)计算：

$$P_{\text{full}} = \prod_{i=1}^{m}(1-U_i) \tag{10.13}$$

式中，U_i 为元件 i 的总不可用概率，包括可修复失效和寿命终止失效引起的不可用概率；m 为 HVDC 一个极中的元件个数。

一个或多个元件失效，将导致降额容量状态，通常称为部分运行模式。降额容量状态的概率由式(10.14)计算：

$$P_{\text{dr}} = \sum_{j=1}^{M} \frac{\prod_{k=1}^{N_j}U_k}{\prod_{k=1}^{N_j}(1-U_k)}P_{\text{full}} \tag{10.14}$$

式中，M 为导致降额输出状态的失效状态个数；N_j 为第 j 个失效状态中失效元件的个数。值得注意的是，式(10.14)中定义的各失效状态的概率包含失效元件和非失效元件的概率，因此各失效状态是互斥的。

整个 HVDC 全极停运(零容量状态)的概率为

$$P_{\text{dw}} = 1 - P_{\text{full}} - P_{\text{dr}} \tag{10.15}$$

显然，当需要考虑 HVDC 一个极的更多个降额状态时，可以采用类似的建模方法。

3. 全系统可靠性评估

本例中需要研究更换策略的设备为 HVDC 子系统极 1 的 1 号电缆。一旦建立了 HVDC 每一极的容量概率分布，在对整个系统的可靠性进行评估时，就可以将每一极视为一个等效的三状态元件。对于 10.3.2 节第 1 部分的第 (2) 步中定义的三种情况，其容量概率分布不同，因此对整个系统的风险的影响也不同。

对于一般的环形输电网络，可以用 9.3.3 节的第 2 部分所述系统可靠性的评估方法来计算不同情况的 EENS 指标。对于本例，整个系统 (包括含有破损电缆的 HVDC 子系统) 构成一个向岛屿供电的送电系统，因此如 9.2 节所述，可以采用 9.2.3 节给出的更为简单的可靠性评估方法。

可以考虑负荷的不确定性。此时，需要用计及不确定性的负荷抽样值来替代式 (9.2) 中的负荷水平 L_i。将 L_i 作为均值，用标准差 σ_i 表示不确定性。值得注意的是，负荷水平 L_i 和 σ_i 的单位均为 MW。在第 k 次抽样时，应用近似逆变换法 (参见附录 A.5.4 的第 2 部分) 产生一个标准正态分布随机数 X_k。在 9.2.3 节的第 (3) 步中增加该抽样步骤。第 k 次抽样的负荷抽样值为

$$L_{\sigma i} = X_k \sigma_i + L_i \tag{10.16}$$

为了计及负荷的不确定性，用 $L_{\sigma i}$ 代替式 (9.2) 中的 L_i。

4. 更换策略的效益/成本分析

更换策略不同，系统面临的风险不一样，要求的投资费用也不同。更换设备所需的投资费用是比较明确的。由三种情况的 EENS 指标 (该指标由可靠性评估得到)，可以进一步评估不同更换策略所产生的系统风险费用。因此，可以通过效益/成本分析方法对三种情况进行比较。10.3.3 节的第 4 部分将通过实例详细说明效益/成本分析方法。在将效益/成本分析方法应用于其他情况时，所用的分析步骤只是略有不同。

10.3.3　在破损高压直流电缆更换决策中的应用

1. 算例条件

算例的主要条件如下：

(1) 预计将于 2008 年投入运行一条新的 230kV 交流线路。在这条 230kV 线路投运之后，HVDC 子系统对该岛屿送电系统可靠性的影响将比投运前小得多，参见 9.2.5 节的第 1 部分的内容。

(2) 研究的 HVDC 子系统是一个老化系统。一旦 230kV 交流线路投入运行，该

HVDC 子系统只在过渡期内予以保留,预计到 2010 年左右维护费用会超过收益,该子系统就可能退役。研究中所考虑的时间跨度为 2006 年～2010 年的五年期间。

(3)电缆破损部分的更换可能需要一年左右的时间,因为只有当天气条件和周围环境状况良好时才能进行海下作业。在海下进行的准备工作和更换工作都需要花费更多时间。

(4)根据近期的负荷预测来决定 2006 年～2010 年岛屿地区的年峰荷。假设五年期间每年的年负荷曲线形状与 2005 年的小时负荷数据形成的年负荷曲线形状相同。

(5)HVDC 子系统的极 1 和极 2 均用三容量状态(运行、降额和停运状态)模型进行模拟。根据该 HVDC 子系统的结构(图 10.2)和运行规程,如果极 1 的 1 号电缆失效但不予更换,则极 1 的最大容量将从 312MW 降为 156MW,而极 2 的最大容量将从 476MW 降为 336MW。

(6)对 HVDC 子系统中所有元件的可修复失效和寿命终止失效模式都进行模拟,而对于交流输电元件和当地发电机,只考虑可修复失效模式。可修复失效的数据从历史记录获取,寿命终止失效用韦布尔分布模型模拟。

2. 高压直流输电子系统的容量概率分布

应用 10.3.2 节的第 2 部分所述方法,计算三种情况下(HVDC 子系统维持现状、对 HVDC 子系统的破损电缆部分进行更换、以及 HVDC 子系统的破损电缆退出运行)HVDC 两个极的容量概率分布。计算结果如表 10.5～表 10.10 所示。由这些结果可知以下几点:

(1)由于 HVDC 子系统极 1 的服役年龄已经远超过平均寿命,其失效概率非常高。极 2 的失效概率也较高,这是因为其主要部件的服役年龄也接近或超过平均寿命。

(2)更换 1 号电缆破损部分,两个极以最大容量运行的概率都有小幅增加。但是,由于只更换了这条电缆 5km 长的部分,余下部分(27.5km)仍处于老化状态,这种改善作用是比较微小的。这表明更换 1 号电缆的破损部分对整个 HVDC 子系统的容量概率分布所产生的影响很小。

(3)与在 1 号电缆运行条件下两个极运行于最大容量的概率相比,1 号电缆退出运行反而增大了两个极运行于最大容量(注意,此时的最大容量较原最大容量小)的概率。这是因为要想使 HVDC 的某个极运行于最大容量,HVDC 子系统中的所有电缆都必须处于运行状态,即所有电缆在理论上构成可靠性模型中的串联网络。可靠性评估中的一个基本概念是,从串联可靠性网络中移除一个元件将增大网络成功运行(即运行于最大容量)的概率,同时降低网络失效(运行于降额状态和零容量状态)的概率。1 号电缆退出运行对 HVDC 子系统可靠性的影响有两方面:降低容量和改变容量概率分布。从这些表可见,1 号电缆退出运行后,两个极的最大容量和降额容量均大幅降低。从下面的 EENS 指标将可以看到,对本例而言,容量降低是影响 HVDC 子系统两极不同运行状态所对应的送电系统 EENS 指标的决定性因素。

表 10.5　HVDC 子系统维持现状条件下极 1 的容量状态概率

年份	312 MW	156 MW	0 MW
2006	0.106243735	0.152434503	0.741321762
2007	0.075725132	0.124754433	0.799520435
2008	0.051009050	0.097306577	0.851684374
2009	0.032753449	0.072326656	0.894919895
2010	0.019887959	0.050931581	0.929180460

表 10.6　HVDC 子系统维持现状条件下极 2 的容量状态概率

年份	476 MW	238 MW	0 MW
2006	0.554333069	0.216997424	0.228669507
2007	0.512838492	0.217244321	0.269917187
2008	0.463541606	0.218515517	0.317942876
2009	0.413689862	0.216221708	0.370088431
2010	0.362198344	0.211159543	0.426642113

表 10.7　1 号电缆破损部分更换后极 1 的容量状态概率

年份	312 MW	156 MW	0 MW
2006	0.106944494	0.152709123	0.740346383
2007	0.076228654	0.125058682	0.798712664
2008	0.051351387	0.097602359	0.851046254
2009	0.032975628	0.072585300	0.894439072
2010	0.020024502	0.051138621	0.928836877

表 10.8　1 号电缆破损部分更换后极 2 的容量状态概率

年份	476 MW	238 MW	0 MW
2006	0.557989321	0.214615684	0.227394995
2007	0.516248523	0.215131435	0.268620042
2008	0.466652574	0.216735362	0.316612064
2009	0.416496079	0.214758473	0.368745447
2010	0.364685055	0.210011597	0.425303347

表 10.9　1 号电缆退出运行条件下极 1 的容量状态概率

年份	156 MW	78 MW	0 MW
2006	0.122508347	0.147066434	0.730425219
2007	0.087353876	0.123346221	0.789299902
2008	0.059378386	0.098648047	0.841973567
2009	0.038348715	0.074954605	0.886696679
2010	0.023438967	0.053882509	0.922678524

表 10.10　1 号电缆退出运行条件下极 2 的容量状态概率

年份	336 MW	168 MW	0 MW
2006	0.578098707	0.201516114	0.22038518
2007	0.535003695	0.203510560	0.261485745
2008	0.483762895	0.206944509	0.309292596
2009	0.431930277	0.206710684	0.361359039
2010	0.378361967	0.203697894	0.417940139

3. 送电系统的期望缺供电量指标

应用可靠性评估方法,评估温哥华岛地区送电系统在 HVDC 1 号电缆维持现状、1 号电缆破损部分更换,以及 1 号电缆退出运行三种情况下的风险。用 EENS(期望缺供电量)指标表征系统风险。2006 年~2010 年三种情况的 EENS 指标如表 10.11 所示。可见,继续使用现有局部破损的 1 号电缆和更换破损部分两种情况下的 EENS 指标几乎相同,原因是这两种情况的容量状态相同,只是容量概率分布略有差别。1 号电缆退出运行条件下的 EENS 指标比另外两种情况大。应该注意,2008 年 EENS 的值出现大幅下降,这是因为该年要新投入一条 230kV 交流线路(参见 9.2 节)。由于负荷的增长和老化 HVDC 元件寿命终止失效概率的增加,除了 2008 年出现的下降,EENS 指标都是逐年上升的。

表 10.11　温哥华岛送电系统的 EENS 指标　　　　(单位:MW·h/年)

年份	1 号电缆维持现状	1 号电缆破损部分更换	1 号电缆退出运行
2006	4850	4843	6097
2007	5655	5642	6881
2008	1140	1138	1406
2009	1271	1268	1504
2010	1542	1541	1755

4. 三种更换策略的分析

由表 10.11 的计算结果,可以对 HVDC 1 号电缆的更换策略进行分析。考虑和比较以下三种更换方案:

(1)1 号电缆失效前立即(于 2006 年)对其破损部分进行更换。

(2)1 号电缆失效后再更换其破损部分。

(3)不更换 1 号电缆的破损部分(继续使用直至失效,失效后退出运行,但 HVDC 子系统其余部分继续运行)。

如算例条件所述,分析中假设更换需要一年,所考虑的时段为 2006 年~2010 年的五年期间。如果更换时间少于一年,则计算 EENS 指标时需要采用更小的时间间隔,如一个季度或者一个月,但分析步骤是相同的。分析方法说明如下:

(1) 如果在 1 号电缆失效前(即在 2006 年)就更换其破损部分,则在 2006 年实施更换期间,HVDC 子系统会在 1 号电缆退出的条件下运行,而更换完成之后的 2007~2010 年,1 号电缆投入运行。这 5 年间的 EENS 总指标(参见表 10.11)为:6097+5642+1138+1268+1541 = 15686MW·h(方案 1)。

(2) 如果在 1 号电缆失效后再更换其破损部分,1 号电缆可能在 2006 年~2010 年的任一年份失效,则将有多种可能性。如果在第一年(2006 年)失效并立即进行更换,则五年间的 EENS 总指标与方案 1(在 2006 年进行更换)相同。如果在其后的某年失效,失效后立即开始更换,则 HVDC 子系统在失效当年会在 1 号电缆退出的条件下运行,在失效之前的年份会在 1 号电缆维持现状的条件下运行,而在失效后的年份会在 1 号电缆更换后的条件下运行。例如,假设 1 号电缆在 2007 年失效,则 5 年间的 EENS 总指标为:4850 + 6881 + 1138 + 1268 + 1541 = 15678MW·h。假设 1 号电缆在五年间的不同年份失效并进行更换,EENS 总指标的计算结果如表 10.12 所示(方案 2)。

(3) 如果不更换 1 号电缆的破损部分,温哥华岛送电系统的风险也与 1 号电缆失效的年份有关。例如,如果在 2008 年失效,则五年间的 EENS 总指标为:4850+5655+1406+1504+1755=15170MW·h。在 1 号电缆失效后不进行更换的条件下,对于 5 年间不同的失效年份,EENS 的总指标也列于表 10.12(方案 3)。应该注意,如果 1 号电缆的破损部分在 2010 年初失效,则不更换方案五年间的 EENS 总指标与失效后更换方案的 EENS 总指标相同,这是因为假定更换工作需要一年时间,2010 年的整个更换期间,HVDC 将运行于 1 号电缆退出的条件。在 2010 年实施更换只有在 2010 年之后才会改善岛屿送电系统的可靠性,但这种改善所带来的效益将是极小的。正如算例条件所述,根据之前的规划研究(参见 9.2 节),一旦 230kV 新线路在 2008 年投入运行后,HVDC 子系统在完全退役前只会被保留几年的时间。

表 10.12　方案 2 和方案 3 在 5 年期间的 EENS 总指标　　(单位:MW·h)

1 号电缆失效年份	方案 2	方案 3
2006	15686	17643
2007	15678	16396
2008	14720	15170
2009	14690	14904
2010	14671	14671

比较方案 1 和方案 2 的 EENS 指标(即第一种情况的计算结果和表 10.12 的方案 2 所对应列的值)可以发现,除了 1 号电缆在 2006 年失效时,方案 2 与方案 1 的 EENS 值相同,其余失效年份的情况下,1 号电缆失效后更换其破损部分方案的风险都要低一些(EENS 指标较小)。失效出现的年份越晚,风险越低。对于方案 2 和方案 3,有必要比较更换 1 号电缆破损部分所降低的风险和更换所需的费用。每一失效年份

对应的 EENS 减小量为两种方案 EENS 指标之差。风险费用的减少量为 EENS 减少量与单位停电损失费用之积。取单位停电损失费用为 3.81 加元/(kW·h)，这与 9.2.5 节的第 3 部分所用数值相同。对不同失效年份，更换 1 号电缆破损部分所减少的 EENS 和风险费用如表 10.13 所示。

表 10.13　更换 1 号电缆破损部分所减少的 EENS 和风险费用

1 号电缆失效年份	EENS 减少量/(MW·h)	风险费用减少量/百万加元
2006	1957	7.456
2007	718	2.736
2008	450	1.715
2009	214	0.815
2010	0	0.000

更换 1 号电缆破损部分(5km)所需的费用为 800 万加元。更换所减少的风险费用为收益。对于不同失效年份，更换 1 号电缆破损部分的效益/成本比率如表 10.14 所示。从表中可见，无论 1 号电缆在哪一年失效，效益/成本比率都小于 1.0。这说明对于本例而言，不更换 1 号电缆比更换更合算。

表 10.14　更换 1 号电缆破损部分的效益/成本比率

1 号电缆失效年份	效益/成本比率
2006	0.932
2007	0.342
2008	0.214
2009	0.102
2010	0

10.3.4　小结

本例阐述了基于系统风险评估的设备更新方法在 HVDC 老化元件更换策略中的应用。该方法包括估算 HVDC 各元件因可修复失效和寿命终止失效而引起的平均不可用概率，计算 HVDC 各个极的容量水平和容量概率分布，定量评估含有 HVDC 的输电系统的风险，以及不同更换方案的效益/成本分析。

以加拿大 BC Hydro 一个送电系统中 HVDC 线路的一条老化海底电缆的更换策略分析为例，说明了所提方法在实际系统中的应用，并对分析步骤进行了详细解释。结果表明，对本例而言，不对 HVDC 子系统中 1 号电缆的破损部分进行更换是最为经济有效的方案。需要强调的是，这一结论并不具有普遍性，只适用于本例的具体情况。在其他情况下有可能会得出不同的结果和结论。但是，本例所给出的分析方法和步骤是通用的。

10.4　结　　论

本章讨论输电系统中老化元件的退役和更换规划问题。多年来，输电系统老化设备的退役时间和更换策略都是电力部门面临的一个挑战性问题，主要有以下几方面的原因：①要想准确监测设备的老化过程并预测其寿命终止失效发生的时间是很困难的，甚至是不可能的；②提前更换将造成投资的浪费，而太迟退役又很可能由于老化设备突然发生致命性失效而给系统带来巨大损失；③系统规划进程中新设备的增加可能会改变一些现有设备的重要性，从整个系统的可靠性和安全性角度来讲，在原安装位置直接更换设备可能是也可能不是最好的方案。

设备退役和更换决策的传统做法是只考虑设备自身的状况和条件。与传统决策过程不同，所提方法最核心的思想是关注设备退役和更换对系统风险造成的影响。本章提出了用于确定退役及其更换时间和决定更换方案的老化设备寿命终止失效引起的不可用概率模型，以及相应的系统风险评估技术和经济性分析方法，并将其纳入决策过程。显然，系统元件的退役和更换不再只是个别设备的资产管理问题，而是发展成为一个系统规划问题。

两类问题为：①系统中的某个设备退役后必须对其进行更换。此时的主要问题是决定应该什么时候退役并更换设备。10.2 节以输电系统中一条老化交流电缆退役时间决策为例，对此问题进行了阐述。②由于系统进行了其他方面的加强，不更换老化设备也可能是一种可选方案。此时需要对比分析各种不同方案以确定最优更换策略。10.3 节以一个大型送电系统中一条老化 HVDC 电缆的更换方案决策为例，对此问题进行了解释。后一个实例同时也说明了如何建立 HVDC 子系统的容量概率分布模型，以及如何将该模型嵌入整个系统的可靠性评估之中。第二个实例中所提出的方法并不局限于老化 HVDC 元件的更换策略，也可以推广应用于其他任何输电元件的更换决策问题。

第 11 章　变电站规划

11.1　引　　言

变电站规划涵盖的研究内容非常广泛。其中最重要的问题是变电站电气主接线结构的选择。例如，普遍熟知的，电气主接线不同会导致变电站可靠性、运行灵活性和投资经济性的不同。对于简单结构，定性观察就能帮助判断哪种电气主接线更可靠。然而，许多情况下，仅通过观察并不能提供正确判断。在变电站电气主接线中可能存在非同调现象。非同调现象是指在变电站中增装元件反而会导致变电站可靠性恶化或者会导致一个或多个不可靠性指标增大。因为这种现象正好与我们的直观感觉相反，所以规划人员无法通过定性判断对其进行辨识。为了全面地对比不同变电站的规划方案，需要进行包括可靠性和投资费用在内的比较，因而定量的可靠性评估是必不可少的。

在变电站规划中，另一个重要问题是变电站内变压器的充裕性。该问题涉及确定变压器的数量和容量。有两种针对变压器充裕性的策略。传统的策略是对每个变电站应用 N-1 原则。根据该原则，当任一变压器故障时，该变电站内剩余变压器必须能承担起所有负荷。当负荷增长使得该原则不再满足时，哪怕变压器故障所引起的其他变压器过载极其微小，也要新加装一台变压器。由于每个变电站必须要独立满足 N-1 原则，所以通常该原则能保证安全性。但确保该原则需要的费用极其高昂，一般只应用于重要变电站。其实，N-1 原则并没有包含两个或多个变压器同时故障的情况，因此仍存在削减负荷的风险。另一种策略是采用多个变电站共享备用变压器的方式。当一台变压器故障时，用一台备用变压器进行临时替换，直到该变压器修复。对于多台变压器同时故障的情况，只要备用台数足够，也能将它们的总体可靠性水平控制在可接受的范围内。虽然在备用变压器安装过程中也存在其他变压器发生过载的可能性，但是这种情况只有当负荷水平处在年峰荷时段同时又发生变压器故障时才可能出现，因为年峰荷时段很短，所以发生这种情况的概率很低。第二种策略常用于重要性相对低的变电站组。变电站组由不同的变电站所组成，其中有些变电站有多台变压器，而有些变电站只有一台变压器。要确定变电站组共享备用变压器的台数和就位年份，需要使用基于可靠性评估的方法。

本章对基于可靠性评估的变电站规划，给出两个实际应用例子。第一个例子是选择开关站的电气主接线结构，在 11.2 节中进行阐述。第二个例子是确定变电站组的备用变压器，在 11.3 节中进行介绍。本章中变电站一词既指的是确实进行电压变换的变电站，又指的是用于独立发电商(IPP)接入系统时的开关站。

11.2　变电站电气主接线结构的概率规划

类似于网络概率规划，变电站(或开关站)电气主接线结构的概率规划要进行两个基本评估：可靠性评估和经济性分析。本节用电力公司实际例子阐述变电站电气主接线结构的概率规划过程。

11.2.1　问题描述

两条长距离架空输电线路串联组成一个辐射型供电系统，对线路上的几个变电站的负荷进行供电[124]。基于其辐射型供电结构，所带变电站负荷可集中为一个位于左侧的等效负荷，如图 11.1 和图 11.2 所示。位于右侧的线路 1(197km)与电源相连，位于左侧的线路 2(129km)与等效负荷相连。线路 2 中间将要接入一个新的独立发电商的发电厂，因此需要将线路 2 分段成两部分，分别记为线路 2a(61.8km)和线路 2b(67.2km)。本节对接入开关站的两种不同电气主接线结构进行对比。图 11.1 中主接线包含三台断路器，称为三台断路器环形接线。图 11.2 中主接线包含两台断路器，称为两台断路器接线。独立发电商发电机侧的变压器和断路器对这两种主接线方式有相同影响。因此，分析中可以不考虑独立发电商发电机侧的变压器和断路器。在事先进行的独立发电商接入规划研究中，已经对该独立发电商的发电机接入此供电系统进行了可行性论证。本节规划研究的目的在于为开关站选择更好的电气主接线结构。

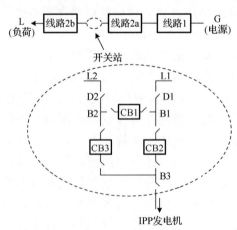

图 11.1　带有三台断路器环形接线开关站的辐射型供电系统图

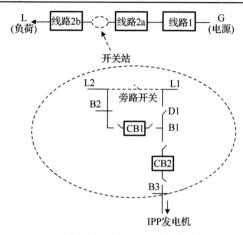

图 11.2　带有两台断路器接线开关站的辐射型供电系统图

11.2.2　规划方法

1. 可靠性评估的简化最小割集法

对于变电站可靠性评估,5.4 节所介绍的系统状态枚举法是一种通用方法。在有些情况下,可以采用更为简单的方法。本算例采用基于失效事件枚举的一种近似方法,可以看成一种简化的最小割集法。此方法包括如下步骤:

(1)首先,对失效事件进行枚举。失效被定义为导致负荷削减的任何停运。产生停运的最少失效元件构成该失效事件的最小割集。对于复杂的变电站电气主接线,需要利用最小割集搜索方法寻找并枚举出所有最小割集。而建立通用最小割集搜索方法的难点在于处理如下问题:元件之间的相关失效,包括断路器拒动情况在内的多重失效模式,断路器切换和保护配合。在这些情况下,不能将变电站主接线结构的实际物理网络直接作为搜索最小割集的拓扑结构[62]。不过,幸运的是,在实际电力系统中,许多变电站主接线相对简单,可以通过直接观察或判断辨识出它们的失效事件。本算例就属于此种情况。

(2)计算各失效事件对应的失效频率、修复时间和不可用度。对于单个元件故障的一阶失效事件,其失效频率和修复时间为该故障元件自身的可靠性参数。对于二阶失效事件(即两个元件故障,或者伴随有断路器拒动或旁路切换的单一元件故障),则需要进行简单的计算。类似概念可推广到三个元件故障的三阶失效事件。在下面表达式中,f、r 和 U 分别表示失效频率(次/年)、修复时间(h/次)和不可用度(h/年);下标 i 代表失效事件 i;下标 1、2 或 3 代表元件 1、2 或 3;f_p 和 f_a 分别为非主动和主动失效频率;f_c 表示断路器的 f_p 或 f_a;r_c 为元件的修复或更换时间;r_{sw} 为切换时间(h);r_{swb} 为旁路开关切换时间(h);P_s 为断路器拒动概率;P_{bypass} 为旁路开关切换不成功概率。

① 单一元件非主动失效事件(不要求切换操作)为

$$f_i = f_p \tag{11.1}$$

$$r_i = r_c \tag{11.2}$$

② 单一元件主动失效事件(要求切换操作)为

$$f_i = f_a \tag{11.3}$$

$$r_i = r_{sw} \tag{11.4}$$

③ 出现断路器拒动的单一元件主动失效事件(要求切换操作)为

$$f_i = f_a \times P_s \tag{11.5}$$

$$r_i = r_{sw} \tag{11.6}$$

④ 需要旁路开关切换的单台断路器失效事件如下:

旁路开关切换成功的情况为

$$f_i = f_c \times (1 - P_{bypass}) \tag{11.7}$$

$$r_i = r_{swb} \tag{11.8}$$

旁路开关切换不成功的情况为

$$f_i = f_c \times P_{bypass} \tag{11.9}$$

$$r_i = r_c \tag{11.10}$$

失效频率 f_c 可能是 f_p,也可能是 f_a,这取决于失效事件是非主动失效还是主动失效。

⑤ 两元件重叠失效事件[6]为

$$f_i = \frac{f_1 f_2 (r_1 + r_2)}{8760} \tag{11.11}$$

$$r_i = \frac{r_1 r_2}{r_1 + r_2} \tag{11.12}$$

各元件失效频率和修复时间 (f_1 和 r_1 或 f_2 和 r_2) 可以是①~④中四种情况之一。应当注意,r 的单位是 h/次,f 的单位是次/年,所以式(11.11)中出现了 8760。

⑥ 三元件重叠失效事件如下:

可以看出,式(11.11)和式(11.12)是两并联元件等效失效频率和等效修复时间的计算公式。此概念可以推广到三元件重叠失效事件,对应计算公式如下:

$$f_i = \frac{f_1 f_2 f_3 (r_1 r_2 + r_1 r_3 + r_2 r_3)}{8760 \times 8760} \tag{11.13}$$

$$r_i = \frac{r_1 r_2 r_3}{r_1 r_2 + r_1 r_3 + r_2 r_3} \tag{11.14}$$

应该认识到,在大多数情况下,三元件重叠失效事件的概率极低,可以忽略不计,所以一般无须考虑此类失效事件。本节所给算例不需要考虑三元件重叠失效事件。不过,当考虑更换时间较长的元件(如变压器)老化失效模式时,则在评估中可能需要包括三阶失效事件。

⑦ 对上述所有失效事件,不可用度可以计算如下:

$$U_i = f_i \cdot r_i \tag{11.15}$$

应当注意,式(11.15)中不可用度的单位为 h/年。如果用 $U_i = (f_i \cdot r_i)/8760$ 来计算,则其给出的不可用度是一个概率值(没有单位),经常被称为不可用概率,这是在本书前面有关章节和本章 11.3 节中用的术语,因为在那些地方是用的没有单位的概率值。本节中使用了不可用度,因为其单位是 h/年,不是概率值。注意到这个差别和它们本质上的一致性是重要的。

需要注意,对于主动失效事件、断路器拒动或者旁路切换状态,涉及的停运元件不仅包括故障元件本身,还包括必须要与故障点隔离而不得不停运的健康元件。要确定受到影响的节点及其削减负荷量,其关键在于停运元件的识别和停运后变电站拓扑连通性的辨识(详见 5.4 节)。

(3)每个枚举的失效事件为一个最小割集。这些最小割集是非互斥的,需要进行去交化计算。利用最小割集法计算整个变电站主接线结构的失效概率,其计算公式为

$$
\begin{aligned}
U_s &= P(C_1 \bigcup C_2 \bigcup \cdots \bigcup C_n) \\
&= \sum_i P(C_i) - \sum_{i,j} P(C_i \bigcap C_j) + \sum_{i,j,k} P(C_i \bigcap C_j \bigcap C_k) - \cdots \\
&\quad + (-1)^{n-1} P(C_1 \bigcap C_2 \bigcap \cdots \bigcap C_n)
\end{aligned}
\tag{11.16}
$$

式中,U_s 为变电站主接线的失效概率;C_i、C_j、C_k 或 C_n 代表第 i、第 j、第 k 或第 n 个最小割集(每个失效事件);$P(*)$ 表示最小割集或多个最小割集交集的概率;n 为所枚举的失效事件数。

通常,难以实现变电站主接线失效事件之间的去交化计算,特别是在考虑相关失效、多重失效模式和切换操作时,更是如此。不过,变电站主接线中元件的不可用概率很小,从而两个或多个最小割集交集的概率一般很低。因此,从工程角度,可以接受将式(11.16)中的第一项近似为总失效概率。这意味着忽略所有失效事件之间的非互斥性。另一个近似处理是忽略失效率与失效频率之间的差别,因为对于变电站元件,此差别通常很小。对于 11.2 节的例子和其他许多情况,这两个近似将不会产生有效误差。因此,变电站主接线的可靠性指标可近似计算为

$$f_s = \sum_{i=1}^{n} f_i \tag{11.17}$$

$$U_s = \sum_{i=1}^{n} U_i \tag{11.18}$$

$$r_\mathrm{s} = \frac{U_\mathrm{s}}{f_\mathrm{s}} \tag{11.19}$$

式中，f_s、U_s 和 r_s 分别是变电站主接线的失效频率、不可用度(不可用概率)和修复时间；n 为失效事件数。

值得注意的是，两个近似的条件不一定总是成立的，因此，在一些情况下要谨慎使用简化最小割集法。

2. 经济分析方法

可用如下两种方法进行经济性分析：

1)相对比较法

在所给例子中，对两种变电站主接线进行对比。当主接线方式超过两种时，可以先对前两种主接线进行对比，然后再将其中较好的与第三种进行对比，以此类推。对比中，选择可靠性较好(不可靠性指标较低)、投资费用较高的变电站主接线结构作为参考。此处假定变电站主接线 1 为参考，利用式(11.20)和式(11.21)，可以计算两种主接线之间的可靠性相对差值(%)和投资费用相对差值(%)。

$$\Delta R = \frac{R_2 - R_1}{R_1} \times 100\% \tag{11.20}$$

$$\Delta I = \frac{I_1 - I_2}{I_1} \times 100\% \tag{11.21}$$

式中，R_1 和 R_2 分别是变电站主接线 1 和 2 的不可靠性指标；I_1 和 I_2 分别是两种变电站主接线的投资费用；ΔR 和 ΔI 为两种变电站主接线之间的可靠性相对差值(%)和投资费用相对差值(%)。如果 $\Delta R > \Delta I$，那么变电站主接线 1 对 2 的可靠性提高的百分比大于其投资费用增加的百分比。

2)可靠性增量费用法

可靠性增量费用(incremental reliability cost，IRC)是提高单位可靠性指标的投资费用。将没有发生结构变化的现有系统作为参考系统。在所给例子中，参考系统为加入独立发电商开关站前的两线路串联供电系统。IRC 等于变电站主接线结构投资费用除以参考系统与增加变电站后的系统之间的可靠性指标之差：

$$\mathrm{IRC}_i = \frac{I_i}{R_\mathrm{b} - R_i} \tag{11.22}$$

式中，IRC_i 是变电站主接线 i 的可靠性增量费用；R_b 和 R_i 分别为参考系统和加入变电站主接线 i 后系统的可靠性指标；I_i 为变电站主接线 i 的投资费用。如果 $\mathrm{IRC}_i >$ IRC_j，则表明相比于变电站主接线结构 j，变电站主接线结构 i 提高单位可靠性指标所需投资费用更高。

11.2.3 两种电气主接线方式的对比

在文献[124]中可以找到该应用算例更详细的信息。

1. 算例条件和数据

利用 11.2.2 节的第 1 部分所描述的简化最小割集法,评估图 11.1 和图 11.2 所示两种变电站主接线的可靠性。算例条件概述如下:

(1)在算例中考虑所有可能的失效模式,包括非主动和主动停运、断路器拒动和旁路切换不成功。

(2)考虑断路器的强迫停运和维修停运。

(3)不考虑隔离开关和旁路开关的强迫停运(即假定 100%可靠)。隔离开关均处于常闭状态,旁路开关均处于常开状态。开关不处于正常运行状态的概率极低,而且开关发生短路故障的频率也很低,可将其作为母线主动失效频率的一部分。

(4)考虑所有开关的维修停运。假定变电站内所有断路器与开关的维修频率相同。

(5)架空输电线路实施带电维修,不存在维修停运。假定母线不需要维修。

(6)输电线路的强迫停运数据来源于电力公司可靠性数据库中前 10 年的停运统计。断路器和母线的强迫停运数据主要来源于加拿大电力公司的统计,并采用一些通用数据进行了补充[6, 11, 125]。

(7)假定隔离故障元件的人工切换操作需要4h,备用断路器替换故障断路器的修复时间是 3 天。考虑到维修人员在维修时已经在现场,因此,在维修过程中的旁路开关切换时间缩短为 2h。

设备可靠性数据归纳于表 11.1 和表 11.2 中。

表 11.1　设备可靠性数据(非计划停运)

设备	失效频率		修复时间 /h	人工切换时间 /h	备用断路器安装时间 /h	拒动概率	不成功切换概率
	主动 /(次/年)	非主动 /(次/年)					
L1[①]	1.04	—	42.03	4.00	—	—	—
L2[②]	0.26	—	4.85	4.00	—	—	—
断路器	0.05	0.004	212.70	4.00	72.0	0.02	—
母线	0.02	—	17.90	4.00	—	—	—
半母线[③]	0.01	—	17.90	4.00	—	—	—
旁路开关	—	—	—	4.00	—	—	0.04

① L1 = 线路 1 + 线路 2a。

② L2 = 线路 2b。

③ 半母线指的是可以被看成母线的实际连接点。

表 11.2　设备可靠性数据(维修停运)

设备	维修		
	频率/(次/年)	停运时间/h	切换时间/h
L1①	—	—	—
L2②	—	—	—
断路器	0.125	6.00	—
母线	—	—	—
半母线③	—	—	—
旁路开关	0.125	6.00	2.00
隔离开关	0.125	6.00	—

① L1 = 线路 1 + 线路 2a。
② L2 = 线路 2b。
③ 半母线指的是可以被看成母线的实际连接点。

2. 可靠性结果

以负荷损失作为失效准则,评估失效频率和不可用度这两个可靠性指标。在算例中,考虑允许和不允许独立发电商孤岛运行两种模式。孤岛运行指的是如下情况:如果上一级线路因故障跳闸,则该独立发电商可独立运行以避免线路 2 的用户停电。独立发电商的发电容量能够向线路 2 上的所有负荷进行供电。

针对允许和不允许孤岛运行这两种模式,表 11.3 汇总了三台断路器环形接线和两台断路器接线的可靠性结果。应当注意,不可用度指标既可表示为概率(无单位)的形式(不可用概率),又可表示为 h/年 的形式。在该例子中,用 h/年 的形式。

表 11.3　两种变电站主接线的可靠性指标

运行模式	三台断路器环形接线		两台断路器接线		可靠性相对差值①/%	
	失效频率/(次/年)	不可用度/(h/年)	失效频率/(次/年)	不可用度/(h/年)	失效频率	不可用度
允许孤岛运行	1.62	3.50	1.57	6.89	−3	97
不允许孤岛运行	1.62	47.04	1.57	46.44	−3	−1

① 可靠性相对差值指的是两台断路器接线和三台断路器环形接线的可靠性指标之差除以三台断路器环形接线的可靠性指标。

可进行以下的观察和分析:

(1)该例中,相比于两台断路器接线,三台断路器环形接线的失效频率略高。这主要是因为三台断路器环形接线有更多元件需要维修。不过,实质上维修并不是随机停运事件,只要预先向用户发出停电通知,并将维修安排在轻载期间,就可将维修给用户造成的停电影响降到最低。因此,不可用度(h/年)是本例中对比两变电站主接线的关键指标。值得指出的是,相比于三台断路器环形接线,两台断路器接线的失效频率略低,这并不是普遍适用的结论。首先,以上结论是基于如下假设提出的：两台断路器接线的旁路开关类似于断路器(能够切断负载线路上的回路或并行电流)。这种类型的开关一定要配备附加元件，如真空断路开关，因而其故障概率一般比常规隔离开关的要高。该算例中没有考虑此因素。另外，由于该算例为单主电源辐射型网络，三台断路器环形接线的优势减弱了。在多电源环形网络中会更能体现出其优势。

(2)值得注意的是，对于该单主电源辐射型网络，如果不允许独立发电商孤岛运行，则相对于两台断路器接线，三台断路器环形接线的可靠性不仅略差，还要多增加一台断路器。这种现象在可靠性评估中称为非同调现象。从概念上看，其类似于元件相互串联的情形，即多一个元件反而会导致可靠性更低。不过，在实际运行中，往往会允许独立发电商孤岛运行，因为上一级电源失去后，其停电时间较长，在此期间，独立发电商仍然可以对线路 2 上的负荷进行供电。

(3)在允许独立发电商孤岛运行的情况下，相比于两台断路器接线，三台断路器环形接线的可用度要高很多。在用户端所见的三台断路器环形接线不可用度大约是两台断路器接线的一半。这是因为在失去上一级电源后，三台断路器环形接线结构能够快得多地恢复供电。三台断路器环形接线的断路器会自动跳闸以隔离故障，因此，在失去上一级线路或者相关母线故障后，能立刻建立起独立发电商孤岛运行模式。期间，有可能需要重启独立发电商的发电机，也有可能不需要，其重启过程最多为 0.5h。两台断路器接线则需要很长时间才能建立起独立发电商孤岛运行模式。如果上一级线路发生故障，则要对该线路进行人工隔离操作，所需平均恢复供电时间为 4h；如果相关母线发生故障，则要等到该母线恢复正常状态后才能建立独立发电商孤岛运行模式，所需平均恢复供电时间为 17.9h。

3. 经济性对比

使用 11.2.2 节的第 2 部分所给出的方法，对两种变电站主接线进行经济性分析。变电站设备有两种摆放方式：平放和堆放。针对允许独立发电商孤岛运行模式，表 11.4 列出了基本系统和加入独立发电商开关站主接线后系统的投资费用和不可用度。

表 11.4　两种变电站主接线的经济性对比数据

系统	投资费用/百万加元		不可用度/(h/年)
	平放	堆放	
基本系统	—		44.97
加入三台断路器环形接线后的系统	36	30	3.50
加入两台断路器接线后的系统	33	29	6.89

利用式(11.20)和式(11.21)，计算两种变电站主接线之间不可用度的相对差值(ΔR)和投资费用的相对差值(ΔI)，具体见表 11.5，其中，选择三台断路器环形接线作为参考。可见，相比于两台断路器接线，三台断路器环形接线只需多花 3.3%(堆

放)或 8.3%(平放)的投资费用, 就能使得不可用度下降高达 97%, 由此认为三台断路器环形接线更好。

表 11.5　两种变电站主接线之间的相对差值

不可用度的相对差值	投资费用的相对差值/%	
	平放	堆放
97%	8.3	3.3

利用式(11.22), 计算两种变电站主接线的可靠性增量费用(IRC), 具体见表 11.6。可见, 对于改善单位不可用度指标所需的投资费用, 当使用堆放形式时, 三台断路器环形接线的要低于两台断路器接线的; 而当使用平放形式时, 这两种主接线改善单位不可用度指标所需的投资费用几乎相同。

表 11.6　两种变电站主接线的可靠性增量费用

主接线	可靠性增量费用/(百万加元/改善单位不可用度)	
	平放	堆放
三台断路器环形接线	0.868	0.723
两台断路器接线	0.867	0.762

4. 其他考虑因素

在变电站规划中, 其他传统考虑因素包括: 所需用地、运行灵活性、维修要求、孤岛运行、安全风险和扩建能力。表 11.7 给出了这些因素的对比结果。

表 11.7　在传统考虑因素方面两种变电站主接线之间的对比

考虑因素	三台断路器环形接线	两台断路器接线
用地	较多	较少
运行灵活性	较好	较差
维修要求	类似	类似
孤岛运行实现	较容易	较困难
安全风险	较低	带电作业风险较高
扩建	较容易	较困难

11.2.4　小结

通过一个实际应用算例, 本节提出了变电站主接线结构的概率规划方法。

在该例中, 根据总体可靠性和相对经济效益, 三台断路器环形接线要优于两台断路器接线。应该注意, 该结论只在给定条件下(独立发电商孤岛运行模式和设备堆放布置方式)成立, 并不是普遍结论。如果不允许独立发电商孤岛运行, 则不能断定三台断路器环形接线更合理。这表明在变电站中增加更多元件并不一定能保证提高可靠性。增加更多断路器可能会增加失效频率，不过，断路器能够更快地隔离失效元件，通常会降低总体不可用度(不可用概率)。此外，该例也说明了变电站可靠性不仅取决于本身的电气主接线，还与它所连接的网络拓扑有关。

11.3　变压器备用规划

变电站设备备用规划一直是电力公司的难题。至今，大多数电力公司在这一领域采用的是基于工程判断的确定性方法。本节以变压器备用为例，介绍基于可靠性的设备备用规划方法。所提概念和方法可应用于其他设备。

11.3.1　问题描述

变压器是变电站内最重要的设备。在变电站规划这个层面，很多问题都涉及变压器由输电网向配电网用户可靠传输电能的充裕性。在电力公司中，通常采用多个变电站共享备用变压器的策略，特别在当今竞争机制下，更是如此。与每个变电站都采用传统 N-1 原则相比，该策略能够在可靠性水平可接受的情况下减少相当多的资金投入。在许多电力公司的系统中，变压器老化状态已成为事实。老化变压器的故障概率较高，而变压器的修复或更换过程通常要花费很长时间。这两个因素也是采用备用变压器的原因。

变压器或其他设备备用规划所要解决的基本问题如下：

(1)设备组总共需要多少台备用？

(2)每台备用要在何时就位？

通常有两种基于可靠性的设备备用规划方法：第一种基于可靠性准则；第二种基于概率可靠性费用模型。本节讨论基于可靠性准则的方法，并以变压器组为例阐述该方法的应用。基于概率可靠性费用模型的方法在文献[6]中进行了讨论。

11.3.2　备用概率规划方法

1. 基本步骤

电压等级相同和结构类似的一组变压器共享备用。变压器组中每台变压器都有各自因失效而引起的不可用概率。一台或多台变压器失效时，必须要有一台或多台备用投入运行，以确保变电站正常运行。因此，所需备用数量取决于对变压器组的可靠性要求。根据每台变压器的不可用概率，可以使用状态枚举法评估在有备用和没有备用的情况下变压器组的失效概率和成功概率。一个变压器组的备用规划包括以下几个步骤：

(1)按照如下方式确定变压器组：共享的备用变压器可替换该组任一变压器，并且能根据所在地理位置及时替换。通常，选择峰荷期间发生单一故障就可导致负荷

损失的变压器作为该组成员。不过，如果需要，那么也可将单个变电站内满足 N-1
原则的变压器包括在该组中。此时，可以利用备用对变电站内多台同时故障的变压
器进行更换，因此该变电站可靠性将得到进一步提高。

(2) 选定合适的变压器组可靠性准则，这将在 11.3.2 节的第 3 部分中进行讨论。

(3) 计算变压器组中每台变压器的不可用概率。变压器有两种失效模式：可修复
失效和老化(寿命终止)失效。在许多电力系统的可靠性评估中，只考虑可修复失效引
起的不可用概率。但是，变压器老化失效是备用需求的主要原因之一，特别是对于老
化变压器组，在备用分析中应考虑老化失效引起的不可用概率。10.2.2 节的第 2 部分
和第 3 部分已给出了计算可修复失效和老化失效不可用概率的建模理念。

(4) 评估有备用和没有备用情况下各个失效事件的概率，以及整个变压器组的失
效概率和成功概率。将在 11.3.2 节的第 2 部分中对该评估方法进行讨论。

(5) 对规划期间内所有年份重复步骤(3)和步骤(4)。考虑老化失效模式时，每台
变压器的不可用概率随着年份的增加而增大，所以要逐年进行步骤(3)和步骤(4)的
计算。

(6) 根据选定的可靠性准则，对比有备用情况下变压器组在不同年份的成功概
率。变压器成功概率必须要等于或大于可接受的概率值。通过对比确定出变压器备
用的台数和就位年份。将在 11.3.3 节中通过例子来阐述该步骤。

2. 变压器组的可靠性评估方法

有一台变压器故障的变压器组状态称为一阶失效状态，有两台变压器同时故障
的状态称为二阶失效状态，以此类推。所有一阶失效状态的累计概率可表示为

$$P(1) = \sum_{i=1}^{N} \left[U_i \cdot \prod_{\substack{j=1 \\ j \neq i}}^{N} (1 - U_j) \right] \tag{11.23}$$

式中，$P(1)$ 为所有一阶失效状态的累计概率；U_i 或 U_j 分别为第 i 或第 j 台变压器的
不可用概率；N 是变压器组中变压器台数。引入 $(1-U_j)$ 的乘积项保证了所有一阶失
效状态的互斥性，因此它们的状态概率可以直接相加。

所有二阶失效状态的累计概率可表示为

$$P(2) = \sum_{i=1}^{N-1} \sum_{k=i+1}^{N} \left[U_i U_k \cdot \prod_{\substack{j=1 \\ j \neq i,k}}^{N} (1 - U_j) \right] \tag{11.24}$$

式中，$P(2)$ 为所有二阶失效状态的累计概率；U_i、U_k 和 U_j 分别为第 i、第 k 和第 j
台变压器的不可用概率。

类似地，可以推导出所有三阶、四阶或更高阶失效状态的累计概率计算公式。

显然，$P(N)$等于变压器组中所有变压器不可用概率的乘积。通过直接相加可得到在没有备用情况下变压器组的总失效概率为

$$P_{0s} = \sum_{i=1}^{N} P(i) \tag{11.25}$$

式中，$P(i)$为所有第 i 阶失效状态的累积概率。对于变压器台数不多的变压器组，可以容易计算出式(11.25)中的各 $P(i)$。对于变压器台数较多的变压器组，并不需要枚举至最高阶失效状态集合。枚举至哪一阶取决于变压器组中变压器的台数。可以指定一个概率阈值，忽略掉概率低于此阈值的高阶失效状态。

一台、两台和更多台备用情况下变压器组失效概率可表示为

$$P_{is} = P_{0s} - \sum_{j=1}^{i} P(j) \tag{11.26}$$

式中，P_{is} 为 i 台备用情况下变压器组失效概率。例如，$P_{1s} = P_{0s} - P(1)$，表示从没有备用情况下变压器组失效概率中减去一阶失效状态集合概率，这是因为一台备用变压器能替换一台故障变压器，所以这些一阶失效事件不再会导致变压器组失效；类似地，$P_{2s} = P_{0s} - P(1) - P(2)$；以此类推。

一旦计算得到零台、一台、两台和更多台备用情况下的变压器组失效概率，通过 1.0 减去对应的失效概率，就能获得零台、一台、两台和更多台备用情况下的变压器组成功概率。

3. 可靠性准则

可靠性准则指的是给定变压器组成功概率目标值，当变压器组成功概率超过该目标值时，则变压器组的可靠性是可接受的。有不同的方法来选定变压器组可接受的成功概率值，这取决于不同的情况或每个电力公司的不同要求。在下面所给出的实际例子中，使用基于输电系统平均停电持续时间指标(system average interruption duration index（for transmission systems），T-SAIDI)的可接受成功概率。T-SAIDI(其定义见 7.3.3 节的第 1 部分)，即每个输电系统供电点的平均停电持续时间指标，已被许多电力公司用作运营水平的关键性能指标，因此，基于 T-SAIDI 的可接受成功概率与这些电力公司的总体可靠性目标相一致。这些电力公司根据 T-SAIDI 的历史统计设定其目标值。可将 T-SAIDI 的目标值转化为如下的变压器组可接受成功概率(可用概率)的阈值 P_{th}：

$$P_{th} = 1 - \frac{S \cdot N_D}{8760} \tag{11.27}$$

式中，S 代表电力公司的 T-SAIDI 目标值；N_D 为所考虑变压器组对应的输电系统供电点数量。输电系统供电点定义为降压变电站低压侧母线。多数变电站只有一个输电系

统供电点，但有些变电站也可能有多个输电系统供电点，这取决于变电站的结构。

因为 T-SAIDI 的单位是每供电点每年的停电小时数，所以式(11.27)的意义是直截了当的。用如下例子对其进行解释。

假定电力公司的 T-SAIDI 目标值 S 为每供电点每年停电 2.1h，把对 35 个输电系统供电点供电的变压器归为一组。对于该变压器组，其总的平均停电持续时间目标值为

$$S \times N_D = 2.1 \times 35 = 73.5\text{h/年}$$

其可接受的成功概率为 1 – 73.5/8760 = 0.9916（或 99.16%）。

以上例子表明，为了与电力公司的每供电点每年停电 2.1h 的 T-SAIDI 目标值相一致，则需要使用 0.9916 的容许可用概率作为该变压器组选定的可靠性准则。

概念上，T-SAIDI 为平均停电持续时间，所以在使用基于 T-SAIDI 的可靠性准则时，要满足以下条件之一：

(1)所考虑的变压器组中不包括满足 N-1 原则的变电站中的变压器，因为这些变电站中一台变压器失效不会导致停电。

(2)如果所考虑的变压器组中包括满足 N-1 原则的变电站中的变压器，则在计算中，要从对应 $P(i)$ 中减掉这些变压器单一失效的状态累积概率值。

不过，在实际应用中，不严格满足这两个条件也是可接受的，只不过会导致一个相对保守(安全)的结果(备用变压器就位年份提早)。

11.3.3　实际算例

在文献[126]、[127]中可以找到该实际算例的更多详细信息。

1. 算例描述

在加拿大不列颠哥伦比亚电力局(BC Hydro)系统中，把容量为 10～30MV•A 的 138/25 kV 变压器归为一组，并用 138/25kV 容量为 25MV•A 的变压器作为备用。已预测到每台变压器所带最大负载将不会超过 25MV•A。在该例中对三种不同情况进行研究。第一种情况只考虑无载调压变压器作为一组，该变压器组由位于 29 个变电站(输电系统供电点)的 34 台变压器组成。第二种情况只考虑有载调压变压器作为一组，该变压器组由位于 12 个变电站的 16 台变压器组成。第三种情况将无载和有载调压变压器混合在一起进行研究，该变压器组由位于 35 个变电站(输电系统供电点)的 50 台变压器组成。变压器组备用规划期为 2006 年～2015 年的十年期间。一些变压器已经运行了多年，已处于老化阶段，因此同时考虑变压器的可修复和老化(寿命终止)失效模式。变压器可修复失效模式的不可用概率来源于历史失效统计。变压器老化失效模式的不可用概率由 10.2.2 节的第 3 部分的老化设备韦布尔分布模型计算得到。基于服役年龄不同的 148 台变压器数据(其中有 6 台已退役，其退役年

龄不同)，通过 10.2.2 节的第 2 部分所给出的方法估计韦布尔分布模型的尺度参数和形状参数。由尺度参数和形状参数可以计算出服从韦布尔分布的变压器平均寿命和标准差(参见附录 A 中式(A.19)和式(A.20))。138/25 kV 变压器的平均寿命和标准差的计算结果分别为 57.1 年和 14.5 年。

2. 无载调压变压器组

T-SAIDI 目标值为每供电点每年停电 2.1h。该变压器组共涉及 29 个变电站(输电系统供电点)。利用式(11.27)计算得到该变压器组可接受的成功概率为

$$P_{th} = 1 - \frac{2.1 \times 29}{8760} = 0.993$$

对位于这 29 个变电站的 34 台无载调压变压器，使用 0.993 的可用概率作为选定的可靠性准则。大多数变电站只有一台变压器，它们共享公用的备用变压器。在 2006 年~2015 年的整个规划期间内，该变压器组的成功概率要至少等于或大于所选定的可用概率 0.993。

利用 11.3.2 节的方法开发了计算机程序 SPARE[128]，将其用于该变压器组备用分析。所得结果如表 11.8 和图 11.3 所示。表 11.8 列出了在没有备用和有备用(至 3 台备用)的情况下 138/25 kV 无载调压变压器组的年成功概率。值得一提的是，变压器老化失效概率随着年份逐步增加，从而年成功概率随着年份逐步降低。

表 11.8　不同备用变压器台数的情况下 138/25 kV 无载调压变压器组(34 台)的成功概率

年份	备用变压器台数			
	0	1	2	3
2006	0.8757	0.9922	0.9997	1.0000[①]
2007	0.8651	0.9908	0.9996	1.0000[①]
2008	0.8537	0.9891	0.9995	1.0000[①]
2009	0.8417	0.9872	0.9993	1.0000[①]
2010	0.8289	0.9849	0.9991	1.0000[①]
2011	0.8154	0.9824	0.9989	0.9999
2012	0.8011	0.9794	0.9986	0.9999
2013	0.7862	0.9761	0.9982	0.9999
2014	0.7706	0.9723	0.9978	0.9999
2015	0.7542	0.9680	0.9972	0.9998

① 1.0000 是四舍五入到小数点后第四位得到的。

由图 11.3 可见，在 2006 年需要两台无载调压备用变压器。有了这两台备用变压器之后，直到规划期末年(2015 年)，该变压器组都能满足所指定的可靠性准则(变压器组概率大于 0.993)。

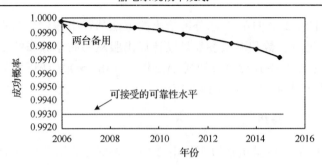

图 11.3　无载调压变压器组满足选定可靠性准则时所需的备用变压器台数

3. 有载调压变压器组

T-SAIDI 目标值仍然为每供电点每年停电 2.1h。该组共有 12 个变电站(输电系统供电点)。利用式(11.27) 计算得到该组可接受的成功概率为

$$P_{th} = 1 - \frac{2.1 \times 12}{8760} = 0.9971$$

对位于这 12 个变电站的 16 台有载调压变压器，使用 0.9971 的可用概率作为选定的可靠性准则。类似地，大多数变电站只有一台变压器，它们共享公用的备用变压器。在 2006 年～2015 年的整个规划期间内，该变压器组的成功概率要至少等于或大于所选定的可用概率 0.9971。

使用 SPARE 程序进行 138/25kV 有载调压变压器备用分析。所得结果如表 11.9 和图 11.4 所示。由图 11.4 可见，为了使 138/25kV 有载调压变压器组满足选定的可靠性准则(变压器组概率大于 0.9971)，在 2006 年需要第一台有载调压备用变压器。到了 2012 年，如果只有一台备用，那么变压器组将不再满足选定的可靠性准则，将需要在 2012 年引入第二台有载调压备用变压器。

表 11.9　不同备用变压器台数的情况下 138/25 kV 有载调压变压器组(16 台)的成功概率

年份	备用变压器台数		
	0	1	2
2006	0.9514	0.9989	1.0000①
2007	0.9470	0.9987	1.0000①
2008	0.9422	0.9984	1.0000①
2009	0.9371	0.9981	1.0000①
2010	0.9316	0.9978	1.0000①
2011	0.9257	0.9974	0.9999
2012	0.9194	0.9969	0.9999
2013	0.9127	0.9963	0.9999
2014	0.9055	0.9957	0.9999
2015	0.8979	0.9950	0.9998

① 1.0000 是四舍五入到小数点后第四位得到的。

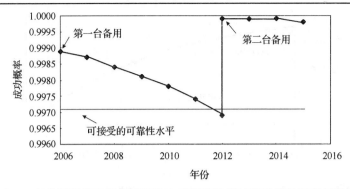

图 11.4　有载调压变压器组满足选定可靠性准则时所需的备用变压器台数

4. 无载和有载调压变压器混合组

有载调压备用变压器既可替换无载调压变压器，又可替换有载调压变压器。使用相同方法可以确定所有 138/25kV 无载和有载调压变压器需要的有载调压备用变压器台数。T-SAIDI 目标值仍然为每供电点每年停电 2.1h。该混合变压器组共涉及 35 个变电站(输电系统供电点)。该混合变压器组可接受的成功概率为

$$P_{\text{th}} = 1 - \frac{2.1 \times 35}{8760} = 0.9916$$

对位于这35个输电系统供电点(变电站)的 50 台变压器(无载调压和有载调压)，用 0.9916 的可用概率作为选定的可靠性准则。使用 SPARE 程序进行该混合变压器组备用分析。所得结果如表 11.10 和图 11.5 所示。由图 11.5 可见，在 2006 年需要两台有载调压备用变压器。有了这两台备用之后，直到规划期末年(2015 年)，该变压器组都能满足所指定的可靠性准则。

表 11.10　不同备用变压器台数的情况下 138/25 kV 无载和有载调压变压器混合组(50 台)的成功概率

年份	备用变压器台数			
	0	1	2	3
2006	0.8331	0.9856	0.9992	1.0000①
2007	0.8192	0.9829	0.9989	1.0000①
2008	0.8044	0.9799	0.9986	0.9999
2009	0.7887	0.9764	0.9983	0.9999
2010	0.7722	0.9724	0.9978	0.9999
2011	0.7548	0.9678	0.9972	0.9998
2012	0.7366	0.9626	0.9964	0.9997
2013	0.7175	0.9566	0.9955	0.9997
2014	0.6978	0.9499	0.9944	0.9995
2015	0.6772	0.9423	0.9931	0.9994

① 1.0000 是四舍五入到小数点后第四位得到的。

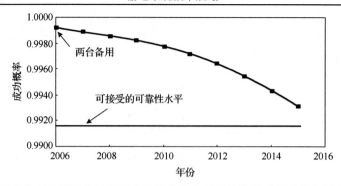

图 11.5　　无载和有载调压变压器混合组满足选定可靠性准则时所需的备用变压器台数

11.3.4　小结

本节给出了基于定量可靠性评估的变压器备用规划方法及其在电力公司中的实际应用。

结果表明，在 2006 年～2015 年的 10 年期间，当分开考虑无载和有载调压备用变压器时，电力公司系统需要 4 台 138/25kV 备用变压器(2 台无载调压备用变压器和 2 台有载调压备用变压器)。然而，当对无载和有载调压变压器均使用有载调压变压器作为备用时，电力公司系统只需要 2 台 138/25kV 有载调压备用变压器，就能在该规划期间内满足同样的可靠性准则。这使得 138/25kV 变压器组在满足给定可靠性要求的同时，还能节省大量投资费用。

11.4　结　　论

本章讨论了用概率方法来解决变电站规划的两个主要问题：变电站电气主接线结构规划和变压器备用规划。

变电站电气主接线结构规划方法包括定量的可靠性评估和基于可靠性的经济分析。本章提出了一种简化最小割集法用于变电站电气主接线结构的可靠性评估。对于简单的变电站电气主接线(如本章的例子)，该方法能在保证可接受精度的同时，降低评估的复杂性。在一般情况下，应该使用 5.4 节描述的状态枚举法进行变电站可靠性评估。基于不同电气主接线之间的相对比较，本章还讨论了两种经济性分析方法。这两种方法适用于可靠性指标不随时间变化的情况。当变电站电气主接线可靠性评估中涉及负荷水平变化和/或变电站设备老化模型时，可靠性指标会随年份增加而增大。在这种情况下，应该使用期望缺供电量指标，并将其转换为不可靠性费用，利用现值法以实现更全面的经济分析。分析过程在概念上类似于 9.3 节中的经济分析。

变压器备用规划方法包括如下内容：各变压器可修复失效和老化失效引起的不

可用概率计算、没有备用和有备用情况下变压器组的可靠性评估、变压器组的可靠性准则选定、确定备用变压器台数和就位年份。许多电力公司将 T-SAIDI 用于考核公司运营水平的关键性能指标，因此在所给例子中使用了基于 T-SAIDI 的可靠性准则。需要强调的是，这并不是选定可接受可靠性水平(可靠性准则)的唯一方法，也可以使用其他策略，这取决于电力公司的可靠性目标。

变电站规划还涉及其他问题。本章所提出的概率规划思想和方法或者可直接应用，或者可进一步推广到变电站其他类似规划问题中。例如，在变电站中增加变压器或改变其他电气布置都可视为现有接线结构的替代方案，所提的变电站电气主接线结构概率规划方法同样适用。作者愿意留一些空间给读者思考他们自己的想法。

第 12 章　单回路送电系统规划

12.1　引　　言

单回路送电系统指的是由单个回路供电给一个或多个输电系统供电点(变电站)的简单系统。在这种系统中，单回路停运将导致所有输电系统供电点的负荷被切除。为简单起见，在本章的讨论中假定一个变电站只有一个输电系统供电点。输电系统供电点可分为单回路输电系统供电点和多回路输电系统供电点。其中，前者又可进一步划分为如下两类：只连接有一个供电电源的单回路辐射型输电系统供电点和连接有多个供电电源的单回路环网型输电系统供电点。如图 12.1 所示，DS1、DS2、DS3 和 TS1 是单回路辐射型输电系统供电点，TS2 是单回路环网型输电系统供电点，而 DS4 和 DS5 是多回路输电系统供电点[129]。值得注意的是，图中"一个输电用户"指的是一个单独的工业用户，而"配电用户"指的是通过馈线从配电变电站供电的用户。

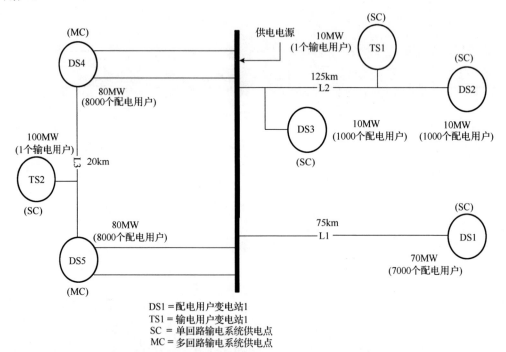

DS1 ＝配电用户变电站1
TS1 ＝输电用户变电站1
SC ＝单回路输电系统供电点
MC ＝多回路输电系统供电点

图 12.1　单回路和多回路输电系统供电点示例

显然，多回路输电系统供电点的可靠性要远高于单回路输电系统供电点的可靠性。从停电持续时间方面来看，单回路环网型输电系统供电点的可用概率要高于单回路辐射型输电系统供电点的可用概率。例如，当图 12.1 中回路 L3 的上部分断线时，这将导致 TS2 的负荷被切除。不过，维修工作人员可以手动隔离故障线路部分，并通过与回路 L3 下部的电源连接（通过 DS5），恢复对 TS2 的供电。

电力公司中有很多单回路送电系统。因为在过去，郊区的负荷较轻且重要程度不高，多回路供电没有必要。可是，随着多年来城市化进程的推进，这些负荷逐步增长，也越来越重要。因此，电力公司在进行单回路送电系统规划时就面临着这样两个基本问题：

(1) 很显然，传统的 N-1 原则在这种情况下是不适用的。那么，如何确认单回路送电系统加强方案的经济合理性？

(2) 由于投资预算有限，同时对所有单回路送电系统进行加强是不可能的，也没有这个必要。那么，应该优先加强哪个单回路送电系统呢？

本章将通过概率规划方法来解决这些问题。在 12.2 节中，将利用某个电力公司的统计数据，分析不同系统元件和子网络结构对总体系统可靠性性能的影响。在 12.3 节中，将提出单回路送电系统的概率规划方法。在 12.4 节中，将举例阐述所提方法在实际电力系统中的应用。

12.2 单回路送电系统的可靠性性能

12.2.1 输电系统供电点可靠性指标

对于不同的输电系统供电点，用户端所见的可靠性性能差异很大。通常，单回路输电系统供电点具有相对差的可靠性性能。不过，由于每条单一回路的失效概率不同，所以每个输电系统供电点的可靠性水平也大不相同。我们可以从不同方面对可靠性性能进行度量：

(1) 停电发生多少次（停电频率）？

(2) 停电一次会持续多长时间（停电持续时间）？

(3) 停电的缺供电量有多大（失负荷量）？

(4) 停电影响到多少用户？

上述问题可以用可靠性性能指标予以度量。因此，可靠性性能指标也有多种形式，如频率相关指标、持续时间相关指标或包含了频率、持续时间和严重程度的综合性指标。

如 7.3.3 节所述，输电系统供电点的可靠性指标可由历史停电数据统计得到。在本章中使用如下三个指标，以反映输电系统供电点停电的不同方面：

(1) 停电用户小时数（customer hours lost，CHL）。该指标用于度量一年中考虑多用户时的累积停电时间，单位为"户时数/年"。停电用户小时数是一个将停电频率、停电持续时间和停电用户数组合在一起的指标。该指标的不足在于没有包括失负荷量(MW)。此外，即使输电线路的停电频率和停电持续时间保持不变，随着时间的推移，用户数会增加，从而停电用户小时数也会随之增长。但这并不意味着输电系统可靠性真正下降了。尽管如此，由于其简单明了，所以停电用户小时数在电力部门得到了广泛使用。

(2)输电系统平均停电持续时间指标(system average interruption duration index (for transmission systems)，T-SAIDI)。该指标的定义已经在7.3.3节的第1部分中给出，用来描述每个输电系统供电点的平均停电时间，单位为"小时(或分钟)/输电系统供电点/年"。在电力行业中，T-SAIDI是使用最为普遍的指标，因为很多电力公司将其作为衡量系统可靠性的关键性能指标。值得注意的是，在定义上，输电系统中所使用的T-SAIDI与配电系统中所使用的SAIDI是不同的，本书在T-SAIDI前加以前缀"T"以示区别。

(3)输电系统供电点不可靠性指标(delivery point unreliability index，DPUI)。该指标的定义也已经在7.3.3节的第1部分中给出，它是一年中所有输电系统供电点处的停电事件所引起的缺供电量之和除以系统峰荷而得到，单位为"系统分/年"。输电系统供电点不可靠性指标也被称为严重程度指标，即要达到与一年中所有输电系统供电点的累积缺供电量相等的缺供电量，假如在系统峰值负荷时发生整个系统停电所需要的停电分钟数。换言之，输电系统供电点不可靠性指标描述了停电所导致的缺供电量严重程度。

12.2.2 不同元件对可靠性指标的贡献

基于历史停电数据的统计，本节使用一个例子来说明不同的系统元件和结构对总体系统可靠性指标的贡献[129]。这些信息对系统规划人员是有用的，能帮助他们进行定量分析，以辨识出影响系统可靠性性能的薄弱元件、结构和位置。

由某个电力公司2004年～2008年的5年历史数据计算得到三个指标：停电用户小时数(CHL)、输电系统平均停电持续时间指标(T-SAIDI)和输电系统供电点不可靠性指标(DPUI)。首先按照两种元件类型(变电站元件和输电线路元件)，将导致用户停电的停运数据划分为两类；然后再按照图12.1所示的三种输电系统供电点类型(即单回路辐射型输电系统供电点、单回路环网型输电系统供电点和多回路输电系统供电点)，进一步将每一类划分为三个子类。表12.1和图12.2～图12.4给出了各个子类所对应的指标对总体系统指标的贡献百分比。

根据表12.1和图12.2～图12.4，可得到如下结论：

(1)相对于变电站元件，输电线路元件停运对用户停电的贡献百分比要高很多。输电线路元件停运对三种总指标CHL、T-SAIDI和DPUI的贡献百分比分别高达75%、91%和80%。

表 12.1　不同类型所对应的 CHL、T-SAIDI 和 DPUI 对总体系统指标的贡献百分比

元件类型	受停运影响的输电系统供电点类型	CHL/%	T-SAIDI/%	DPUI/%
输电线路元件	单回路辐射型	55	74	54
	单回路环网型	10	13	13
	多回路	10	4	13
变电站元件	单回路辐射型	5	3	2
	单回路环网型	3	2	8
	多回路	17	4	10

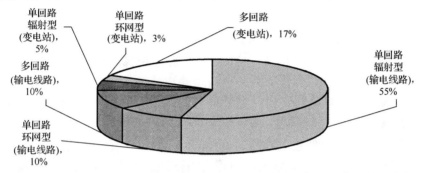

图 12.2　不同元件停运类型和输电系统供电点类型对总体 CHL 的贡献百分比

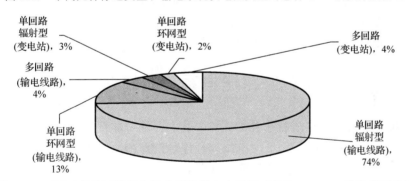

图 12.3　不同元件停运类型和输电系统供电点类型对总体 T-SAIDI 的贡献百分比

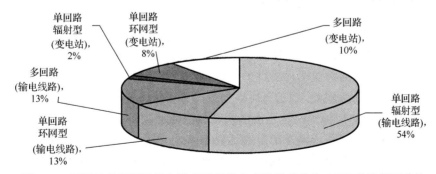

图 12.4　不同元件停运类型和输电系统供电点类型对总体 DPUI 的贡献百分比

(2)相对于多回路送电系统,单回路送电系统停运对可靠性指标的贡献百分比要高很多。由变电站元件和输电线路元件停运所造成的多回路送电系统供电点停电,对总指标 T-SAIDI 来说只占 8%(4%+4%),其余 92%均来自单回路送电系统停运所造成的用户停电。单回路送电系统停运所造成的用户停电,对总指标 CHL 和 DPUI来说,其贡献百分比分别为 73%和 77%。

(3)在单回路送电系统停运造成用户停电的贡献百分比中,输电线路所占的比例要大于变电站元件所占的比例。单回路输电线路停运(包括辐射型和环网型输电系统供电点这两类一起)对总指标 CHL、T-SAIDI 和 DPUI 的贡献百分比分别高达 65%、87%和 67%。

(4)单回路辐射型输电线路停运造成的用户停电对可靠性指标的贡献百分比最高。单回路输电线路停运对总指标 CHL 的贡献达 65%,其中 55%来自单回路辐射型输电线路,另外 10%来自单回路环网型输电线路;对总指标 T-SAIDI 的贡献达 87%,其中 74%来自单回路辐射型输电线路,另外 13%来自单回路环网型输电线路;对总指标 DPUI 的贡献达 67%,其中 54%来自单回路辐射型输电线路,另外 13%来自单回路环网型输电线路。

显然,该电力公司输电系统的用户停电主要是由单回路输电线路停运,特别是单回路辐射型输电线路停运所造成的。对于不同的电力公司,输电系统的每类元件类型和网络结构对可靠性指标的贡献百分比不尽相同。但基本贡献格局应该是类似的。分析结果表明了单回路送电系统规划的重要性。

12.3　单回路送电系统的规划方法

该问题在文献[130]中进行了详细讨论。从上面的可靠性性能指标分析中可以看出:输电线路停运的影响远大于变电站元件停运的影响。因此,在下面对单回路送电系统的讨论中,我们将重点关注输电线路。

12.3.1　基本和加权可靠性指标

如 12.2 节所示,尽管这三种可靠性指标(CHL、T-SAIDI 和 DPUI)都是从同一停电数据源计算得到的,但是单回路送电系统对它们的贡献百分比并不相同。这是因为每一个可靠性指标描述了可靠性的不同方面。CHL 强调用户数量,T-SAIDI 更关注于输电系统供电点数量,而 DPUI 更强调的是停电严重程度(即停运造成的缺供电量的大小)。这三个指标一起使用能够反映停运影响的不同方面。下面将首先提出这三个基本指标在单回路送电系统中的计算方法,并用一个实例加以说明。然后,紧接着给出这三个基本指标的加权综合性指标,以用于对系统可靠性进行排序。综合性指标较大的回路,其系统不可靠性程度也更严重。

1. 基本可靠性指标

对于单回路送电系统，CHL 指标（单位为"户时数/年"）可由式(12.1)计算得到，即

$$\text{CHL} = \sum_{k=1}^{M} \sum_{i=1}^{f_k} r_{ik} N_k \tag{12.1}$$

式中，r_{ik} 是第 k 条单回路在第 i 次停运事件中造成的停电持续时间或供电恢复所需时间（h/次）；f_k 是第 k 条单回路在给定年份中的停运次数；N_k 是由第 k 条单回路供电的用户数；M 是所考虑的单回路总数。当 $M=1$ 时，计算所得的 CHL 是一条单回路对应的指标。

为了对单回路系统进行可靠性排序，每条单回路的 CHL 应除以该回路的停运次数，以进行归一化处理。归一化后的 CHL 即为每条单回路在每次停运事件中造成的平均停电用户小时数（average customer hours lost（per event），ACHL），单位为"户时数/次/年"。当考虑所有单回路送电系统时，其 ACHL 可计算如下：

$$\text{ACHL} = \sum_{k=1}^{M} \frac{\sum_{i=1}^{f_k} r_{ik} N_k}{f_k} \tag{12.2}$$

式中，r_{ik}、f_k、N_k 和 M 的含义与式(12.1)中的相同。如果第 k 条单回路在给定年份中没有发生停运（即 $f_k = 0$），则在指标计算中不考虑该回路在该年的停运。

单回路送电系统的 T-SAIDI（单位为"小时/输电系统供电点/年"）可由式(12.3)计算得到，即

$$\text{T-SAIDI} = \frac{\sum_{k=1}^{M} \sum_{i=1}^{f_k} r_{ik} N_{Dk}}{N_{DT}} \tag{12.3}$$

式中，r_{ik}、f_k 和 M 的含义与式(12.1)中的相同；N_{Dk} 表示第 k 条单回路中输电系统供电点的数量；N_{DT} 为全系统的输电系统供电点总数。值得注意的是，N_{DT} 并不只是所要进行比较的单回路中输电系统供电点的数量之和。可以看到，式(12.3)和式(7.44)具有相同的含义，只不过式(12.3)中使用了计算单回路送电系统的 T-SAIDI 时的计数方式。

单回路送电系统的 DPUI（单位为"系统分/年"）可由式(12.4)计算得到，即

$$\text{DPUI} = \frac{60 \cdot \sum_{k=1}^{M} \sum_{i=1}^{f_k} r_{ik} L_{ik}}{P_{\text{sys}}} \tag{12.4}$$

式中，r_{ik}、f_k 和 M 的含义与式(12.1)中的相同；L_{ik} 是第 k 条单回路在第 i 次停运事件中切除的实际总负荷（MW）；P_{sys} 是整个系统的年峰荷（MW）。引入"60"是为了

将时间的单位由小时换算成分钟。同样，除了计数方式不同，式(12.4)和式(7.48)具有相同的含义。

在式(12.1)～式(12.4)中，当 $M=1$ 时，计算所得指标是一条单回路对应的指标。在考虑多个单回路送电系统时，所得指标能够反映出该组单回路系统的总体性能，也可以计算出每条单回路的指标对该组单回路总体指标的贡献百分比。

式(12.1)～式(12.4)中的指标是按一个年份计算的。当考虑多个年份时，能够计算多年的平均指标。显然，在上述表达式中，可以直接代入每一次停运事件的历史数据。当用的是年平均停运频率和年平均停运持续时间时，这些指标可表示为

$$\text{CHL} = \sum_{k=1}^{M} \overline{f}_k \cdot \overline{r}_k \cdot N_k \tag{12.5}$$

$$\text{ACHL} = \sum_{k=1}^{M} \overline{r}_k \cdot N_k \tag{12.6}$$

$$\text{T-SAIDI} = \frac{\sum_{k=1}^{M} \overline{f}_k \cdot \overline{r}_k \cdot N_{Dk}}{N_{DT}} \tag{12.7}$$

$$\text{DPUI} = \frac{60 \cdot \sum_{k=1}^{M} \overline{f}_k \cdot \overline{r}_k \cdot L_k}{P_{sys}} \tag{12.8}$$

式中，$\overline{f}_k$ 和 $\overline{r}_k$ 分别为第 k 条单回路的年平均停运频率(次/年)和年平均停运持续时间(h/次)；L_k 是由第 k 条单回路供电的总平均负荷(MW)；N_k、N_{Dk}、N_{DT}、M 和 P_{sys} 与先前定义的相同。$\overline{f}_k$ 和 $\overline{r}_k$ 可以是由多个年份多次停运事件中每条单回路停运数据计算得来的平均值，也可以是由同一电压等级下和/或相同运行条件下一组单回路线路停运数据计算得来的平均值。如果有些回路没有足够的统计数据，则这时可以使用一组单回路的平均 $\overline{f}_k$ 和 $\overline{r}_k$。利用平均停运频率和平均停运持续时间可以减少单回路统计数据中的不确定性影响。此外，平均停运频率和平均停运持续时间还可以用来估计未来年份的指标值。

用图 12.1 中的系统来阐述如何计算 ACHL、T-SAIDI 和 DPUI 指标[129]。这里假定图 12.1 中 7 个输电系统供电点的负荷系数均为 0.55。总系统峰值是 360MW。计算年份里总共发生了三次停运事件。第一次停运事件导致线路 L1 停运 10h。第二次导致线路 L2 停运 10h。第三次停运事件发生在线路 L3 的上部分，持续了 10h，但通过将该线路上下部分分离，2h 内就通过 L3 的下部分恢复了供电。

ACHL(单位为"户时数/次/年")

系统：ACHL(sys) = (7000×10)/1 + ([1000+1000+1]×10)/1 + (1×2)/1 = 90012

L1 的贡献：ACHL (L1) = (7000×10)/1 = 70000

(对系统 ACHL(sys)的贡献百分比为 78%)

L2 的贡献：ACHL(L2) = [(1000+1000+1)×10]/1 = 20010

　　　　　　　　　（对系统 ACHL(sys)的贡献百分比为 22%）

L3 的贡献：ACHL(L3) = (1×2)/1 = 2

　　　　　　　　　（对系统 ACHL(sys)的贡献百分比四舍五入后为 0.0%）

T-SAIDI（单位为"小时/输电系统供电点/年"）

系统：T-SAIDI(sys) = (10×1+10×3+2×1)/7 = 6.00

L1 的贡献：T-SAIDI(L1) = (10×1)/7 = 1.43

　　　　　　　　　（对系统 T-SAIDI(sys)的贡献百分比为 24%）

L2 的贡献：T-SAIDI(L2) = (10×3)/7 = 4.28

　　　　　　　　　（对系统 T-SAIDI (sys)的贡献百分比为 71%）

L3 的贡献：T-SAIDI(L3) = (2×1)/7 = 0.29

　　　　　　　　　（对系统 T-SAIDI (sys)的贡献百分比为 5%）

值得注意的是，在计算 T-SAIDI 时，分母应当是整个系统中所有输电系统供电点的总数，包括多回路供电点在内。

DPUI（单位为"系统分/年"）

系统：DPUI(sys) = 60×0.55×(10×70+10×30+2×100)/360 = 110.0

L1 的贡献：DPUI(L1) = 60×0.55×(10×70)/360 = 64.2

　　　　　　　　　（对系统 DPUI(sys)的贡献百分比为 58%）

L2 的贡献：DPUI(L2) = 60×0.55×(10×30)/360 = 27.5

　　　　　　　　　（对系统 DPUI(sys)的贡献百分比为 25%）

L3 的贡献：DPUI(L3) = 60×0.55×(2×100)/360 = 18.3

　　　　　　　　　（对系统 DPUI(sys)的贡献百分比为 17%）

通过每条单回路指标对相应的系统指标的贡献百分比，可以对这三条单回路的可靠性性能进行排序。例如，当采用 T-SAIDI 作为单回路送电系统规划的评定标准时，与加强线路 L1 或 L3 相比，架设一条与线路 L2 并联的输电回路对系统 T-SAIDI 指标会有更大的改进。不过，只使用 T-SAIDI 并不能体现停电事件所导致的失负荷量大小。由于线路 L1 给一个负荷量大、用户数多的输电系统供电点(DS1)供电，所以即使线路 L1 停运对 T-SAIDI 的影响较小，但其对停电用户数(最大的 ACHL)和失负荷量(最大的 DPUI)的影响均是最大的。可见，为了反映可靠性性能的不同方面，需要采用基于这三个可靠性指标的加权可靠性指标作为评定标准。

2. 加权可靠性指标

通过引入加权系数，利用上述三种基本可靠性指标构造出综合性指标。需要强调的是，在加权求和时，应当用三个指标的贡献百分比代替绝对值，这是因为这三个指标具有不同的单位而不能直接相加。对于每一条单回路，其加权可靠性指标(weighted reliability index，WRI)可计算如下：

$$\text{WRI} = \%(\text{ACHL}) \cdot W_1 + \%(\text{T-SAIDI}) \cdot W_2 + \%(\text{DPUI}) \cdot W_3 \qquad (12.9)$$

式中，%(ACHL)、%(T-SAIDI) 或 %(DPUI)分别表示每条单回路的三个基本指标对相应的系统指标的贡献百分比；W_1、W_2 和 W_3 是权重系数，并且 $W_1+W_2+W_3 = 1.0$。

在这三个可靠性指标中均包含停运频率和停运持续时间，因此，权重系数的相对作用对 ACHL 应该是停电用户数，对 T-SAIDI 是输电系统供电点总数，而对 DPUI 是失负荷量。加权系数的选择取决于电力公司的可靠性目标管理决策。因为加权可靠性指标是由每条单回路的贡献百分比计算而来的，所以可以用来对单回路送电系统的可靠性性能进行排序，以确定单回路加强的初始方案清单。可以指定一个加权可靠性指标 WRI 的阈值作为筛选标准。WRI 大于该阈值的单回路送电系统被选入加强的初始备选清单中。

在图 12.1 所示的系统中，%(ACHL)、%(T-SAIDI)和%(DPUI)的权重系数分别为 0.3、0.4 和 0.3。表 12.2 列出了该系统中每条单回路指标对系统基本指标的贡献百分比及其加权可靠性指标(%)。可以看出，当以 T-SAIDI 作为可靠性评定标准时，线路 L2 需要比线路 L1 和 L3 优先进行加强。然而，若用涵盖了这三种可靠性指标的加权可靠性指标作为可靠性评定标准的话，则线路 L1 又要比线路 L2 和 L3 优先进行加强。

表 12.2 实例中每条单回路指标对系统基本指标的贡献百分比及其百分比加权可靠性指标

线路	对系统基本指标的贡献百分比/%			加权可靠性指标/%
	%ACHL	%T-SAIDI	%DPUI	
L1	78	24	58	50.4
L2	22	71	25	42.5
L3	0	5	17	7.1

12.3.2 单位可靠性增量价值方法

尽管可以直接使用加权可靠性指标来对回路的可靠性性能进行排序，但是加权可靠性指标并没有考虑到系统加强的经济性因素。本节提出一种结合可靠性指标和加强系统所需投资费用的排序标准。

1. 年投资费用

通常可以通过架设第二条回路来加强单回路送电系统。对于只给一个输电系统供电点供电的单回路，接入第二个供电电源也是一种加强方案。不过，该方案并不适用于供电给多个变电站的单回路。考虑到一般性，在下面的叙述中，用架设第二条回路作为加强方案的方式加以讨论。第二条回路的架设，一方面会大大提高系统的可靠性，另一方面需要增加投资费用。

利用 6.3.4 节的第 3 部分中的资金回收系数，新增回路的等年值投资(annual capital investment，ACI)可由总投资(total capital investment，TCI)表示为

$$\text{ACI} = \text{TCI} \cdot \frac{r(1+r)^n}{(1+r)^n - 1} \tag{12.10}$$

式中，ACI 和 TCI 分别表示等年值投资（千元/年）和在初始年的总投资（千元）；r 为折现率；n 表示新增回路的可用年限。

在对单回路送电系统的加强方案进行排序时，可使用近似的成本估算。例如，在同一电压等级的单回路加强方案中，可使用每千米平均投资费用。当然，如果需要，那么也可以通过对每个加强方案进行详细调研以估算出较精确的成本。

2. 单位可靠性增量价值

系统的加强需要投资，而投资会带来系统可靠性的提高。利用单位可靠性增量价值（unit incremental reliability value，UIRV）[131, 132]来评估单位可靠性改进所需要的增量投资。UIRV 的定义如下：

$$\text{UIRV}_k = \frac{\text{ACI}_k}{\Delta R_k} \tag{12.11}$$

式中，ACI_k 是加强第 k 条单回路所需要的年投资费用；ΔR_k 表示系统加强后规划期间内的年平均可靠性指标的变化量。从概念上讲，可靠性指标可以是任意一种指标。值得注意的是，ΔR_k 应该用第 k 条单回路指标对相应的系统指标的贡献百分比来表示。也就是说，用式（12.9）中所定义的%(ACHL)、%(T-SAIDI)、%(DPUI)或 WRI 的变化量作为 ΔR_k。

当通过架设第二条回路来对单回路送电系统进行加强时，ACI_k 就是新增回路的等年值投资。ΔR_k 为所选百分比指标在送电系统加强前后的变化量。对于新增回路后的系统，可以先利用并联可靠性公式（参见第 11 章的式（11.11）和式（11.12））计算出两条回路同时停运的等效停运频率和等效停运持续时间，然后，其基本可靠性指标仍可以使用式（12.5）～式（12.8）计算得到。但是，多数情况下，两条回路同时停运的概率极低。因此，新增回路后的可靠性指标要远小于原始单回路的可靠性指标（前者通常不到后者的 1%），在相对比较中可以忽略前者。这样，ΔR_k 可以近似由所选定的原始单回路百分比指标代替。这种近似基本上不会对单回路的排序评选带来有效误差。

尽管可以直接用 UIRV 指标对单回路送电系统进行排序，但建议使用如下的相对单位可靠性增量价值（relative unit incremental reliability value，RUIRV）指标，因为 RUIRV 没有单位，故可以和另一个排序指标，即相对成本/效益比率（relative cost/benefit ratio，RCBR）（参见 12.3.3 节）相结合。

$$\text{RUIRV}_k = \frac{\text{UIRV}_k}{\sum\limits_{k=1}^{M_c} \text{UIRV}_k} \tag{12.12}$$

式中，UIRV_k 为加强第 k 条单回路所对应的单位可靠性增量价值；M_c 表示备选清单中有待加强的回路数量。

12.3.3　效益/成本比率方法

确定性的 N-1 原则不能用来判定一个单回路送电系统是否要加强。基于可靠性价值评估的效益/成本分析方法则可以做到这一点。

1. 期望损失费用

每一条回路的期望缺供电量（EENS）指标（单位为"MW·h/年"）可由式（12.13）计算得到，即

$$\text{EENS}_k = \overline{f}_k \cdot \overline{r}_k \cdot L_k \tag{12.13}$$

式中，$\overline{f}_k$ 和 $\overline{r}_k$ 分别为第 k 条单回路的平均停运频率（次/年）和平均停运持续时间（h/次）；L_k 是由第 k 条回路供电的年均总负荷（MW）。当对未来不同年份的 EENS 进行估算时，每一年所对应的 L_k 是不相同的，它们由该回路的负荷预测和所供电的用户负荷系数共同决定。

每一条回路的期望损失费用（EDC）指标（单位为"千元/年"）可由式（12.14）计算得到，即

$$\text{EDC}_k = \text{EENS}_k \cdot \text{UIC}_k \tag{12.14}$$

式中，UIC_k 是第 k 条回路的组合单位停电损失费用（元/(kW·h)）。

组合 UIC 可以通过该回路所供电用户的类别构成和各类别用户的 UIC 计算得到。这和 9.3.4 节的第 1 部分中的算例所用方法相似，也可以采用 5.3.1 节中所列出的其他 UIC 计算方法。

2. 效益/成本比率

在效益/成本分析中，成本为加强单回路送电系统时新增回路的投资费用，而效益为新增回路后所减少的期望损失费用。因此，效益/成本比率（BCR）可表示为

$$\text{BCR}_k = \frac{\Delta \text{EDC}_k}{\text{CI}_k} \tag{12.15}$$

式中，CI_k 是规划年限内为第 k 条单回路架设第二条回路的投资费用；ΔEDC_k 表示在相同规划年限内现有单回路送电系统（对应于第 k 条单回路）在新增回路前后期望损失费用 EDC 指标的变化量。式（12.13）和式（12.14）仍然可以用来计算新增回路后的 EDC 指标，只要公式中的 $\overline{f}_k$ 和 $\overline{r}_k$ 使用两条回路同时停运的等效停运频率和等效停运时间（可由并联可靠性公式计算求得）。

BCR 指标可用来判定单回路送电系统加强方案在经济上的合理性。从概念上来说，只要 BCR 大于 1.0，经济上就是合理的，否则经济上就不合理。在实际应用中，通常选择一个大于 1.0 的数值（如 1.5 或 2.0）作为阈值，以覆盖输入数据的不确定性和近似计算的误差所带来的影响。

值得强调的是，由于 L_k 一般随着年份的增长而增加，所以未来每年的 EENS 和 EDC 指标是不相同的。需要考虑一个规划时间跨度(一般为 10~20 年)。利用现值法可得到式(12.15)的详细表达式为

$$\mathrm{BCR}_k = \frac{\displaystyle\sum_{j=1}^{m} \frac{\Delta \mathrm{EDC}_{kj}}{(1+r)^{j-1}}}{\displaystyle\sum_{j=1}^{m} \frac{\mathrm{ACI}_{kj}}{(1+r)^{j-1}}} \tag{12.16}$$

式中，$\Delta\mathrm{EDC}_{kj}$ 和 ACI_{kj} 分别是第 k 条单回路加强方案在年份 j 的 EDC 年减少量和等年值投资；r 是折现率；m 是规划时间跨度内的年份数。值得注意的是，式(12.16)中的参考年是"年份 1"，而第 6 章对应公式中的参考年为"年份 0"。

成本/效益比率(cost/benefit ratio，CBR)为 BCR 的倒数，即

$$\mathrm{CBR}_k = \frac{\mathrm{CI}_k}{\Delta \mathrm{EDC}_k} \tag{12.17}$$

显然，CBR 和 UIRV 有类似形式。CBR 表示减少单位 EDC 所需要增加的投资费用。因此也可以用 CBR 对单回路送电系统的加强方案进行排序。类似于 UIRV，应该使用回路的 RCBR 值，其定义为

$$\mathrm{RCBR}_k = \frac{\mathrm{CBR}_k}{\displaystyle\sum_{k=1}^{M_c} \mathrm{CBR}_k} \tag{12.18}$$

式中，CBR_k 是加强第 k 条回路所对应的成本/效益比率；M_c 表示在备选清单中有待加强的回路数量。

在实际应用中，可以将 RUIRV 和 RCBR 这两个相对可靠性指标直接相加，以得到综合相对贡献指标(combined relative contribution index，CRCI)，即

$$\mathrm{CRCI}_k = \mathrm{RUIRV}_k + \mathrm{RCBR}_k \tag{12.19}$$

式中，RUIRV 和 RCBR 具有相同的权重。如果需要，则在计算 CRCI 时，也可以引入不同的权重系数。显然，CRCI 的取值范围在 0.0~2.0，这是因为 RUIRV 和 RCBR 的取值范围在 0.0~1.0。实际上，CRCI 通常远小于 1.0。一条回路的 CRCI 越小，就意味着其单位可靠性改进所需要增加的投资费用越少。

12.3.4　单回路送电系统规划步骤

正如 12.1 节提到的，在单回路送电系统规划中有如下两个基本问题：①如何确认单回路送电系统加强方案的经济合理性？②应该优先加强哪个单回路送电系统？

单回路送电系统的规划包括如下步骤：

（1）基于历史停电数据，计算所有单回路送电系统中单回路输电系统供电点的 ACHL、T-SAIDI 和 DPUI。

（2）基于 ACHL、T-SAIDI 和 DPUI 的贡献百分比，计算 WRI。

（3）计算每个单回路送电系统在规划年限内的 ΔEDC_{kj} 和 ACI_{kj} 的资金流，从而得到它们的 BCR。

（4）基于第（2）步和第（3）步的计算结果，确定备选清单。WRI 小于指定阈值的单回路送电系统应该从备选清单中移除。剩余的每个备选方案也都应该是经济上合理的。如果一个单回路送电系统的 BCR 小于指定阈值，那么它也应该从备选清单中移除。

（5）计算每个单回路送电系统的 RUIRV 和 RCBR 指标。

（6）计算每个单回路送电系统的 CRCI。

（7）利用 CRCI 对备选清单中的单回路送电系统进行优先性排序。

（8）根据投资预算，选定排在最前面的一个或多个单回路送电系统进行加强。

图 12.5 给出了单回路送电系统规划的相应流程图。

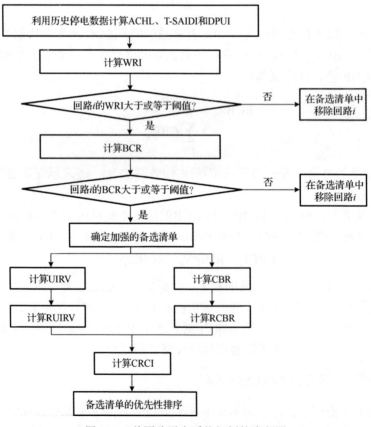

图 12.5　单回路送电系统规划的流程图

12.4　在实际电力公司单回路送电系统规划中的应用

参考文献[129]、[130]对加拿大不列颠哥伦比亚电力局(BC Hydro)系统中的一个实际应用进行了详细描述。

12.4.1　基于加权可靠性指标的备选清单

正如 12.1 节所指出的,单回路输电系统供电点可分为两类:单回路辐射型输电系统供电点和单回路环网型输电系统供电点,如图 12.1 所示。相应地,BC Hydro 系统的所有单回路送电系统被划分为如下两组:单回路辐射型送电组和单回路环网型送电组。

表 12.3 和表 12.4 分别给出了单回路辐射型送电组和单回路环网型送电组的加权可靠性指标与三个贡献百分比指标%(ACHL)、%(T-SAIDI)和%(DPUI)。表中的所有回路的次序按加权可靠性指标进行了降序排列。这些指标由 2004 年~2008 年这五年的历史数据计算得出。表 12.3 中 WRI 列前 13 个数字用黑体,表 12.4 中 WRI 列第 1 个数字用黑体,以表示出与其他数字的区别。下面文字中要提到这种区别。

表 12.3　单回路辐射型送电组中基于加权可靠性指标的回路排序

回路	电压等级/kV	对 BC Hydro 总系统指标的贡献百分比			WRI/%
		%(ACHL)	%(T-SAIDI)	%(DPUI)	
LR1-138	138	16.20	34.17	16.21	**23.39**
LR2-138	138	15.52	0.21	1.12	**5.08**
LR3-138	138	2.38	2.55	10.23	**4.80**
LR4-138	138	8.02	1.02	3.33	**3.81**
LR5-138	138	4.25	2.72	3.69	**3.47**
LR6-60	60	2.40	3.04	3.26	**2.92**
LR7-60	60	0.37	3.65	1.42	**2.00**
LR8-60	60	0.00	4.73	0.08	**1.92**
LR9-138	138	0.40	3.61	0.90	**1.83**
LR10-60	60	1.45	1.79	2.12	**1.79**
LR11-60	60	1.05	2.45	1.09	**1.62**
LR12-60	60	1.81	0.75	2.49	**1.59**
LR13-230	230	0.00	0.49	4.52	**1.55**
LR14-60	60	0.43	1.68	1.79	1.34
LR15-138	138	1.35	1.34	1.16	1.29
LR16-60	60	2.07	1.21	0.40	1.22
LR17-60	60	0.51	2.04	0.53	1.13
LR18-60	60	1.18	0.91	1.37	1.13
LR19-60	60	0.00	1.51	1.48	1.05

续表

回路	电压等级/kV	对 BC Hydro 总系统指标的贡献百分比			WRI/%
		%（ACHL）	%（T-SAIDI）	%（DPUI）	
LR20-230	230	0.28	0.70	2.28	1.05
LR21-60	60	0.54	1.46	0.77	0.98
LR22-60	60	1.96	0.70	0.42	0.99
LR23-60	60	1.50	0.11	0.27	0.57
LR24-60	60	1.34	0.29	0.13	0.56
LR25-138	138	0.01	1.08	0.05	0.45
LR26-230	230	0.86	0.26	0.30	0.45
LR27-230	230	0.52	0.43	0.39	0.44
LR28-138	138	0.52	0.57	0.16	0.43
LR29-138	138	0.33	0.39	0.56	0.42
LR30-60	60	0.31	0.64	0.19	0.41
LR31-60	60	0.45	0.35	0.46	0.41
LR32-230	230	0.00	0.07	1.20	0.39
LR33-138	138	0.00	0.77	0.20	0.37
LR34-138	138	0.00	0.18	0.94	0.35
LR35-138	138	0.20	0.53	0.21	0.33
LR36-138	138	0.07	0.32	0.49	0.30
LR37-138	138	0.00	0.56	0.17	0.27
LR38-60	60	0.04	0.61	0.05	0.27
LR39-60	60	0.00	0.66	0.01	0.27
LR40-60	60	0.17	0.22	0.44	0.27
LR41-138	138	0.53	0.02	0.12	0.20
LR42-60	60	0.00	0.13	0.25	0.13
LR43-138	138	0.24	0.06	0.04	0.10
LR44-138	138	0.00	0.04	0.18	0.07
LR45-230	230	0.17	0.01	0.02	0.06
LR46-60	60	0.00	0.09	0.06	0.05
LR47-138	138	0.00	0.10	0.04	0.05
LR48-230	230	0.00	0.04	0.00	0.01
LR49-60	60	0.00	0.02	0.00	0.01
LR50-138	138	0.00	0.00	0.01	0.00
LR51-138	138	0.00	0.00	0.00	0.00
LR52-60	60	0.00	0.00	0.00	0.00
LR53-230	230	0.00	0.00	0.00	0.00
LR54-60	60	0.00	0.00	0.00	0.00
LR55-138	138	0.00	0.00	0.00	0.00
LR56-138	138	0.00	0.00	0.00	0.00
LR57-60	60	0.00	0.00	0.00	0.00
LR58-60	60	0.00	0.00	0.00	0.00

表 12.4　单回路环网型送电组中基于加权可靠性指标的回路排序

回路	电压等级/kV	对 BC Hydro 总系统指标的贡献百分比			WRI/%
		%(ACHL)	%(T-SAIDI)	%(DPUI)	
LN1-138	138	2.47	0.67	1.76	**1.54**
LN2-60	60	0.49	1.15	0.58	0.78
LN3-60	60	1.46	0.23	0.43	0.66
LN4-138	138	0.24	0.53	0.68	0.49
LN5-60	60	0.41	0.41	0.32	0.39
LN6-138	138	0.33	0.17	0.58	0.34
LN7-60	60	0.39	0.24	0.28	0.30
LN8-138	138	0.13	0.28	0.41	0.27
LN9-230	230	0.00	0.20	0.59	0.26
LN10-60	60	0.00	0.24	0.43	0.23
LN11-60	60	0.00	0.25	0.26	0.18
LN12-138	138	0.00	0.29	0.18	0.17
LN13-60	60	0.00	0.29	0.17	0.16
LN14-60	60	0.06	0.21	0.18	0.16
LN15-60	60	0.20	0.13	0.11	0.15
LN16-60	60	0.33	0.06	0.09	0.15
LN17-60	60	0.03	0.18	0.16	0.13
LN18-60	60	0.09	0.18	0.06	0.12
LN19-60	60	0.21	0.03	0.07	0.10
LN20-138	138	0.03	0.12	0.06	0.07
LN21-138	138	0.22	0.00	0.01	0.07
LN22-60	60	0.00	0.15	0.01	0.06
LN23-60	60	0.00	0.08	0.11	0.06
LN24-60	60	0.02	0.13	0.01	0.06
LN25-60	60	0.02	0.04	0.01	0.03
LN26-138	138	0.00	0.03	0.00	0.01
LN27-60	60	0.01	0.01	0.01	0.01
LN28-230	230	0.00	0.00	0.02	0.01
LN29-60	60	0.00	0.00	0.00	0.00

　　加权可靠性指标无法自动确定筛选加强方案的阈值。该阈值的确定取决于多种因素，包括电力公司的可靠性性能目标，以及加强单回路送电系统的投资预算限额。在此例子中，使用 1.5%作为阈值来确定备选清单。这表明，当一条回路对 BC Hydro 系统可靠性指标的贡献按加权可靠性指标达到或大于1.5%时，它是可能的候选回路，应该利用效益/成本分析方法对该条回路进行进一步考查。

　　根据表 12.3 和表 12.4 中加权可靠性指标的对比，在该例子中将 1.5%作为阈值是合理的。显然，单回路辐射型送电组对 BC Hydro 系统加权可靠性指标的贡献要远大于单回路环网型送电组的贡献。表 12.4 中对系统加权可靠性指标贡献最大的是回路 LN1-138，其贡献百分比仅为 1.54%。而表 12.3 中对系统加权可靠性指标贡献最大的是回路 LR1-138，其贡献百分比高达 23.39%。可见，两送电回路组对全系统可靠性的影响差异很大。为了缩小差距，将 1.5% 设置为阈值，目的是要通过逐渐加强单回路辐射型送电组中的回路系统，使表 12.3 中加权可靠性指标贡献百分比的最大值接近表 12.4 中回路 LN1-138 所对应的 1.54%。从概念上来讲，这意味着在对表 12.3 中最前面的单回路辐射型送电系统进行加强后，单回路辐射型送电组的可靠性将接近单回路环网型送电组的可靠性。此目标一旦实现，则可以对包括单回路环网型送电组在内的其余单回路送电系统进行重新排序，并用更高的目标来重新设置阈值。基于 1.5% 的阈值，将单回路辐射型送电组中的 13 条回路（对应于表 12.3 中 WRI 列的黑体部分）和单回路环网型送电组中的第 1 条回路（对应于表 12.4 中 WRI 栏的黑体部分）列入备选清单，以进行进一步的研究分析。

12.4.2　系统加强的经济合理性分析

利用加权可靠性指标筛选出了 14 个单回路送电系统，它们构成了初始的备选清单。备选清单中的每个备选方案都要进行经济合理性分析。使用单回路辐射型和环网型送电组的平均停电数据进行相关的效益/成本分析。用平均停运数据，而不是用每个单回路各自的停运数据，能减少回路可靠性性能预测中的数据不确定性影响，特别是对那些有很少停运事件记录的回路，用单条回路的数据误差会较大。基于 2004 年～2008 年这五年的历史数据，表 12.5 给出了统计得到的单回路平均停运数据。对于这 14 条回路，表 12.6 分别列出了它们新增第二条回路的长度和年投资费用，其中的年投资费用由式（12.10）计算得到。表 12.7 给出了这 14 条回路的用户负荷系数和负荷预测值。

表 12.5　辐射型和环网型送电组中单回路的平均停运数据

电压等级/kV	停运频率/(次/100km/年)	修复时间/(h/次)	不可用概率/每 100km
60	4.60	20.29	0.01065
138	1.31	16.91	0.00252
230	1.04	16.57	0.00197

表 12.6　14 条回路加强所需要的回路长度和年投资费用

回路	电压等级/kV	长度/km	年投资费用/(千加元/年)
LR1-138	138	196.63	2411
LR2-138	138	79.56	1918
LR3-138	138	39.74	958
LR4-138	138	41.36	997
LR5-138	138	142.29	3430

续表

回路	电压等级/kV	长度/km	年投资费用/(千加元/年)
LR6-60	60	132.47	2353
LR7-60	60	105.59	1876
LR8-60	60	65.00	1155
LR9-138	138	174.34	4203
LR10-60	60	84.00	1492
LR11-60	60	102.35	1818
LR12-60	60	30.40	540
LR13-230	230	59.99	1903
LN1-138	138	105.25	2537

表 12.7　14 条回路的用户负荷系数和负荷预测值

回路	负荷系数	10 年内每条回路的峰值负荷/MW									
		2009	2010	2011	2012	2013	2014	2015	2016	2017	2018
LR1-138	0.517	72.6	73.2	73.6	73.8	74.1	74.3	74.6	74.8	74.9	75.1
LR2-138	0.592	79.7	81.9	83.6	84.4	85.2	86.6	87.6	88.0	88.4	88.8
LR3-138	0.682	120.0	121.2	123.5	124.6	123.1	124.9	127.3	128.3	128.4	128.4
LR4-138	0.532	55.4	55.7	56.0	56.4	56.5	56.7	56.9	57.2	57.3	57.4
LR5-138	0.572	57.7	60.8	62.1	62.4	62.4	62.8	63.2	63.5	63.7	63.8
LR6-60	0.504	76.5	77.1	77.5	77.8	78.0	78.3	78.5	78.7	78.9	79.1
LR7-60	0.538	11.1	11.2	11.2	11.2	11.3	11.3	11.3	11.4	11.4	11.4
LR8-60	0.508	0.3	0.3	0.3	0.3	0.3	0.3	0.3	0.3	0.3	0.3
LR9-138	0.555	5.3	5.3	5.3	5.4	5.4	5.4	5.4	5.4	5.4	5.5
LR10-60	0.531	23.5	24.5	24.5	24.6	24.6	24.7	24.9	25.0	25.1	25.3
LR11-60	0.486	13.3	13.3	13.3	13.3	13.4	13.4	13.4	13.4	13.5	13.5
LR12-60	0.578	17.7	17.8	17.9	18.0	18.1	18.2	18.2	18.3	18.4	18.5
LR13-230	0.600	119.2	120.5	122.9	124.0	124.4	124.4	127.0	128.0	128.0	128.0
LN1-138	0.508	29.2	29.3	29.4	29.5	29.6	29.7	29.8	29.9	30.0	30.0

　　在 2009 年～2018 年这十年的规划时间跨度内进行效益/成本分析。应用式(12.13)计算每年的 EENS 指标,详见表 12.8。表 12.8 还列出了每条回路的组合 UIC 指标,它们由每条回路供电的用户类别构成及其各类别用户的单位停电损失费用计算得到。用式(12.14)计算期望损失费用 EDC 指标。新增回路后 EDC 指标的减少量(ΔEDC)代表了每个单回路送电系统加强所带来的效益。表 12.9 给出了在这十年规划期间内 14 条回路加强所带来的每条回路的效益和所需要的投资费用的现值(按 2009 年加元值)。

　　用效益的现值除以投资费用的现值就得到了 BCR。表 12.9 也给出了这 14 条回路加强方案所对应的 BCR 值。在该例子中,BCR 的阈值取为 1.5。若某个单回路送电系统加强方案所对应的 BCR 值等于或大于 1.5,则该方案在经济上是合理的。通过表 12.9 可以看出，LR8-60 和 LR9-138 这两条回路的加强方案在经济上不合理，因为它们所对应的 BCR 值小于 1.0。因此，要从备选清单中移除这两条回路。

表 12.8　14 条回路的 EENS 值和 UIC 值

回路	UIC /(加元/(kW·h))	每条回路十年规划期间 EENS/(MW·h/年)									
		2009	2010	2011	2012	2013	2014	2015	2016	2017	2018
LR1-138	11.09	1631	1644	1653	1659	1665	1670	1677	1681	1684	1688
LR2-138	7.33	830	853	871	879	887	902	912	916	920	924
LR3-138	15.73	718	726	740	746	737	748	763	769	769	769
LR4-138	10.13	269	271	272	274	275	276	277	278	279	279
LR5-138	11.71	1037	1095	1118	1123	1123	1130	1137	1142	1145	1149
LR6-60	10.27	4759	4799	4821	4837	4854	4870	4883	4896	4907	4919
LR7-60	12.48	590	592	593	595	597	598	601	603	604	606
LR8-60	15.76	9	9	9	9	9	9	9	9	9	9
LR9-138	12.67	113	114	114	114	115	115	115	116	116	117
LR10-60	11.30	979	1018	1020	1022	1025	1030	1035	1041	1046	1051
LR11-60	7.92	615	616	617	618	619	621	622	623	625	626
LR12-60	6.72	291	292	294	295	297	298	299	300	301	302
LR13-230	15.76	740	749	763	770	773	773	789	795	795	795
LN1-138	10.40	422	424	425	427	429	430	431	432	433	435

表 12.9　14 条回路加强所对应的效益现值、投资费用现值和 BCR 值

回路	效益现值/千加元	投资费用现值/千加元	BCR 值
LR1-138	143851	18314	7.9
LR2-138	50577	14571	3.5
LR3-138	91490	7278	12.6
LR4-138	21677	7575	2.9
LR5-138	101942	26059	3.9
LR6-60	388397	22293	17.4
LR7-60	58137	17770	3.3
LR8-60	1136	10939	0.1
LR9-138	11330	31929	0.4
LR10-60	90267	14136	6.4
LR11-60	38275	17225	2.2
LR12-60	15525	5116	3.0
LR13-230	94821	16628	5.7
LN1-138	34755	23581	1.5

12.4.3　单回路系统加强的优先性排序

　　经过效益/成本分析，备选清单中的备选回路数从 14 条减少到了 12 条。相比于备选清单之外的其他回路，加强这 12 条回路不仅能提高系统可靠性，而且在

经济上也是合理的。不过，由于投资预算的限制，并不能对这 12 条回路同时进行加强。因此，有必要对这些回路进行优先性排序，以确定应该优先加强哪条回路。

BC Hydro 公司已使用 T-SAIDI 作为关键性能指标多年。因此，对于更新了的备选清单中的 12 条单回路，选择 T-SAIDI 来计算它们的 UIRV，其中计算中用到的是相对指标值%(T-SAIDI)而不是绝对指标值 T-SAIDI。首先，由等年值投资费用除以新增回路后%(T-SAIDI)的年平均减少量，计算得到 UIRV 指标；然后，将 UIRV 指标再除以 10，要再除以 10 是因为有些回路的%(T-SAIDI)的减少量在数值上非常小（小于 0.1%），这就使得 UIRV 成为 T-SAIDI 每减少 0.1%所对应的值，单位为千加元/年。表 12.10 总结了这 12 条回路的年投资费用、%(T-SAIDI)的减少量和 UIRV 指标。成本/效益比率 CBR 指标(效益/成本比率 BCR 的倒数)也可以作为排序的另一个标准。表 12.10 也给出了加强这 12 条回路的 CBR 值，它们是由表 12.9 中投资费用现值除以效益现值所得到的。

由表 12.10 中的结果可以看出，加强回路 LR6-60 可以使其对 T-SAIDI 的贡献百分比减少近 9.4%。对于 T-SAIDI 值每减少 0.1%，加强回路 LR6-60 所对应的 UIRV 值是 25 千加元/年，这也是所列回路中单位可靠性改进所需的最低投资成本。此外，其成本/收益比率也是最低的。回路 LR13-230 所对应的 UIRV 值最高(T-SAIDI 值每减少 0.1%时需 1730 千加元/年)，而线路 LN1-138 所对应的 CBR 值最大(0.68)。通过这些观察，就可以判断得出应该优先加强回路 LR6-60，而回路 LR13-230 和回路 LN1-138 应排在最后。

表 12.10 12 条回路加强所对应的 UIRV 指标和 CBR 指标

回路	年投资费用 /(千加元/年)	T-SAIDI 的减少量 /%	UIRV(对应于 T-SAIDI 每减少 0.1%，千加元/年)	CBR
LR1-138	2411	5.65	42.7	0.13
LR2-138	1918	0.38	504.7	0.29
LR3-138	958	0.48	199.6	0.08
LR4-138	997	0.20	498.5	0.35
LR5-138	3430	2.73	125.6	0.26
LR6-60	2353	9.38	25.1	0.06
LR7-60	1876	2.14	87.7	0.31
LR10-60	1492	0.85	175.5	0.16
LR11-60	1818	4.14	43.9	0.45
LR12-60	540	0.31	174.2	0.33
LR13-230	1903	0.11	1730.0	0.18
LN1-138	2537	0.50	507.4	0.68

不过，当单独使用 UIRV 和 CBR 对所有回路进行优先性排序时，会产生不一样

的结果。这是因为 UIRV 和 CBR 指标代表了可靠性的不同方面。其中，UIRV 指标反映了改进单位 T-SAIDI 所需要的投资费用，而 CBR 指标是改进单位 EDC 指标所需要的投资费用。为了克服这个问题，用式(12.12)和式(12.18)计算出 RUIRV 和 RCBR 这两个相对贡献指标，并将它们合成 CRCI 以进行优先性排序。表 12.11 给出了以 CRCI 升序排列时，这 12 条回路加强方案所对应的 RUIRV、RCBR 和 CRCI 指标。CRCI 值越小的回路越要优先进行加强。

表 12.11 12 条回路加强所对应的 RUIRV、RCBR 和 CRCI 指标

回路	RUIRV(基于 T-SAIDI)	RCBR(基于 EDC)	CRCI 排序指标	排位
LR6-60	0.006	0.018	0.024	1
LR1-138	0.010	0.040	0.050	2
LR3-138	0.049	0.024	0.073	3
LR10-60	0.043	0.049	0.091	4
LR5-138	0.031	0.079	0.110	5
LR7-60	0.021	0.095	0.116	6
LR12-60	0.042	0.101	0.143	7
LR11-60	0.011	0.137	0.148	8
LR2-138	0.123	0.088	0.211	9
LR4-138	0.121	0.107	0.228	10
LN1-138	0.123	0.207	0.331	11
LR13-230	0.420	0.055	0.475	12

可以看出，回路 LR6-60 的 CRCI 值(0.024)最小，这是因为它的 RUIRV 值和 RCBR 值均最小。因此，回路 LR6-60 的排位超过其余 11 条回路，排在列表的最前面。这表明回路 LR6-60 的加强方案对 T-SAIDI 和 EDC 指标的改善程度最大，但其所需的投资费用又是最少的。回路 LR13-230 的 CRCI 值最大，因此排在列表的最后面。值得注意的是，回路 LR13-230 是一条为单个输电用户供电的辐射型单回路，而该输电用户也是本研究中最大的单个用户。回路 LR13-230 基于 EDC 的 RCBR 值(0.055)要小于列表中的其余 7 条回路。这表明加强该回路能较显著地改善 EDC。然而，回路 LR13-230 基于 T-SAIDI 的 RUIRV 值(0.420)却是最大的，这是因为加强该回路对 T-SAIDI 的减少很小，只有 0.11%，如表 12.10 所示。这个原因使得回路 LR13-230 的 CRCI 最大。这就意味着单从 EDC 方面(作为一个大工业用户)来看，对回路 LR13-230 进行加强是合理的，但是从改进 T-SAIDI 的角度来看这又是不合理的。可以从表 12.11 中看出，对位于排列中间的那些回路，基于 CRCI 指标的排序结果与基于 RUIRV 或 RCBR 的有所不同。这表明在对单回路送电系统规划进行决策时，仅靠单个的可靠性指标或经济性指标是不够的。

12.5　结　　论

从概念上来讲，按照输电系统的供电可靠性，显然单回路送电系统是最薄弱的网络结构。基于历史停运统计得到的可靠性性能指标，能够定量反映出不同的元件和网络结构对整个输电系统不可靠性的贡献。这个信息有助于更加科学合理地进行输电系统规划。本章通过一个实际例子进行了说明。

多年来，单回路送电系统的加强决策一直是输电系统规划中的一个难题，因为确定性的 N-1 原则并不适用于解决该问题。对此，本章提出了一种概率规划方法，包括以下三个主要步骤：

(1)确定初始的备选清单。利用历史停运数据统计计算如下三个可靠性性能指标：ACHL、T-SAIDI 和 DPUI。这三个指标不仅从不同方面反映了各条回路的可靠性性能，还能用于计算 WRI，并以此来确定出需要加强的单回路系统初始备选清单。

(2)更新备选清单。基于期望损失费用的减少量和投资费用，对初始备选清单中每条回路的加强方案进行效益/成本分析。如果某条回路的加强方案在经济上不合理，则该回路加强方案需从初始备选清单中去除。

(3)对备选清单中的回路进行优先性排序，从而识别出一组推荐的需加强的单回路系统。首先，估算出 UIRV 和 CBR，它们代表不同标准下单位可靠性改进所需要的增量投资费用。然后，计算 UIRV 和 CBR 指标所对应的相对贡献指标 RUIRV 和 RCBR。最后，计算 CRCI，以对备选清单中的回路进行优先性排序。

本章以加拿大不列颠哥伦比亚水电局(BC Hydro)系统中所有单回路送电系统为例，阐述了所提概率规划方法的实际应用。最终从 87 个单回路送电系统中选出 12 个进行加强。这 12 条回路不仅按照加权可靠性指标是最关键的线路，而且加强这些线路在经济上也都是合理的。利用综合相对贡献指标对这 12 条回路进行优先性排序，所得排序结果确定了回路加强的优先顺序。

附录 A 概率论与数理统计基础

A.1 概率运算规则

A.1.1 交集

设有两个事件 A 和 B，则 A 和 B 同时发生的概率为

$$P(A \cap B) = P(A)\,P(B \mid A) \tag{A.1}$$

式中，$P(B \mid A)$ 为 A 发生的条件下 B 发生的条件概率。如果 A 和 B 独立，则式 (A.1) 变成

$$P(A \cap B) = P(A)\,P(B) \tag{A.2}$$

这一关系可推广到 N 个事件的情形。如果 N 个事件相互独立，则下列概率公式成立：

$$P(A_1 \cap A_2 \cap \cdots \cap A_N) = P(A_1)P(A_2)\cdots P(A_N) \tag{A.3}$$

A.1.2 并集

设有两个事件 A 和 B，则 A 发生，或 B 发生，或二者同时发生的概率为：

$$P(A \cup B) = P(A) + P(B) - P(A \cap B) \tag{A.4}$$

如果 A 和 B 互斥，则 $P(A \cap B) = 0$。这个关系可推广到 N 个事件的情形。如果 N 个事件互斥，则下列概率公式成立：

$$P(A_1 \cup A_2 \cup \cdots \cup A_N) = P(A_1) + P(A_2) + \cdots + P(A_N) \tag{A.5}$$

A.1.3 条件概率

如果 $\{B_1,\ B_2, \cdots,\ B_N\}$ 表示互斥事件的全集，即 $P(B_1) + P(B_2) + \cdots + P(B_N) = 1.0$ 且 $P(B_i \cap B_j) = 0.0$ $(i \neq j;\ i, j = 1, 2, \cdots, N)$，则对任意事件 A 有

$$P(A) = \sum_{i=1}^{N} P(B_i)P(A \mid B_i) \tag{A.6}$$

该公式常用于两个条件事件的情形。如果 B_1 和 B_2 互斥且 $P(B_1) + P(B_2) = 1.0$，则

$$P(A) = P(B_1)P(A \mid B_1) + P(B_2)P(A \mid B_2) \tag{A.7}$$

A.2　四个重要概率分布

A.2.1　二项分布

二项分布为离散分布。如果每次试验成功的概率为 p，则在 n 次试验中出现 m 次成功的概率为

$$P_m = C_n^m P^m (1-p)^{n-m} \tag{A.8}$$

式中，C_n^m 代表从 n 个元素中取出 m 个的组合数，其计算公式为

$$C_n^m = \frac{n!}{m!(n-m)!} \tag{A.9}$$

二项分布的均值和方差分别为 np 和 $np(1-p)$。

A.2.2　指数分布

指数分布的概率密度函数为

$$f(x) = \lambda \exp(-\lambda x), \quad x \geqslant 0 \tag{A.10}$$

其累积概率分布函数为

$$F(x) = 1 - \exp(-\lambda x) = \lambda x - \frac{(\lambda x)^2}{2!} + \frac{(\lambda x)^3}{3!} - \cdots \tag{A.11}$$

当 $\lambda x \ll 1$ 时，式（A.11）可近似表示为

$$F(x) = \lambda x \tag{A.12}$$

指数分布的均值和方差分别是 $1/\lambda$ 和 $1/\lambda^2$。

A.2.3　正态分布

正态分布的概率密度函数为

$$f(x) = \frac{1}{\sigma\sqrt{2\pi}} \exp\left[-\frac{(x-\mu)^2}{2\sigma^2} \right], \quad -\infty \leqslant x \leqslant \infty \tag{A.13}$$

式中，μ 和 σ^2 是正态分布的均值和方差。

利用如下代换：

$$z = \frac{x-\mu}{\sigma} \tag{A.14}$$

式（A.13）可转换为

$$f(z) = \frac{1}{\sqrt{2\pi}} \exp\left(-\frac{z^2}{2}\right), \quad -\infty \leqslant z \leqslant \infty \tag{A.15}$$

式（A.15）为标准正态分布的概率密度函数。

正态分布的累积概率分布函数没有显式解析表达式。当 $z \geqslant 0$ 时，图 A.1 中标准正态概率密度函数曲线下的面积 $Q(z)$ 可由下列多项式近似得到，即

$$Q(z) = f(z) \cdot (b_1 t + b_2 t^2 + b_3 t^3 + b_4 t^4 + b_5 t^5) \tag{A.16}$$

式中，$t = 1/(1+rz)$；$r = 0.2316419$；$b_1 = 0.31938153$；$b_2 = -0.356563782$；$b_3 = 1.781477937$；$b_4 = -1.821255978$；$b_5 = 1.330274429$。

式（A.16）的最大计算误差小于 7.5×10^{-8}。

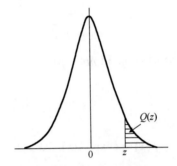

图 A.1　标准正态概率密度函数下的面积

A.2.4　韦布尔分布

韦布尔分布的概率密度函数为

$$f(x) = \frac{\beta x^{\beta-1}}{\alpha^\beta} \exp\left[-\left(\frac{x}{\alpha}\right)^\beta\right], \quad \infty > x \geqslant 0, \ \beta > 0, \ \alpha > 0 \tag{A.17}$$

韦布尔分布的累积概率分布函数为

$$F(x) = 1 - \exp\left[-\left(\frac{x}{\alpha}\right)^\beta\right], \quad \infty > x \geqslant 0, \ \beta > 0, \ \alpha > 0 \tag{A.18}$$

韦布尔分布的均值和方差可以由尺度参数(α)和形状参数(β)按下式计算：

$$\mu = \alpha \Gamma\left(1 + \frac{1}{\beta}\right) \tag{A.19}$$

$$\sigma^2 = \alpha^2 \left[\Gamma\left(1 + \frac{2}{\beta}\right) - \Gamma^2\left(1 + \frac{1}{\beta}\right)\right] \tag{A.20}$$

式中，$\Gamma(\cdot)$ 是伽玛函数，其定义为

$$\Gamma(x) = \int_0^\infty t^{x-1} e^{-t} dt \tag{A.21}$$

A.3　概率分布量度

随机变量的分布可以用一个或多个称为数字特征的参数来进行描述。最有用的数字特征是数学期望(均值)、方差或者标准差、协方差和相关系数。

A.3.1　数学期望

如果随机变量 X 有概率密度函数 $f(x)$，且随机变量 Y 是 X 的函数，即 $y = y(x)$，则 Y 的数学期望或均值定义为

$$E(Y) = \int_{-\infty}^{\infty} y(x)f(x)\mathrm{d}x \tag{A.22}$$

作为一般定义的一个特例，随机变量 X 的均值为

$$E(X) = \int_{-\infty}^{\infty} xf(x)\mathrm{d}x \tag{A.23}$$

对离散随机变量，式(A.22)和式(A.23)将分别变为式(A.24)和式(A.25)，即

$$E(Y) = \sum_{i=1}^{n} y(x_i)p_i \tag{A.24}$$

$$E(X) = \sum_{i=1}^{n} x_i p_i \tag{A.25}$$

式中，x_i 是 X 的第 i 个值；p_i 是 x_i 的概率；n 是 X 的离散值个数。

A.3.2　方差和标准差

对于一个具有概率密度函数为 $f(x)$ 的随机变量 X，其方差定义为

$$V(X) = E\left([X - E(X)]^2\right) = \int_{-\infty}^{\infty} [x - E(X)]^2 f(x)\mathrm{d}x \tag{A.26}$$

如果 X 是一个离散随机变量，则式(A.26)将变为

$$V(X) = \sum_{i=1}^{n} [x_i - E(X)]^2 p_i \tag{A.27}$$

方差可度量 X 的可能取值对均值的分散程度。方差的平方根称为标准差，并常用符号 $\sigma(X)$ 表示。

A.3.3　协方差和相关系数

设有一 N 维随机向量 $(X_1, X_2, \cdots, X_N)$，则任意两个元素 X_i 和 X_j 之间的协方差定义为

$$c_{ij} = \mathrm{E}\left\{[X_i - \mathrm{E}(X_i)][X_j - \mathrm{E}(X_j)]\right\} = \mathrm{E}(X_i X_j) - \mathrm{E}(X_i)\mathrm{E}(X_j) \tag{A.28}$$

协方差常用符号 $\mathrm{cov}(X_i, X_j)$ 表示。一个随机变量与其自身的协方差就是它的方差：

$$\mathrm{cov}(X_i, X_i) = \mathrm{V}(X_i) \tag{A.29}$$

X_i 和 X_j 之间的相关系数定义为

$$\rho_{ij} = \frac{\mathrm{cov}(X_i, X_j)}{\sqrt{\mathrm{V}(X_i)}\sqrt{\mathrm{V}(X_j)}} \tag{A.30}$$

ρ_{ij} 的绝对值小于或等于 1.0。如果 $\rho_{ij}=0$，则 X_i 和 X_j 不相关；如果 $\rho_{ij}>0$，则 X_i 和 X_j 正相关；如果 $\rho_{ij}<0$，则 X_i 和 X_j 负相关。

A.4　参　数　估　计

A.4.1　最大似然估计

点估计的目的是估计概率分布参数的单一值。最大似然估计是其中最常用的方法，其可描述如下：

似然函数 L 可构建为

$$L(\theta_1, \theta_2, \cdots, \theta_k) = \prod_{i=1}^{n} f(x_i, \theta_1, \theta_2, \cdots, \theta_k) \tag{A.31}$$

式中，x_i 是总体 X 的第 i 个样本值；n 是样本数；$\theta_j (j=1, 2, \cdots, k)$ 是总体 X 概率分布的第 j 个参数；f 代表其概率密度函数。

通过求解式 (A.32) 或式 (A.33)，即最大化似然函数 L 或 $\ln L$，可估计出参数 θ_j，$j=1, 2, \cdots, k$。

$$\frac{\partial L}{\partial \theta_j} = 0, \quad j = 1, 2, \cdots, k \tag{A.32}$$

$$\frac{\partial \ln L}{\partial \theta_j} = 0, \quad j = 1, 2, \cdots, k \tag{A.33}$$

$\ln L$ 和 L 在同一参数 θ_j 处取得最大值。使用自然对数函数 $\ln L$ 可以将 L 中概率密度函数的乘积形式转化为求和形式。

A.4.2　样本的均值、方差和协方差

令 $(x_1, x_2, \cdots, x_n)$ 表示总体变量 X 的 n 个样本，则样本均值可计算为

$$\bar{X} = \frac{1}{n} \sum_{i=1}^{n} x_i \tag{A.34}$$

式中，$\bar{X}$ 是总体均值的无偏估计。

样本方差可计算为

$$s^2 = \frac{1}{n-1}\sum_{i=1}^{n}(x_i - \bar{X})^2 \qquad (A.35)$$

式中，s^2 是总体方差的无偏估计。

令 $(x_1, x_2, \cdots, x_n)$ 和 $(y_1, y_2, \cdots, y_n)$ 分别表示总体变量 X 和 Y 的样本，则 X 和 Y 之间的样本协方差可计算为

$$s_{xy} = \frac{1}{n-1}\sum_{i=1}^{n}(x_i - \bar{X})(y_i - \bar{Y}) \qquad (A.36)$$

式中，s_{xy} 是总体协方差的无偏估计。

一旦估计出 X 和 Y 的样本方差和样本协方差，则利用式(A.30)就能估计出 X 和 Y 之间的相关系数。

A.4.3　区间估计

令 θ_j 表示总体变量 X 的概率分布的一个未知参数。利用 X 的样本可估计出一个区间 $[\theta_{j1}^*, \theta_{j2}^*]$，使得下列等式成立：

$$p(\theta_{j1}^* \leqslant \theta_j \leqslant \theta_{j2}^*) = 1 - \alpha \qquad (A.37)$$

式中，区间 $[\theta_{j1}^*, \theta_{j2}^*]$ 是 θ_j 的置信区间，$1-\alpha$ 称为置信水平，α 称为显著性水平。

式(A.37)表明随机置信区间以 $1-\alpha$ 的概率包含未知参数。应该认识到置信水平并不是随机参数落入一个固定区间的概率。也就是说，置信区间是变化的，其变化取决于样本容量和所构造的估计函数。

A.5　蒙特卡罗模拟

A.5.1　基本概念

蒙特卡罗模拟的基本思路是运用随机数序列发生器产生一系列的实验样本。根据中心极限定理或大数定律，当样本数足够大时，样本均值可作为服从任意分布的随机变量的数学期望无偏估计。样本均值也是随机变量，样本均值的方差可用来度量其估计精度。样本均值的方差是总体方差的 $1/n$，其中 n 为样本数，即

$$V(\bar{X}) = \frac{1}{n}V(X) \qquad (A.38)$$

因此，样本均值的标准差可计算为

$$\sigma = \sqrt{\mathrm{V}(\overline{X})} = \frac{\sqrt{\mathrm{V}(X)}}{\sqrt{n}} \tag{A.39}$$

式(A.39)表明有两种措施可用来减少蒙特卡罗模拟中估计值(即样本均值)的标准差：增加样本数或减少样本方差。许多方差减小技术被提出以提高蒙特卡罗模拟的有效性。重要的是应当清楚，在任何实际模拟中方差都不可能被减小为零，因此总需要考虑一个合理的、足够大的样本数。

蒙特卡罗模拟产生一个上下波动的收敛过程，不能保证通过增加少量样本就肯定得到更小的误差。然而，可以明确的是，误差的上下界或置信范围将随着样本数的增加而减小。蒙特卡罗模拟达到的精度水平可用方差系数来度量，其定义为估计量的标准差除以估计量：

$$\eta = \sqrt{\mathrm{V}(\overline{X})} \, / \, \overline{X} \tag{A.40}$$

方差系数常在蒙特卡罗模拟中用于收敛判据。

A.5.2　随机数发生器

随机数的产生是蒙特卡罗模拟的一个关键步骤。理论上说，一个用数学方法产生的随机数不是一个真正的随机数，因而称其为伪随机数。原则上，一个伪随机数序列应当通过统计检验来确保其随机性，包括均匀性、独立性和长周期。

有不同的算法产生[0,1]区间内的随机数序列。最常用的是混合同余发生器，由下列递推关系给出，即

$$x_{i+1} = (ax_i + c)(\mathrm{mod}\ m) \tag{A.41}$$

式中，a 是乘子；c 是增量；m 是模。a、c 和 m 都必须是非负整数。模数运算(mod m)意味着：

$$x_{i+1} = (ax_i + c) - mk_i \tag{A.42}$$

式中，k_i 为由 $(ax_i+c)/m$ 得到的最大正整数。

给定一个称为种子的初值 x_0，由式(A.41)产生一个在[0, m]区间内均匀分布的随机数序列。通过式(A.43)，可获得一个在[0,1]区间内均匀分布的随机数序列：

$$R_i = \frac{x_i}{m} \tag{A.43}$$

显然，用式(A.41)产生的随机数序列将会在最多 m 步时发生重复，因而是周期性的。如果重复周期等于 m，则称为全周期。参数 a、c 和 m 的不同选择将对随机数的统计特征产生很大影响。根据大量的统计检验，下列两组参数可以保证随机数具有满意的统计特征：

$$m = 2^{31} \qquad a = 314159269 \qquad c = 453806245$$
$$m = 2^{35} \qquad a = 5^{15} \qquad\qquad c = 1$$

A.5.3 逆变换方法

随机变量指的是服从给定分布的随机数序列。混合同余发生器产生在[0,1]区间内服从均匀分布的随机数序列。逆变换方法则通常用于产生服从其他分布的随机变量。该方法包括如下两个步骤：

(1)产生一个在[0,1]区间内均匀分布的随机数序列 R。

(2)由式 $X=F^{-1}(R)$ 计算累积概率分布函数为 $F(x)$ 的随机变量。

A.5.4 三个重要随机变量

1. 指数分布随机变量

指数分布的累积概率分布函数为

$$F(x) = 1 - e^{-\lambda x} \qquad (A.44)$$

产生一均匀分布随机数 R，使得

$$R = F(x) = 1 - e^{-\lambda x} \qquad (A.45)$$

运用逆变换法，得

$$X = F^{-1}(R) = -\frac{1}{\lambda}\ln(1-R) \qquad (A.46)$$

因为 $(1-R)$ 和 R 以完全相同的方式均匀分布于[0, 1]区间，所以式(A.46)可以等效为

$$X = -\frac{1}{\lambda}\ln(R) \qquad (A.47)$$

式中，R 为一均匀分布随机数序列；X 服从指数分布。

2. 正态分布随机变量

正态累积概率分布函数的逆函数不存在解析表达式，可使用如下近似表达式对其进行描述。对于图 A.1 中正态概率密度函数曲线下的面积 $Q(z)$，其相应的 z 可由式(A.48)计算得到，即

$$z = s - \frac{\sum_{i=0}^{2} c_i s^i}{1 + \sum_{i=1}^{3} d_i s^i} \qquad (A.48)$$

式中

$$s = \sqrt{-2\ln Q} \qquad (A.49)$$

$$c_0 = 2.515517 \qquad c_1 = 0.802853 \qquad c_2 = 0.010328$$
$$d_1 = 1.432788 \qquad d_2 = 0.189269 \qquad d_3 = 0.001308$$

式 (A.48) 的最大误差小于 0.45×10^{-4}。

产生正态分布随机变量的方法包括如下两个步骤:

(1) 产生一个在 [0,1] 区间内均匀分布的随机数序列 R。

(2) 由式 (A.50) 计算正态分布随机变量 X:

$$X = \begin{cases} z, & 0.5 < R \leqslant 1.0 \\ 0, & R = 0.5 \\ -z, & 0 \leqslant R < 0.5 \end{cases} \tag{A.50}$$

式中, z 由式 (A.48) 计算得到, 式 (A.49) 中的 Q 由式 (A.51) 给出, 即

$$Q = \begin{cases} 1-R, & 0.5 < R \leqslant 1.0 \\ R, & 0 \leqslant R \leqslant 0.5 \end{cases} \tag{A.51}$$

3. 韦布尔分布随机变量

运用逆变换法, 令均匀分布随机数 R 等于式 (A.18) 中的韦布尔累积概率分布函数, 即

$$R = F(x) = 1 - \exp\left[-\left(\frac{x}{\alpha} \right)^{\beta} \right] \tag{A.52}$$

从而可得

$$X = \alpha [-\ln(1-R)]^{1/\beta} \tag{A.53}$$

因为 $(1-R)$ 和 R 以完全相同的方式均匀分布于 [0, 1] 区间, 所以式 (A.53) 可写为

$$X = \alpha (-\ln R)^{1/\beta} \tag{A.54}$$

式中, R 为一均匀分布随机数序列; X 服从韦布尔分布。

附录 B 模糊数学基础

B.1 模 糊 集 合

B.1.1 模糊集合的定义

设 U 为普通集合，其元素用 x 进行标记。U 上的模糊集 A 定义为有序对集合，可表示为

$$A = \{(x, \mu_A(x)) \mid x \in U\} \tag{B.1}$$

式中，$\mu_A(x)$ 的取值为 0～1，被称为 A 的隶属函数。

如果 U 为含有 n 个元素的离散集合，则 A 可表示为

$$A = \frac{\mu_A(x_1)}{x_1} + \frac{\mu_A(x_2)}{x_2} + \cdots + \frac{\mu_A(x_n)}{x_n} = \sum_{i=1}^{n} \frac{\mu_A(x_i)}{x_i} \tag{B.2}$$

式中，+ 或 Σ 表示 A 中成员的并集；$\mu_A(x_i)$ 是 x_i 对 A 的隶属度。

如果 U 是一个连续集合，则 A 可表示为

$$A = \int_U \frac{\mu_A(x)}{x} \tag{B.3}$$

式中，$\int$ 表示 A 中成员的并集。注意式(B.2)和式(B.3)中的横线不是商，而是一种分隔符。

A 的 α 截集标记成 A_α，定义为

$$A_\alpha = \{x \in U \mid \mu_A(x) \geqslant \alpha, \alpha \in [0,1]\} \tag{B.4}$$

对于任意模糊集合 A，其隶属函数可用 α 截集表示为

$$\mu_A(x) = \sup_{\alpha \in [0,1]} \min(\alpha, \mu_{A_\alpha}(x) \mid x \in U) \tag{B.5}$$

特别地，如果 $\mu_A(x)$ 是定义在概率空间上的随机变量，则 A 为概率模糊集合。

B.1.2 模糊集合的运算

假定 A 和 B 是两个模糊集合。通过如下运算可以获得新的模糊集 C。

交 $C = A \bigcap B$:

$$\mu_C(x) = \min(\mu_A(x), \mu_B(x)) \tag{B.6}$$

并 $C = A \bigcup B$:

$$\mu_C(x) = \max(\mu_A(x), \mu_B(x)) \tag{B.7}$$

余 $C = \overline{A}$:

$$\mu_C(x) = 1 - \mu_A(x) \tag{B.8}$$

代数积 $C = A \cdot B$:

$$\mu_C(x) = \mu_A(x) \cdot \mu_B(x) \tag{B.9}$$

普通集合中的绝大多数关系定律适用于模糊集合。

交换律　$A \bigcup B = B \bigcup A$　　　　　　　　$A \bigcap B = B \bigcap A$

结合律　$(A \bigcup B) \bigcup C = A \bigcup (B \bigcup C)$　　　$(A \bigcap B) \bigcap C = A \bigcap (B \bigcap C)$

分配律　$A \bigcup (B \bigcap C) = (A \bigcup B) \bigcap (A \bigcup C)$　$A \bigcap (B \bigcup C) = (A \bigcap B) \bigcup (A \bigcap C)$

吸收律　$A \bigcup (A \bigcap B) = A$　　　　　　$A \bigcap (A \bigcup B) = A$

德·摩根定律　　$\overline{A \bigcap B} = \overline{A} \bigcup \overline{B}$　　　　　　$\overline{A \bigcup B} = \overline{A} \bigcap \overline{B}$

但是，应该注意到如下两个定律与普通集合的不相同（其中，W 代表全集，ϕ 代表空集）：

$$A \bigcup \overline{A} \neq W \qquad A \bigcap \overline{A} \neq \phi$$

B.2　模　糊　数

B.2.1　模糊数的定义

模糊数是一种特殊的模糊集。如果下列不等式成立，则定义在实数域 **R** 上的模糊集 A 是凸模糊集（其中，$x_1, x_2 \in U$，$\lambda \in [0,1]$）：

$$\mu_A(\lambda x_1 + (1-\lambda)x_2) \geq \min(\mu_A(x_1), \mu_A(x_2)) \tag{B.10}$$

模糊数定义为具有分段连续隶属函数的正规凸模糊集。该定义下，模糊数 A 的 α 截集 A_α 是一个区间：$A_\alpha = [a_l(\alpha), a_u(\alpha)]$，其中 $a_l(\alpha) \leq a_u(\alpha)$。

显然 $a_l(\alpha)$ 和 $a_u(\alpha)$ 都是 α 的单调函数。因此，可以利用区间计算来进行模糊数的运算。

B.2.2　模糊数的代数运算法则

对于两个给定的模糊数 $A_\alpha = [a_l(\alpha), a_u(\alpha)]$ 和 $B_\alpha = [b_l(\alpha), b_u(\alpha)]$，有如下运算法则：

1. 加法

$$(A+B)_\alpha = [a_1(\alpha)+b_1(\alpha), a_u(\alpha)+b_u(\alpha)] \tag{B.11}$$

2. 减法

$$(A-B)_\alpha = [a_1(\alpha)-b_u(\alpha), a_u(\alpha)-b_1(\alpha)] \tag{B.12}$$

3. 乘法

$$(AB)_\alpha = [\min(a_1(\alpha)\cdot b_1(\alpha), a_u(\alpha)\cdot b_1(\alpha), a_1(\alpha)\cdot b_u(\alpha), a_u(\alpha)\cdot b_u(\alpha),$$
$$\max(a_1(\alpha)\cdot b_1(\alpha), a_u(\alpha)\cdot b_1(\alpha), a_1(\alpha)\cdot b_u(\alpha), a_u(\alpha)\cdot b_u(\alpha)] \tag{B.13}$$

如果 A 和 B 定义在单调正实数域上，则式 (B.13) 变为

$$(AB)_\alpha = [a_1(\alpha)\cdot b_1(\alpha), a_u(\alpha)\cdot b_u(\alpha)] \tag{B.14}$$

特别地，如果 H 是一个正的常数，则

$$(HA)_\alpha = [Ha_1(\alpha), Ha_u(\alpha)] \tag{B.15}$$

4. 除法

$$\left(\frac{A}{B}\right)_\alpha = [a_1(\alpha),\ a_u(\alpha)]\cdot\left[\frac{1}{b_u(\alpha)},\ \frac{1}{b_1(\alpha)}\right] \tag{B.16}$$

式中，$b_1(\alpha)\neq 0$ 和 $b_u(\alpha)\neq 0$。否则，该区间的一个或两个端点为 ∞。

5. 最大和最小运算

$$(A\vee B)_\alpha = [a_1(\alpha)\vee b_1(\alpha), a_u(\alpha)\vee b_u(\alpha)] \tag{B.17}$$

$$(A\wedge B)_\alpha = [a_1(\alpha)\wedge b_1(\alpha), a_u(\alpha)\wedge b_u(\alpha)] \tag{B.18}$$

式中，$\vee$ 和 $\wedge$ 分别表示取大和取小。

值得注意的是，当使用以上代数运算法则时，运算中的模糊数必须是相互独立的。

B.2.3　模糊数的函数运算

如果 $C = f(A,B)$ 是实数域 $\mathbf{R}$ 上 A 和 B 的单调函数，则其 α 截集可计算为

$$C_\alpha = [\min\{f((a_1(\alpha), b_1(\alpha)), f(a_u(\alpha), b_1(\alpha)), f(a_1(\alpha), b_u(\alpha)), f(a_u(\alpha), b_u(\alpha))\},$$
$$\max\{f((a_1(\alpha), b_1(\alpha)), f(a_u(\alpha), b_1(\alpha)), f(a_1(\alpha), b_u(\alpha)), f(a_u(\alpha), b_u(\alpha))\}] \tag{B.19}$$

显然，这是在所有可能的组合中取最小和最大。类似的运算法则可扩展到含有

更多模糊变量的函数。当然，在此情况下，组合数可能会很庞大。如果函数中的模糊变量并不相互独立，则 B.2.2 节中的代数运算法则不成立,此时必须要使用式(B.19)给出的通用法则。例如，一个模糊数出现在函数表达式的多项中，由于各项之间的独立性条件被破坏，所以代数运算法则的重复使用一般是不正确的。

　　理论上讲，模糊数的一般函数是模糊集，但并不保证仍是模糊数。不过，正实数域上相互独立的模糊数进行代数运算的结果仍是模糊数。

B.3　工程应用中的两种典型模糊数

B.3.1　三角模糊数

　　三角模糊数常记为 $A = (a_1, a_2, a_3)$，用下列隶属函数定义：

$$\mu_A(x) = \begin{cases} \dfrac{x - a_1}{a_2 - a_1}, & a_1 \leqslant x \leqslant a_2 \\[2mm] \dfrac{a_3 - x}{a_3 - a_2}, & a_2 \leqslant x \leqslant a_3 \\[2mm] 0, & x \leqslant a_1 或 x \geqslant a_3 \end{cases} \tag{B.20}$$

该隶属函数如图 B.1 所示。

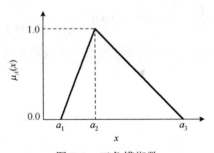

图 B.1　三角模糊数

　　三角模糊数的 α 截集 A_α 计算为

$$A_\alpha = [a_1 + \alpha(a_2 - a_1), a_3 - \alpha(a_3 - a_2)] \tag{B.21}$$

　　对于两个三角模糊数 $A = (a_1, a_2, a_3)$ 和 $B = (b_1, b_2, b_3)$，由下面两式可见，它们的求和与求差仍然是三角模糊数：

$$A + B = (a_1 + b_1, a_2 + b_2, a_3 + b_3) \tag{B.22}$$

$$A - B = (a_1 - b_3, a_2 - b_2, a_3 - b_1) \tag{B.23}$$

　　不过，它们的乘积 AB 不再是三角模糊数。

B.3.2 梯形模糊数

梯形模糊数常记为 $A = (a_1, a_2, a_3, a_4)$，用下列隶属函数定义：

$$\mu_A(x) = \begin{cases} \dfrac{x - a_1}{a_2 - a_1}, & a_1 \leqslant x \leqslant a_2 \\ 1, & a_2 \leqslant x \leqslant a_3 \\ \dfrac{a_4 - x}{a_4 - a_3}, & a_3 \leqslant x \leqslant a_4 \\ 0, & x \leqslant a_1 \text{或} x \geqslant a_4 \end{cases} \tag{B.24}$$

该隶属函数如图 B.2 所示。

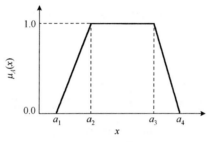

图 B.2　梯形模糊数

梯形模糊数的 α 截集 A_α 计算为

$$A_\alpha = [a_1 + \alpha(a_2 - a_1), a_4 - \alpha(a_4 - a_3)] \tag{B.25}$$

对于两个梯形模糊数 $A = (a_1, a_2, a_3, a_4)$ 和 $B = (b_1, b_2, b_3, b_4)$，由下面两式可见，它们的求和与求差仍然是梯形模糊数：

$$A + B = (a_1 + b_1, a_2 + b_2, a_3 + b_3, a_4 + b_4) \tag{B.26}$$

$$A - B = (a_1 - b_4, a_2 - b_3, a_3 - b_2, a_4 - b_1) \tag{B.27}$$

类似地，它们的乘积 AB 不再是梯形模糊数。

B.4　模　糊　关　系

B.4.1　基本概念

如果两个集合 X 和 Y 之间的关系具有模糊性，不能用确定的"是"或"不是"进行描述，则此种关系为模糊关系。这种模糊关系是一个模糊集，记为 $\tilde{R}(X, Y)$。$\tilde{R}(X, Y)$ 的隶属函数表示为 $\mu_{\tilde{R}}(x_i, y_j)$，其中，$x_i$ 和 y_j 分别是 X 和 Y 的元素。两个集合 X 和 Y 之间的模糊关系可用下列矩阵进行表示：

$$\begin{bmatrix} \mu_{\tilde{R}}(x_1, y_1) & \mu_{\tilde{R}}(x_1, y_2) & \cdots & \mu_{\tilde{R}}(x_1, y_n) \\ \mu_{\tilde{R}}(x_2, y_1) & \mu_{\tilde{R}}(x_2, y_2) & \cdots & \mu_{\tilde{R}}(x_2, y_n) \\ \vdots & \vdots & & \vdots \\ \mu_{\tilde{R}}(x_m, y_1) & \mu_{\tilde{R}}(x_m, y_2) & \cdots & \mu_{\tilde{R}}(x_m, y_n) \end{bmatrix}$$

特别地，$\tilde{R}(X, X)$ 即为集合 X 中各元素之间的模糊关系，可表示为一个 $n \times n$ 方阵 $\tilde{R}$，其中，n 为元素个数。

1. 自反性

当且仅当式(B.28)成立时，即

$$\mu_{\tilde{R}}(x_i, x_i) = 1, \quad \forall x_i \in X \tag{B.28}$$

模糊关系 $\tilde{R}(X, X)$ 具有自反性。这相当于模糊关系矩阵 $\tilde{R}$ 中的每个对角元等于 1。

2. 对称性

当且仅当式(B.29)成立时，即

$$\mu_{\tilde{R}}(x_i, x_j) = \mu_{\tilde{R}}(x_j, x_i), \quad \forall x_i, x_j \in X \tag{B.29}$$

模糊关系 $\tilde{R}(X, X)$ 具有对称性。这相当于模糊关系矩阵 $\tilde{R}$ 是对称矩阵。

3. 相似关系

如果模糊关系同时具有自反性和对称性，则称其为相似关系。

4. 传递性

当且仅当式(B.30)成立时，即

$$\mu_{\tilde{R}}(x_i, x_k) \geqslant \sup_{x_j} \min \left(\mu_{\tilde{R}}(x_i, x_j), \mu_{\tilde{R}}(x_j, x_k) \right), \quad \forall x_i, x_j, x_k \in X \tag{B.30}$$

模糊关系 $\tilde{R}(X, X)$ 具有传递性。这相当于 $\tilde{R} \circ \tilde{R} \subset \tilde{R}$，其中，符号 $\tilde{R} \circ \tilde{R}$ 代表关系矩阵 $\tilde{R}$ 的自乘(自己与自己合成，参见如下的式(B.34))。

5. 等价关系

如果相似模糊关系满足传递性，则其为等价关系。

B.4.2　模糊矩阵运算

模糊矩阵可记为 $A = [a_{ij}]$。对于维数相同的两个模糊方阵 $A = [a_{ij}]$ 和 $B = [b_{ij}]$，有如下运算法则：

交 $C = [c_{ij}] = A \bigcap B$：

$$c_{ij} = \min[a_{ij}, b_{ij}] = a_{ij} \wedge b_{ij} \tag{B.31}$$

并 $C = [c_{ij}] = A \bigcup B$ ：

$$c_{ij} = \max[a_{ij}, b_{ij}] = a_{ij} \vee b_{ij} \tag{B.32}$$

余 $C = [c_{ij}] = \overline{A}$ ：

$$c_{ij} = [1 - a_{ij}] \tag{B.33}$$

合成 $C = A \circ B$ ：

$$C_{ij} = \max_k \min[a_{ik}, b_{kj}] = \underset{k}{\vee}[a_{ik} \wedge b_{kj}] \tag{B.34}$$

式 (B.34) 表明可用类似于普通矩阵乘积的计算法则来计算模糊矩阵 C 的各元素，只不过用取小代替了两元素相乘，用取大代替了两乘积相加。值得注意的是，即使 A 和 B 是维数相同的方阵，通常 $A \circ B \neq B \circ A$。

模糊关系方阵 $\tilde{R}$ 代表一阶模糊关系。$\tilde{R}_2 = \tilde{R} \circ \tilde{R}$ 代表二阶模糊关系。类似地，下式代表 n 阶模糊关系：

$$\tilde{R}_n = \underbrace{\tilde{R} \circ \tilde{R} \circ \tilde{R} \circ \cdots \circ \tilde{R}}_{n次自我合成}$$

如果一个模糊集包含 n 个元素，$\tilde{R}$ 是该模糊集上的相似关系矩阵，则 $(n-1)$ 阶模糊关系矩阵 $\tilde{R}_{n-1}$ 不仅具有自反性和对称性，还具有传递性。也就是说，由相似关系矩阵自乘求得的 $\tilde{R}_{n-1}$ 是一个等价关系矩阵，且满足：

$$\tilde{R}_{n-1} = \tilde{R}_n = \tilde{R}_{n+1} = \cdots = \tilde{R}_{n+m} \tag{B.35}$$

式中，m 为任意正整数。等价关系矩阵可用于模糊聚类。

附录 C　可靠性评估基础

C.1　基 本 概 念

C.1.1　可靠性函数

可靠性可用概率分布表示为

$$R(t) = \int_t^\infty f(t)\mathrm{d}t \tag{C.1}$$

式中，$f(t)$ 是失效概率密度函数。

由式（C.1）的逆运算得

$$f(t) = \frac{-\mathrm{d}R(t)}{\mathrm{d}t} \tag{C.2}$$

不可靠性可表示为

$$Q(t) = 1 - R(t) = \int_0^t f(t)\mathrm{d}t \tag{C.3}$$

失效前平均时间可计算为

$$\mathrm{MTTF} = \int_0^\infty t f(t)\mathrm{d}t = \int_0^\infty R(t)\mathrm{d}t \tag{C.4}$$

失效率定义为

$$\lambda(t) = \frac{f(t)}{R(t)} \tag{C.5}$$

将式（C.2）代入式（C.5），可靠性也可用失效率函数表示为

$$R(t) = \exp\left[-\int_0^t \lambda(t)\mathrm{d}t\right] \tag{C.6}$$

C.1.2　可修复元件可靠性模型

元件可分为不可修复和可修复两类。电力系统元件在正常的生命周期内是可修复的，在到达寿命终止时退役。对于可修复元件，可靠性和可用概率是两个不同的概念。可靠性是指截至某个给定时间点元件没有发生过失效的概率。可用概率是指在某个给定时间点元件可用的概率，尽管在该时间点前该元件可能已经经历过失效

和修复。如果用指数分布模拟元件的失效和修复过程，则可修复元件具有不变的失效率和修复率。图 C.1 给出了可修复元件的状态转移模型。

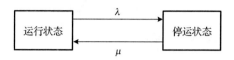

图 C.1　可修复元件的两状态模型

失效率 λ、修复率 μ 和失效频率 f 可计算为

$$\lambda = \frac{1}{d} \tag{C.7}$$

$$\mu = \frac{1}{r} \tag{C.8}$$

$$f = \frac{1}{d+r} \tag{C.9}$$

式中，d 和 r 分别是失效前平均时间和平均修复时间。

平均不可用概率可计算为

$$U = \frac{\lambda}{\lambda+\mu} = f \cdot r \tag{C.10}$$

失效率和失效频率存在如下关系：

$$f = \frac{\lambda}{1+\lambda r} \tag{C.11}$$

在大多数工程应用中，因为 λ 和 r 的值都很小，所以 f 和 λ 在数值上很接近。应注意到，在以上式子中，λ、μ 或 f 的单位是次/年，d 或 r 的单位是年。

C.2　非模糊可靠性评估

C.2.1　串并联网络

如果只要求一个元件失效，网络即失效；或者必须全部元件都投入工作，网络才能工作，则这些元件被称为是串联关系。如果必须全部元件失效，网络才失效；或者只需要一个元件投入工作，网络即能工作，则这些元件被称为并联关系。

本节中，除了下标 1 或 2 代表元件 1 或 2，U、λ、μ、f 和 r 的定义同 C.1.2 节。A 表示可用概率，等于 $1-U$。下标 se 和 pa 分别代表串联和并联网络。

1. 串联网络

考虑如图 C.2 所示两个可修复元件相互串联的情况。

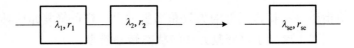

图 C.2　串联网络及其等效网络

由串联网络的定义可得如下关系：

$$U_{se} = U_1 + U_2 - U_1 U_2 \tag{C.12}$$

$$\lambda_{se} = \lambda_1 + \lambda_2 \tag{C.13}$$

$$A_{se} = A_1 A_2 \tag{C.14}$$

串联网络的等效修复时间和等效失效频率可推导和表示为

$$r_{se} = \frac{\lambda_1 r_1 + \lambda_2 r_2 + \lambda_1 r_1 \lambda_2 r_2}{\lambda_1 + \lambda_2} \tag{C.15}$$

$$f_{se} = f_1 (1 - f_2 r_2) + f_2 (1 - f_1 r_1) \tag{C.16}$$

在大多数工程应用中，因为失效率 (λ) 和修复时间 (r) 的值很小，所以式 (C.15) 可近似表示为

$$r_{se} \approx \frac{\lambda_1 r_1 + \lambda_2 r_2}{\lambda_1 + \lambda_2} \tag{C.17}$$

2. 并联网络

图 C.3 显示了两个可修复元件相互并联的情况。

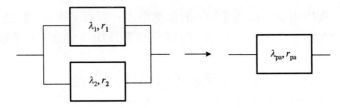

图 C.3　并联网络及其等效网络

由并联网络的定义可得如下关系：

$$U_{pa} = U_1 U_2 \tag{C.18}$$

$$\mu_{pa} = \mu_1 + \mu_2 \tag{C.19}$$

$$A_{pa} = A_1 + A_2 - A_1 A_2 \tag{C.20}$$

并联网络的等效修复时间、等效失效率和等效失效频率可推导和表示为

$$r_{pa} = \frac{r_1 r_2}{r_1 + r_2} \tag{C.21}$$

$$\lambda_{pa} = \frac{\lambda_1\lambda_2(r_1+r_2)}{1+\lambda_1r_1+\lambda_2r_2} \tag{C.22}$$

$$f_{pa} = f_1f_2(r_1+r_2) \tag{C.23}$$

在大多数工程应用中，因为 $\lambda r \ll 1$，所以式(C.22)可近似表示为

$$\lambda_{pa} = \lambda_1\lambda_2(r_1+r_2) \tag{C.24}$$

C.2.2　最小割集

割集可定义为一组元件的集合，它们的失效会导致网络失效。最小割集可定义为一组元件的集合，它们的失效会导致网络失效，但此集合中任一元件不失效，则不会导致网络失效。

显然，网络的失效概率或不可用概率可按式(C.25)计算：

$$\begin{aligned}U &= P(C_1\bigcup C_2\bigcup\cdots\bigcup C_n)\\ &= \sum_i P(C_i) - \sum_{i,j}P(C_i\bigcap C_j) + \sum_{i,j,k}P(C_i\bigcap C_j\bigcap C_k) - \cdots\\ &\quad + (-1)^{n-1}P(C_1\bigcap C_2\bigcap\cdots\bigcap C_n)\end{aligned} \tag{C.25}$$

式中，U 为网络的失效概率或不可用概率；C_i 代表第 i 个最小割集；n 为最小割集数。

在大多数工程应用中，常使用如下两种近似：①元件的失效概率一般很小，高阶割集的概率会非常低，因此没有必要枚举所有的最小割集。也就是说，在枚举中可以忽略掉高阶最小割集。②在很多情况下，两个或多个最小割集交集的概率一般极小，因此可以忽略最小割集之间的非互斥影响。第二个近似意味着对于式(C.25)，经常只需计算第一项。

C.2.3　马尔可夫方程

马尔可夫方法既可用于求解时间相关概率，又可用于求解极限状态概率。前者涉及微分方程组，而后者涉及代数方程组。这里以两元件网络为例，阐述求解极限状态概率的马尔可夫方程方法。该过程包括如下步骤：

(1)由元件状态之间的转移情况，构建状态空间图，如图C.4所示，其中 λ 和 μ 分别为元件的失效率和修复率。

(2)基于状态空间图，建立如下转移矩阵：

$$T = \begin{array}{c}\begin{array}{cccc}1 & 2 & 3 & 4\end{array}\\ \begin{array}{c}1\\2\\3\\4\end{array}\begin{bmatrix}1-(\lambda_1+\lambda_2) & \lambda_1 & \lambda_2 & 0\\ \mu_1 & 1-(\mu_1+\lambda_2) & 0 & \lambda_2\\ \mu_2 & 0 & 1-(\mu_2+\lambda_1) & \lambda_1\\ 0 & \mu_2 & \mu_1 & 1-(\mu_1+\mu_2)\end{bmatrix}\end{array} \tag{C.26}$$

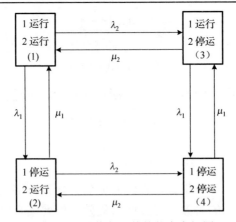

图 C.4　两可修复元件的状态空间图

(3) 应用马尔可夫原理：极限状态概率在进一步转移过程中保持不变，即

$$PT = P \tag{C.27}$$

式中，P 是网络极限状态概率行向量，其元素 P_i 表示第 i 个状态的概率；T 是转移矩阵。式 (C.27) 通过移项和转置可改写为

$$\begin{bmatrix} -(\lambda_1 + \lambda_2) & \mu_1 & \mu_2 & 0 \\ \lambda_1 & -(\mu_1 + \lambda_2) & 0 & \mu_2 \\ \lambda_2 & 0 & -(\mu_2 + \lambda_1) & \mu_1 \\ 0 & \lambda_2 & \lambda_1 & -(\mu_1 + \mu_2) \end{bmatrix} \begin{bmatrix} P_1 \\ P_2 \\ P_3 \\ P_4 \end{bmatrix} = \begin{bmatrix} 0 \\ 0 \\ 0 \\ 0 \end{bmatrix} \tag{C.28}$$

(4) 利用全概率条件，即所有网络状态的概率总和为 1，取代式 (C.28) 中任意一个方程。例如，取代式 (C.28) 中的第一个方程，得

$$\begin{bmatrix} 1 & 1 & 1 & 1 \\ \lambda_1 & -(\mu_1 + \lambda_2) & 0 & \mu_2 \\ \lambda_2 & 0 & -(\mu_2 + \lambda_1) & \mu_1 \\ 0 & \lambda_2 & \lambda_1 & -(\mu_1 + \mu_2) \end{bmatrix} \begin{bmatrix} P_1 \\ P_2 \\ P_3 \\ P_4 \end{bmatrix} = \begin{bmatrix} 1 \\ 0 \\ 0 \\ 0 \end{bmatrix} \tag{C.29}$$

(5) 应用线性代数算法求解步骤 (4) 中的马尔可夫矩阵方程。对于所给例子，计算结果如下：

$$P_1 = \frac{\mu_1 \mu_2}{(\mu_1 + \lambda_1)(\mu_2 + \lambda_2)} \tag{C.30}$$

$$P_2 = \frac{\lambda_1 \mu_2}{(\mu_1 + \lambda_1)(\mu_2 + \lambda_2)} \tag{C.31}$$

$$P_3 = \frac{\mu_1 \lambda_2}{(\mu_1 + \lambda_1)(\mu_2 + \lambda_2)} \tag{C.32}$$

$$P_4 = \frac{\lambda_1 \lambda_2}{(\mu_1 + \lambda_1)(\mu_2 + \lambda_2)} \tag{C.33}$$

一旦由马尔可夫方法求得第 i 个状态的概率 P_i，则进入第 i 个状态的频率 f_i 可计算为

$$f_i = P_i \sum_{k=1}^{M_i} \lambda_k \tag{C.34}$$

式中，λ_k 是离开第 i 个状态的第 k 个转移（失效或修复）率；M_i 是离开第 i 个状态的转移率个数。

一个状态或状态集合的概率 P、频率 f 和持续时间 D 满足如下一般关系：

$$P = f \cdot D \tag{C.35}$$

停留在一个状态或状态集合的平均持续时间可根据式(C.35)由状态概率和频率计算得到。

C.3 模糊可靠性评估

C.3.1 基于模糊数的串并联网络

在非模糊可靠性评估中，n 元件并联网络的不可靠度 U_{pa} 有如下一般表达式（参见式(C.18)）：

$$U_{pa} = \prod_{i=1}^{n} U_i \tag{C.36}$$

式中，U_i 是第 i 个元件的不可靠度。当对不可修复网络进行评估时，U_i 代表的是元件的失效概率；当对可修复网络进行评估时，其代表的是元件的不可用概率。

假定用三角模糊数 $U_i = (a_{i1}, a_{i2}, a_{i3})$ 模拟元件不可靠度。元件不可靠度的 α 截集可计算为

$$(U_i)_\alpha = [a_{i1} + \alpha(a_{i2} - a_{i1}), a_{i3} - \alpha(a_{i3} - a_{i2})] \tag{C.37}$$

利用式(B.14)所列运算法则，并联网络不可靠度的 α 截集可直接计算为

$$(U_{pa})_\alpha = \prod_{i=1}^{n}(U_i)_\alpha = \left[\prod_{i=1}^{n}(a_{i1} + \alpha(a_{i2} - a_{i1})), \prod_{i=1}^{n}(a_{i3} - \alpha(a_{i3} - a_{i2}))\right] \tag{C.38}$$

在非模糊可靠性评估中，n 元件串联网络的不可靠度 U_{se} 有如下一般表达式（参见式(C.14)）：

$$U_{se} = 1 - \prod_{i=1}^{n} A_i = 1 - \prod_{i=1}^{n}(1 - U_i) \tag{C.39}$$

利用式(B.12)和式(B.14)所列运算法则，串联网络不可靠度的 α 截集可计算为

$$(U_{se})_{\alpha} = [1,1] - \prod_{i=1}^{n} \{[1,1] - (U_i)_{\alpha}\}$$

$$= [1,1] - \prod_{i=1}^{n} [1 - a_{i3} + \alpha(a_{i3} - a_{i2}), 1 - a_{i1} - \alpha(a_{i2} - a_{i1})]$$

$$= \left[1 - \prod_{i=1}^{n} \{1 - a_{i1} - \alpha(a_{i2} - a_{i1})\}, 1 - \prod_{i=1}^{n} \{1 - a_{i3} + \alpha(a_{i3} - a_{i2})\} \right] \quad (C.40)$$

应该指出，在输电系统可靠性评估中，常给出的输入数据为元件的停运频率和修复时间。在这样的情况下，根据元件的停运频率和修复时间，由式(C.10)计算出元件的不可用概率。如果元件的停运频率和修复时间是用三角模糊数表示的，则可将 B.2.2 节的模糊代数运算法则应用于式(C.10)中。值得注意的是，即使元件的停运频率和修复时间都具有三角隶属函数，但不可用概率不再具有三角隶属函数。不过，这并不影响将模糊代数运算法则应用于计算各个 α 截集。

C.3.2 基于模糊数的最小割集方法

式(C.25)包含了表达最小割集间非互斥性的有关各项，很难针对该式实施模糊计算。不过，如 C.2.2 节所指出的，在大多数工程应用中，包括输电系统可靠性评估，可以忽略非互斥性的影响。因此，可以采用近似处理方法。

二阶或更高阶最小割集包含多个元件。因为最小割集中的所有元件均失效才会导致该集合失效，所以各最小割集由并联元件构成。又因为只要一个最小割集失效就会导致网络失效，则各最小割集之间是串联关系。如此，可以使用如下方法构建网络：各最小割集之间相互串联，每个最小割集中各元件相互并联。这种关系如图 C.5 所示，其中，每个方块代表一个元件，每一组并联元件代表一个最小割集。可见，二阶或更高阶最小割集可能会包含相同的元件，这导致它们非互斥。如果忽略非互斥的影响，则可将串联网络可靠性计算公式近似地应用于最小割集之间的关系。

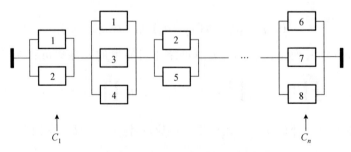

图 C.5 用于最小割集的近似串并联网络

如果只需要计算网络的失效概率或不可用概率，则可以直接使用 C.3.1 节中串

并联网络的模糊计算公式。如果需要计算网络的多个可靠性指标，包括频率、持续时间和概率，则可以将模糊数运算法则应用于 C.2.1 节的计算公式中。计算多个可靠性指标的基于模糊数的近似最小割集法包括下面两个步骤：

(1) 利用 C.2.1 节的第 2 部分中并联网络的可靠性计算公式，以及 B.2.2 节中模糊数的运算法则，对每个最小割集计算多个可靠性指标的隶属函数。主要的计算公式为式(C.18)、式(C.21)及式(C.23)或式(C.24)，其中，每个变量都是模糊数。需要注意，式(C.21)中变量 r_1 和 r_2 出现了两次，对其不能直接应用模糊数的代数运算法则。否则，将会在结果中产生更大不确定性(更宽模糊范围)。因此，针对各个 α 截集，在进行两变量区间计算前，要将式(C.21)变换为下列形式：

$$r = \frac{1}{1/r_1 + 1/r_2} \tag{C.41}$$

(2) 利用 C.2.1 节的第 1 部分中串联网络的可靠性计算公式，以及 B.2.2 节中模糊数的运算法则，计算网络的多个可靠性指标的隶属函数。主要的计算公式为式(C.12)或式(C.14)、式(C.13)和式(C.17)，其中，每个变量都是模糊数。为了直接应用模糊数的加法运算法则，忽略式(C.12)中的 $U_1 U_2$ 项。$U_1 U_2$ 一般很小，所以忽略 $U_1 U_2$ 项不会产生有效误差。式(C.17)中变量 λ_1 和 λ_2 出现了两次，而且也找不到近似表达式以避免变量重复出现，所以对其不能直接应用模糊数的代数运算法则。该情况下，就要使用式(B.19)所给出的通用运算法则。为了减少式(B.19)的计算量，第 8 章提出了一种中间变量法。

在每个步骤中，重复使用针对两个元件(最小割集的元件或等效元件)的计算公式。首先以任何两元件为对象，计算它们等效元件的指标；然后再以该等效元件与第三个元件为对象，以此类推。

C.3.3　模糊马尔可夫模型

文献[133](第 9 章)详细讨论了模糊马尔可夫模型。

1. 基于解析表达式的方法

基于解析表达式的方法包括如下两个步骤：

(1) 利用 C.2.3 节中的非模糊马尔可夫方程方法，求取各网络状态概率、频率或持续时间指标的解析表达式。

(2) 基于输入数据(转移率)的隶属函数，计算各网络状态可靠性指标的隶属函数。

例如，对于图 C.4 所示两元件网络，利用转移率(λ 和 μ)的隶属函数和式(C.30)～式(C.33)，计算四个网络状态概率的隶属函数。值得注意的是，在应用模糊数的运算法则前，必须将式(C.30)～式(C.33)进行重新整理，以使得每个模糊率变量在表达式中只出现一次。例如，对于状态 1 的概率，式(C.30)应重新整理为

$$P_1 = \frac{1}{1+\lambda_1/\mu_1} \cdot \frac{1}{1+\lambda_2/\mu_2} \tag{C.42}$$

也需要对式(C.31)～式(C.33)进行类似处理。

对于一个状态集合,当计算其概率的隶属函数时,必须首先得到该状态集合概率的解析表达式。然而,不能用各状态概率的隶属函数按模糊加法法则直接计算状态集合概率的隶属函数。这是因为一些模糊转移率在不同状态概率的表达式中已经间接重复使用过。例如,对于由图 C.4 中状态 1 和 2 组成的状态集合,其 α 截集并不等于这两个状态的 α 截集之和,即

$$(P_{1\cup2})_\alpha \neq (P_1)_\alpha + (P_2)_\alpha \tag{C.43}$$

可修复元件数超过三个的网络,要求取其状态指标的解析表达式相当困难。因此,上述基于解析表达式的方法只能应用于非常简单的网络。此外,对于相对较大的网络,要将表达式整理为合适的形式以避免模糊转移率的多次出现,也是不可能的。

2. 基于数值计算的方法

这里介绍的数值计算方法能应用于马尔可夫方程表示的任何网络。假定某网络有 n 个状态,这 n 个状态存在 m 个转移率 λ_i ($i=1, 2, \cdots, m$)。令 $(P_k)_\alpha = [\underline{P_k(\alpha)}, \overline{P_k(\alpha)}]$ 代表状态 k 的模糊概率的 α 截集;$(\lambda_i)_\alpha = [\underline{\lambda_i(\alpha)}, \overline{\lambda_i(\alpha)}]$ 代表模糊转移率 λ_i 的 α 截集。通过分别求解如下两个约束相同但目标函数不同的优化问题,可以得到隶属度 α 下状态 k 的模糊概率上下界(置信区间),即

$$\underline{P_k(\alpha)} = \min P_k \quad \text{和} \quad \overline{P_k(\alpha)} = \max P_k \tag{C.44}$$

$$\text{s.t.}$$

$$(\boldsymbol{T}^{\mathrm{T}} - \boldsymbol{I})\boldsymbol{P}^{\mathrm{T}} = \boldsymbol{0} \tag{C.45}$$

$$P_1 + P_2 + \cdots + P_n = 1 \tag{C.46}$$

$$\underline{\lambda_i(\alpha)} \leqslant \lambda_i \leqslant \overline{\lambda_i(\alpha)}, \quad i = 1, 2, \cdots, m \tag{C.47}$$

式中,$\boldsymbol{P}$ 是极限状态概率的行向量;$\boldsymbol{T}$ 是转移矩阵,其定义见 C.2.3 节;P_i 是 $\boldsymbol{P}$ 的第 i 个元素;$\boldsymbol{I}$ 是单位矩阵;上标 T 代表矩阵或向量的转置。

显然,式(C.45)代表马尔可夫方程,式(C.46)为全概率条件。如果要计算状态集合概率的隶属函数,则将式(C.44)中的两个目标函数分别替换为

$$\underline{P_G(\alpha)} = \min \sum_{j\in G} P_j \quad \text{和} \quad \overline{P_G(\alpha)} = \max \sum_{j\in G} P_j \tag{C.48}$$

式中,G 为所考虑的状态集合;$\underline{P_G(\alpha)}$ 和 $\overline{P_G(\alpha)}$ 是状态集合 G 模糊概率的 α 截集上下界。

参 考 文 献

[1] North American Electric Reliability Corporation, Reliability Standards, available at http://www. nerc.com/

[2] BCTC, Mandatory Reliability Standards Manual, Report No. SPA2008-71, July 31, 2008

[3] Western Electricity Coordinating Council, Reliability Standards and Due Process, available at http://www.wecc.biz/standards

[4] NERC report, Available Transfer Capability: Definitions and Determination, June 1996

[5] J. Sun and W. Li, "Remedial Action Schemes (RAS) in Power Systems", International Symposium on Prospect of Power Systems, Hong Kong, November 6-9, 2005

[6] W. Li, Risk Assessment of Power Systems-Models, Methods, and Applications, IEEE Press-Wiley, 2005

[7] W. Li and P. Choudhury, "Probabilistic Transmission Planning", IEEE Power & Energy magazine, Vol. 5, No.5, September/October, 2007, pp.46-53

[8] W. Li and F.P.P. Turner, "Development of Probabilistic Transmission Planning Methodology at BC Hydro", Proceedings of Probabilistic Methods Applied to Power Systems (PMAPS) 1997 International Conference, pp.25-31, 1997

[9] W. Li, "Probabilistic Reliability Planning Guidelines", BCTC Technical Report, BCTC-SPPA-R011, June 2006

[10] R. Billinton and W. Li, Reliability Assessment of Electric Power Systems Using Monte Carlo Methods, Plenum Press, New York and London, 1994

[11] R. Billinton and R. N. Allan, Reliability Evaluation of Power Systems, second edition, Plenum Press, New York and London, 1996

[12] Task Force for Probability and Statistics at the Computing Center of Chinese Academy of Sciences, Computations in Probability and Statistics, Science Press, Beijing, 1979

[13] Y. Chen and H. Zhang, Prediction Techniques and Applications, Mechanical Industry Press, Beijing, 1985

[14] G. E. P. Box, G. M. Jenkins and G. C. Reinsel, Time Series Analysis - Forecasting and Control, 3rd edition. Prentice-Hall, Englewood Cliffs, NJ, 1994

[15] J. A. Freeman and D. M. Skapura, Neural Networks - Algorithms, Applications, and Programming Techniques, Addison-Wesley, 1991

[16] Ronaldo R. B. de Aquino, Otoni Nóbrega Neto, Milde M. S. Lira, Aida A. Ferreira, Manoel A. Carvalho Jr., Geane B. Silva, and Josinaldo B. de Oliveira, "Development of an Artificial Neural

Network by Genetic Algorithm to Mid-Term Load Forecasting", Proceedings of International Joint Conference on Neural Networks, Orlando, Florida, USA, August 12-17 2007, pp.1726-1731

[17] J. W. Taylor and R. Buizza, "Neural Network Load Forecasting with Weather Ensemble Predictions", IEEE Transactions on Power Systems, Vol. 17, No. 3, August 2002, pp.626-632

[18] F. Zhang and X. Zhou, "Gray-Regression Variable Weight Combination Model for Load Forecasting", Proceedings of 2008 International Conference on Risk Management & Engineering Management, Beijing, China, November 4-6 2008, pp.311-316

[19] K. Song, S. Ha, J. Park, D. Kweon and K. Kim, "Hybrid Load Forecasting Method with Analysis of Temperature Sensitivities", IEEE Transactions on Power Systems, Vol. 21, No. 2, May 2006, pp.869-876

[20] M. S. Aldenderfer and R. K. Blashfield, Cluster Analysis, Sage Publications, Newbury Park, CA, 1984

[21] H. Spath, Cluster Analysis Algorithms for Data Reduction and Classification of Objects, Halsted, New York, 1980

[22] W. Li, J. Zhou, X. Xiong and J. Lu, "A Statistic-Fuzzy Technique for Clustering Load Curves", IEEE Transactions on Power Systems, Vol. 22, No. 2, May, 2007, pp.890-891

[23] Task Force on Mathematics Handbook Editing, Mathematics Handbook, People's Education Press, Beijing, 1979

[24] F. Zhou and Q. Cheng, "A Survey on the Powers of Fuzzy Matrices and FBAMS", International Journal of Computational Cognition, Vol. 2, No. 2, June 2004, pp.1-25

[25] W. Li and R. Billinton, "Effects of Bus Load Uncertainty and Correlation in Composite System Adequacy Evaluation", IEEE Transactions on Power Systems, Vol. 6, No.4, 1991, pp.1522-1529

[26] Z. Wang, Elements of Probability Theory and Its Application, Science Press, Beijing, 1979

[27] EPRI report, "Load Modeling for Power Flow and Transient Stability Studies", Report EL-5003, Project 849-7, 1987

[28] IEEE Task Force on load representation for dynamic performance, "Load Representation for Dynamic Performance Analysis", IEEE Transactions on Power Systems, Vol. 8, No. 2, May 1993, pp.472-482

[29] IEEE Task Force on load representation for dynamic performance, "Standard Load Models for Power Flow and Dynamic Performance Simulation", IEEE Transactions on Power Systems, Vol. 10, No. 3, May 1995, pp.1302-1312

[30] EPRI report, "Extended Transient-Midterm Stability Program", EPRI Project 1208-9, December 1992

[31] P. Zhang and S.T. Lee, "Probabilistic Load Flow Computation Using the Method of Combined Cumulants and Gram-Charlier Expansion", IEEE Transactions on Power Systems, Vol. 19, No. 1, February. 2004, pp.676-682

[32] J. M. Morales, and J. Perez-Ruiz, "Point Estimate Schemes to Solve the Probabilistic Power Flow", IEEE Transactions on Power Systems, Vol. 22, No. 4, November 2007, pp.1594-1601

[33] H. P. Hong, "An Efficient Point Estimate Method for Probabilistic Analysis", Reliability Engineering and System Safety, Vol. 59, No. 3, March 1998, pp.261-267

[34] J. E. Wilkins, "A Note on Skewness and Kurtosis", The Annals of Mathematical Statistics, Vol. 15, 1944, pp.333-335

[35] W. Li, Secure and Economic Operation of Power Systems-Models and Methods, Chongqing University Publishing House, 1989

[36] A. V. Fiacco and G. P. McCormick, Nonlinear Programming: Sequential Unconstrained Minimization Techniques, Wiley, New York, 1968

[37] IEEE PES publication, Optimal Power Flow: Solution Techniques, Requirements, and Challenges, IEEE Tutorial No. 96TP111-0, 1996

[38] S. Mehrotra, "On the Implementation of a Primal-Dual Interior Point Method", SIAM Journal on Optimization, Vol. 2, No. 4, 1992, pp.575-601

[39] IEEE PES Mini lecture task force, Interior Point Applications to Power Systems, PICA99, Santa Clara, CA, 1999

[40] J. H. Holland, Adaptation in Natural and Artificial Systems, University of Michigan Press, 1975

[41] T. Bäck, Evolutionary Algorithms in Theory and Practice - Evolution Strategies, Evolutionary Programming, Genetic Algorithms, New York, Oxford University Press, 1996

[42] J. Kennedy and R. Eberhart, "Particle Swarm Optimization", Proceedings of IEEE International Conference on Neural Networks, Piscataway, NJ, USA, 1995, pp.1942-1948

[43] S. Kirkpatrick, C. D. Gelatt, and M. P. Vecchi, "Optimization by Simulated Annealing", Science, Vol. 220, No. 4598, May 13 1983, pp.671-680

[44] H. Pohlheim, Genetic and Evolutionary Algorithm Toolbox for Use with MATLAB Documentation, available at http://www.geatbx.com/docu/algindex.html

[45] Y. Shi and R. Eberhart, "A Modified Particle Swarm Optimizer", Proceedings of the IEEE International Conference on Evolutionary Computation, Piscataway, NJ, USA, 1998, pp.69-73

[46] M. Clerc and J. Kennedy, "The Particle Swarm-Explosion, Stability, and Convergence in a Multidimensional Complex Space", IEEE Transactions on Evolutionary Computation, Vol. 6, No. 1, 2002, pp.58-73

[47] R. Mendes, J. Kennedy, and J. Neves, "The Fully Informed Particle Swarm: Simpler, Maybe Better", IEEE Transactions on Evolutionary Computation, Vol. 8, No. 3, 2004, pp.204-210

[48] K. R. C. Mamandur and G. J. Berg, "Efficient Simulation of Line and Transformer Outages in Power Systems", IEEE Transactions on PAS, Vol. 101, No. 10, 1982, pp.3733-3741

[49] A. P. S. Meliopoulos, C. S. Cheng and F. Xia, "Performance Evaluation of Static Security Analysis Methods", IEEE Transactions on Power Systems, Vol. 9, No. 3, August 1994,

pp.1441-1449

[50] A. J. Wood, B. F. Wollenberg, Power Generation, Operation and Control, 2nd edition, New York, Wiley, 1996

[51] V. Ajjarapu and C. Christy, "The Continuation Power Flow: A Tool for Steady State Voltage Stability Analysis", IEEE Transactions on Power Systems, Vol. 7, No. 1, February 1992, pp.416-423

[52] H. Mori, and T. Kojima, "Hybrid Continuation Power Flow with Linear-Nonlinear Predictor", 2004 International Conference on Power System Technology (PowerCon), November 21-24 2004, pp.969-974

[53] S.H. Li and H. D. Chiang, "Nonlinear Predictors and Hybrid Corrector for Fast Continuation Power Flow", IET Proceedings on Generation, Transmission & Distribution, Vol. 2, No. 3, May 2008, pp.341-354

[54] B. Gao, G. K. Morison and P. Kundur, "Voltage Stability Evaluation Using Modal Analysis", IEEE Transactions on Power Systems, Vol. 7, No. 4, November 1992, pp.1529-1542

[55] P. Kundur, Power System Stability and Control, McGraw-Hill, Inc., 1994

[56] J. Chai, N. Zhu, A. Bose and D. J. Tylavsky, "Parallel Newton Type Methods for Power System Stability Analysis Using Local and Shared Memory Multiprocessors", IEEE Transactions on Power Systems, Vol. 6, No. 4, November 1991, pp.1539-1544

[57] W. Li, "Methods for Determining Unit Interruption Cost", BC Hydro, CCT-R-009, January 19, 2000

[58] R. Billinton, G. Wacker and G. Tollefson, Assessment of Reliability Worth in Electric Power Systems in Canada, Report for NSERC Project STR0045005, June 1993

[59] EPRI report, Outage Cost Estimation Guidebook, Report TR-106082, December 1995

[60] M. J. Sullivan, M. Mercurio, J. Schellenberg and M. A.Freeman, Estimated Value of Service Reliability for Electric Utility Customers in the United States, Report LBNL-2132E, prepared for Office of Electricity Delivery and Energy Reliability, U.S. Department of Energy, June 2009

[61] R. Billinton, H. Chen and J. Zhou, "Individual Generating Station Reliability Assessment", IEEE Transactions on Power Systems, Vol. 14, No. 4, November 1999, pp.1238-1244

[62] M. Vega and H.G. Sarmiento, "Algorithm to Evaluate Substations Reliability with Cut and Path Sets", IEEE Transactions on Industry Applications, Vol. 44, No. 6, November/December, 2008, pp.1851-1858

[63] J. Lu, W. Li and W. Yan, "State Enumeration Technique Combined with A Labeling Bus Set Approach for Reliability Evaluation of Substation Configuration in Power Systems", Electric Power Systems Research, Vol. 77, No. 5-6, April 2007, pp.401-406

[64] EPRI report, Framework for Stochastic Reliability of Bulk Power System, Report TR-110048, Palo Alto, CA, 1998

[65] CIGRE Task Force 38-03-10, Composite Power System Reliability Analysis, CIGRE Symposium

on Electric Power System Reliability, September, 16-18, 1991

[66] IEEE tutorial course textbook, Electric Delivery System Reliability Evaluation, 05TP175, March 2005

[67] R. Billinton, M. Fotuhi-Firuzabad and L. Bertling, "Bibliography on the Application of Probability Methods in Power System Reliability Evaluation: 1996-1999", IEEE Transactions on Power Systems, Vol. 16, No. 4, November 2001, pp.595-602

[68] C. Singh and J. Mitra, "Composite System Reliability Evaluation Using State Space Pruning", IEEE Transactions on Power Systems, Vol.12, No.1, February 1997, pp.471-479

[69] W. Li and R. Billinton, "Common Cause Outage Models in Power System Reliability Evaluation", IEEE Transactions on Power Systems, Vol. 18, No. 2, May 2003, pp.966-968

[70] R. Billinton and W. Li, "A Hybrid Approach for Reliability Evaluation of Composite Generation and Transmission Systems Using Monte Carlo Simulation and Enumeration Technique", IEE Proceedings C, Vol. 138, No. 3, May 1991, pp.233-241

[71] R. Billinton and W. Li, "A Novel Method for Incorporating Weather Effects in Composite System Adequacy Evaluation", IEEE Transactions on Power Systems, Vol. 6, No.3, 1992, pp.1154-1160

[72] R. Billinton and W. Li, "Consideration of Multi-State Generating Unit Models in Composite System Adequacy Assessment Using Monte Carlo Simulation", Canadian Journal of Electrical and Computer Engineering, Vol. 17, No.1, 1992, pp.24-28

[73] R. Billinton and W. Li, "Direct Incorporation of Load Variations in Monte Carlo Simulation of Composite System Adequacy", Inter-RAMQ Conference for the Electric Power Industry, Philadelphia, PA, August 25-28, 1992, pp.27-34

[74] R. Billinton and W. Li, "Composite System Reliability Assessment Using a Monte Carlo Approach", The third International Conference on Probabilistic Methods Applied to Power Systems (PMAPS), London, July 3-5, 1991

[75] W. Li and R. Billinton, "A minimum cost assessment method for composite generation and transmission system expansion planning", IEEE Transactions on Power Systems, Vol. 8, No.2, 1993, pp.628-635

[76] W. Li, "Monte Carlo Reliability Evaluation for Large Scale Composite Generation and Transmission Systems", Journal of Chongqing University, Vol.12, No.3, May 1989, pp.92-98

[77] R. Billinton and W. Li, "A System State Transition Sampling Method for Composite System Reliability Evaluation", IEEE Transactions on Power Systems, Vol.8, No.3, 1993, pp.761-770

[78] J. Yu, W. Li and W. Yan, "Risk Assessment of Static Voltage Stability", Proceedings of the CSEE, Vol. 29, No. 28, October 2009, pp.40-46

[79] E. Vaahedi, W. Li, T. Chia and H. Dommel, "Large Scale Probabilistic Transient Stability Assessment Using B.C. Hydro's On-line Tools", IEEE Transactions on Power Systems, Vol. 15, No.2, May 2000, pp.661-667

[80] W. Li and J. Lu, "Monte Carlo Method for Probabilistic Transient Stability Assessment", Proceedings of the CSEE, Vol. 25, No. 10, May 2005, pp.18-23

[81] C. S. Park, Contemporary Engineering Economics, third edition, Prentice-Hall, Englewood Cliffs, NJ, 2002

[82] J.L. Riggs, D.D. Bedworth, and S.U. Randhawa, Engineering Economics, 4th edition, McGraw-Hill, New York, 1996

[83] E.L. Grant, W.G. Ireson, and R.S. Leavenworth, Principles of Engineering Economy, 8th edition, Wiley, New York, 1990

[84] J. Fu, Technology Economics, Qinghua University Press, Beijing, 1986

[85] W. Li, E. Vaahedi and P. Choudhury, "Power System Equipment Aging", IEEE Power & Energy, Vol. 4, No. 3, May/June, 2006, pp.52-58

[86] J. Wu, Y. Qin and D. Zhang, Power Systems, Power Industry Press, Beijing, 1980

[87] W. Ji, Design Manual of Power Systems, Power Industry Press, Beijing, 1998

[88] ABB Electric System Technology Institute, Electrical Transmission and Distribution Reference Book, Raleigh, North Carolina, 1997

[89] IEEE Std 738-2006, IEEE Standard for Calculating the Current-Temperature of Bare Overhead Conductors, 2007

[90] EPRI report, EPRI Underground Transmission Systems Reference Book, 2006 edition, Report No. 1014840, Palo Alto, CA, 2007

[91] IEC standard book, "Electric cables - Calculation of the current rating - Current rating equations （100 % load factor） and calculation of losses - Current sharing between parallel single-core cables and calculation of circulating current losses", IEC publication 60287, 2002

[92] W. Li, "Architecture Design and Calculation Method of Load Coincidence Factor Application", BCTC report, BCTC-SPPA-R012, April 1, 2007

[93] W. Li, H. C. Jonas, S. Yan, B. Corns, P. Choudhury and E. Vaahedi, "Reliability Decision Management Systems: Experiences at BCTC", the 20th Canadian Conference on Electrical and Computer Engineering （CCECE 2007）, Vancouver, April 22-26, 2007

[94] CEA report, "2005 Forced Outage Performance of Transmission Equipment-Equipment Reliability Information System", 2007

[95] W. Li, J. Zhou and X. Hu, "Comparison of Transmission Equipment Outage Performance in Canada, USA and China", Proceedings of IEEE Canada Electric Power and Energy Conference 2008, Vancouver, October 6-7, 2008

[96] CEA report, "2007 Bulk Electricity System Delivery Point Interruptions & Significant Power Interruptions （Composite Participant Version）, December, 2008

[97] W. Li, J. Zhou, K. Xie and X. Xiong, "Power System Risk Assessment Using a Hybrid Method of Fuzzy Set and Monte Carlo Simulation", IEEE Transactions on Power Systems, Vol. 23, No. 2,

May 2008, pp. 336-343

[98] J. E. Freund, Mathematical Statistics, Prentice-Hall Inc., Englewood Cliffs, NJ, 1962

[99] N. R. Mann, R. E. Schafer and N. D. Singpurwalla, Methods for Statistical Analysis of Reliability and Life Data, Wiley, New York, 1974

[100] W. Li, J. Zhou and X. Xiong, "Fuzzy Models of Overhead Power Line Weather-Related Outages", IEEE Transactions on Power Systems, Vol. 23, No. 3, August 2008, pp.1529-1531

[101] W. Li, X. Xiong and J. Zhou, "Incorporating Fuzzy Weather-Related Outages in Transmission System Reliability Assessment", IET proceedings on generation, transmission & distribution, Vol. 3, No. 1, January, 2009, pp.26-37

[102] W. Li, J. Zhou, J. Lu and W. Yan, "Incorporating a Combined Fuzzy and Probabilistic Load Model in Power System Reliability Assessment", IEEE Transactions on Power Systems, Vol. 22, No. 3, August, 2007, pp.1386-1388

[103] R. Billinton, S. Kumar, et al, "A Reliability Test System for Educational Purpose: Basic Data", IEEE Transaction on Power Systems, Vol. 4, No. 3, 1989, pp.1238-1244

[104] W. Li, P. Choudhury and J. Gurney, "Probabilistic Reliability Planning: Method and a Project Case at BCTC", Proceedings of 2008 PMAPS, paper No. 005, Puerto Rico, May 25-29, 2008

[105] W. Li, "Expected Energy Not Served (EENS) Study for Vancouver Island Transmission Reinforcement Project, Part I: Reliability Improvements due to VITR", Report BCTC-SPPA-R009A, December 8, 2005, available at: http://www.bctc.com/transmission_system/engineering_studies_data/studies/probabilistic_studies/selected_tech_reports.htm

[106] W. Li, "Expected Energy Not Served (EENS) Study for Vancouver Island Transmission Reinforcement Project, Part II: Comparison between VITR and Sea Breeze HVDC Light Options", Report BCTC-SPPA-R009B, December 23, 2005, available at: http://www.bctc.com/transmission_system/engineering_studies_data/studies/probabilistic_studies/selected_tech_reports.htm

[107] W. Li, "Expected Energy Not Served (EENS) Study for Vancouver Island Transmission Reinforcement Project, Part IV: Effects of Existing HVDC on VI Power Supply Reliability", Report BCTC-SPPA-R009D, January 9, 2006, available at: http://www.bctc.com/transmission_system/engineering_studies_data/studies/probabilistic_studies/selected_tech_reports.htm

[108] British Columbia Utilities Commission's decision document: "In the Matter of BCTC - An Application for a Certificate of Public Convenience and Necessity for the Vancouver Island Transmission Reinforcement Project", July 7, 2006, available at: http://www.bcuc.com/DecisionIndex.aspx

[109] W. Li, "MCGSR Program: User's Manual", BC Hydro, Canada, December 2001

[110] W. Li, "Probability Distribution of HVDC Capacity and Impacts of Two Key Components", Report: BCTC-SPA-R003, May 5, 2004

[111] W. Li, Y. Mansour, J. K. Korczynski and B. J. Mills, "Application of Transmission Reliability Assessment in Probabilistic Planning of BC Hydro Vancouver South Metro System", IEEE Transactions on Power Systems, Vol. 10, No.2, 1995, pp.964-970

[112] W. Li, Y. Mansour, B.J. Mills and J.K. Korczynski, "Composite System Reliability Evaluation and Probabilistic Planning: BC Hydro's Practice", 1995 Canadian Electric Association Conference, Vancouver, March, 1995

[113] W. Li, "Reliability Assessment and Probabilistic Planning of North Metro System Alternatives", BC Hydro, STS-940-R5-008, January 26, 1996

[114] W. Wangdee, "Benefit/Cost Analysis Based on Reliability and Transmission Loss Considerations for Central Vancouver Island Transmission Project", BCTC Report No. 2007-REL-03.2, September 27, 2007, available at: http://www.bctc.com/transmission_system/engineering_studies_data/studies/probabilistic_ studies/selected_tech_reports.htm

[115] W. Li, "MECORE Program: User's Manual", BC Hydro, Canada, December 2001

[116] W. Li, "PLOSS Program: User's Manual", BC Hydro, Canada, December 2001

[117] W. Li, J. Zhou., J. Lu and W. Yan, "A Probabilistic Analysis Approach to Making Decision on Retirement of Aged Equipment in Transmission Systems", IEEE Transactions on Power Delivery, Vol. 22, No. 3, July, 2007, pp.1891-1896

[118] W. Li, "Evaluating Mean Life of Power System Equipment with Limited End-of-Life Failure Data", IEEE Transactions on Power Systems, Vol. 19, No.1, February 2004, pp.236-242

[119] R. Billinton and R. N. Allan, Reliability Evaluation of Engineering Systems-Concepts and Techniques, Plenum Press, New York, 1992

[120] W. Li, "Incorporating Aging Failures in Power System Reliability Evaluation", IEEE Transaction on Power Systems, August 2002, pp.918-923

[121] W. Li, P. Choudhury, D. Gillespie and J. Jue, "A Risk Evaluation Based Approach to Replacement Strategy of Aged HVDC Components and Its Application at BCTC", IEEE Transactions on Power Delivery, Vol. 22, No. 3, July 2007, pp.1834-1840

[122] W. Li, "Probability Distribution of HVDC Capacity Considering Repairable and Aging Failures", IEEE Transactions on Power Delivery, Vol. 21, No. 1, January 2006, pp.523-525

[123] J. Zhou, W. Li, J. Lu and W. Yan, "Incorporating Aging Failure Mode and Multiple Capacity State Model of HVDC System in Power System Reliability Assessment", Electric Power Systems Research, Vol. 77, No. 8, June 2007, pp.910-916

[124] W. Wangdee, W. Li, P. Choudhury and W. Shum, "Reliability Study of Two Station Configurations for Connecting IPPs to a Radial Supply System", Proceedings of IEEE Canada Electric Power and Energy Conference 2008, Vancouver, October 6-7, 2008

[125] C. R. Heising, A. L. J. Janssen, W. Lanz, E. Colombo and E. N. Dialynas, "Summary of CIGRE 13.06 Working Group World Wide Reliability Data and Maintenance Cost Data on High Voltage

Circuit Breakers above 63 kV", IEEE Industry Applications Society Annual Meeting, Vol. 3, 1994, pp.2226-2234

[126] W. Wangdee, W. Li, W. Shum and P. Choudhury, "Applying Probabilistic Methods in Determining the Number of Spare Transformers and their Timing Requirements", 20th Canadian Conference on Electrical and Computer Engineering (CCECE 2007), Vancouver, April 22-26, 2007

[127] W. Li, "Risk Based Asset Management-Applications at Transmission Companies", Chapter 7 of IEEE tutorial course textbook 07TP183, June 2007

[128] W. Li, "SPARE Program: User's Manual", BC Hydro, Canada, April 2001

[129] W. Wangdee and W. Li, "Reliability Improvement Planning Strategy for Single Circuit Supply Systems in BCTC", BCTC Report No. SPPA2009-104, May 25, 2009

[130] W. Li, W. Wangdee and P. Choudhury, "A Probabilistic Planning Approach to Single Circuit Supply Systems", Proceedings of 11th International Conference on PMAPS, Singapore, June 14-17, 2010

[131] W. Li, J. Lu and W. Yan, "Reliability Component in Transmission Service Pricing", Paper No. conf72a29, Proceedings of the 7th International Power Engineering Conference (IPEC), Singapore, November 29 - December 2, 2005

[132] W. Li, J. Zhou, J. Lu and W. Yan, "Incorporating Reliability Component in Transmission Service Rate Design", Proceedings of the CSEE, Vol. 26, No.13, 2006, pp.43-49

[133] M. E. El-Hawary and Vladimiro Miranda, et al, Electric Power Applications of Fuzzy Systems, IEEE Press, New York, 1998

索　引